管道局中缅油气管道工程（国内段）管理技术论文集

管道局中缅油气管道工程（国内段）EPC项目部　编

中国建筑工业出版社

图书在版编目（CIP）数据

管道局中缅油气管道工程（国内段）管理技术论文
集/管道局中缅油气管道工程（国内段）EPC 项目部
编. —北京：中国建筑工业出版社，2019.11
　ISBN 978-7-112-24420-1

　Ⅰ.①管…　Ⅱ.①管…　Ⅲ.①石油管道-管道工程-
工程管理-文集　Ⅳ.①TE973-53

中国版本图书馆 CIP 数据核字（2019）第 228375 号

本书收集了中缅油气管道工程（国内段）项目管理和技术论文 60 多篇，分为项目管理篇和工程技术篇。较好地反映了中缅管道（国内段）的管理新理念及施工新技术。

适用于从事管道工程项目管理人员和技术人员阅读。

责任编辑：范业庶　张　磊　徐仲莉
责任校对：李欣慰

管道局中缅油气管道工程（国内段）管理技术论文集
管道局中缅油气管道工程（国内段）EPC 项目部　编
＊
中国建筑工业出版社出版、发行（北京海淀三里河路 9 号）
各地新华书店、建筑书店经销
霸州市顺浩图文科技发展有限公司制版
天津翔远印刷有限公司印刷
＊
开本：787×1092 毫米　1/16　印张：19¾　字数：470 千字
2019 年 12 月第一版　　2019 年 12 月第一次印刷
定价：**118.00** 元
ISBN 978-7-112-24420-1
（34873）

编审委员会

主任：刘社青

委员：（以姓氏笔画为序）

于　爽　　文虎伟　　邓　平　　朱继荣

刘守龙　　刘志坡　　衣鸿亮　　米金鹏

李　振　　李　锐　　李　强　　李吉祥

邱　非　　陈云鹏　　林金河　　周立飞

高玉伟　　郭护京　　谢泽斌　　甄文选

戴兴凯　　戴秋山

主编：文虎伟

编辑：衣鸿亮　　邓　平　　冯春喜

前　言

中缅油气管道工程（国内段）（以下简称中缅管道（国内段））是我国"十一五"期间规划的重大油气管道项目，是继中亚油气管道、中俄原油管道、海上通道之后的第四大能源进口通道，是"一带一路"先导示范项目，其建成投产对我国实现原油进口多元化、改善我国西南地区能源紧缺、降低运输风险和运输成本、优化能源供应格局、促进地方经济发展等具有重要意义。油气管道干线从云南省瑞丽市 58 号界碑入境，天然气管道经云南省保山市、云南省昆明市、贵州省贵阳市，到达广西壮族自治区贵港市，干线全长 1743km，管径 Φ1016mm，设计压力 10MPa，钢管采用 X80 钢（地震断裂带采用 X70 大变形钢，长约 75km），外壁防腐采用三层 PE，管道沿线共设有 17 座工艺站场、60 座线路截断阀室。原油管道与天然气管道全部同沟并行敷设，项目一期终点到达云南省昆明市安宁草铺镇的云南石化炼厂，线路全长 649km，管径 Φ813mm/Φ610mm，设计压力 4.9～15MPa，钢管采用 X70/X65 钢，外壁防腐采用三层 PE，管道沿线共设有 7 座工艺站场、32 座线路截断阀室。云南成品油管道工程为中缅原油管道及云南石化炼厂的重要配套工程，项目一期包含"三干一支"，线路总长 976km，管径 Φ406.4mm/Φ323.9mm/Φ273.1mm/Φ219.1mm，其中管径 Φ406mm 的采用 X60 钢，其他采用 X52 钢，外壁防腐采用三层 PE，沿线设置工艺站场 11 座，阀室 37 座。

管道局承担了中缅天然气管道工程（国内段）第二、三合同项，中缅原油管道工程（国内段）第二、三合同项，云南成品油管道工程第二合同项，三条管线共计 1557km。其中天然气管道全长 979km，设置 8 座站场、34 座阀室；原油管道全长 133km，设置 1 座站场、5 座阀室；成品油管道"两干一支"全长 445km，设置 4 座站场，17 座阀室。全线采用双管或三管长距离同沟并行敷设，同期建设，原合同工期 21 个月。

中缅管道（国内段）是全球已建管道中地质条件最复杂的管道建设项目之一，管道所经区域为青藏高原南延地带和云贵高原，地形起伏剧烈，高差变化巨大，施工难度大；管道沿线 86％为山区，沟壑纵横，滑坡、崩塌、泥石流等地质灾害频繁，需进行大量的地灾治理；管道长距离穿越九度区及多条活动地震断裂带，大范围进行抗震设计施工；管道沿线大量横穿生态与自然保护区、水源地等环境敏感点，环保要求极高。项目克服了在横断山脉、高原地带、喀斯特地区等复杂地貌单元施工，工期压力紧迫，外协极为困难等诸多难题，目前三条管道均已投产运行（其中，天然气管道于 2013 年 8 月～10 月分两个段落投产，原油管道于 2017 年 5 月投产，成品油管道"两干一支"分别于 2017 年、2018 年投产）。

在本项目建设的中后期，中缅管道（国内段）EPC 项目部组织开展了项目管理与技术的知识总结工作，全体参建的管理人员和技术人员能够结合项目实践，站在管道建设行业的高度，积极撰稿，将自己的项目管理经验上升到理论层面，这是一笔宝贵的知识财富，我们向这些无私奉献的管理和技术人员表示感谢！

本论文集分项目管理论文和工程技术论文两部分，共收集论文 60 多篇，这些论文涵盖了管道建设项目的方方面面，对于类似项目的管理、实务操作具有一定的参考和借鉴意义，可供有志于管道建设项目管理事业的同志作为实践指导用书。

　　限于我们的编审水平，本论文集中的疏漏和错误在所难免，恳请各位专家和广大读者批评指正。

2019 年 8 月

目　录

项目管理篇

工程技术篇

项目管理篇

落实 EPC 主体责任，深入一线管控项目

中国石油天然气管道局　高建国

【摘　要】　中缅油气管道工程（国内段）是我国"十一五"期间规划的重大油气管道项目，是继中亚油气管道、中俄原油管道、海上通道之后的第四大能源进口通道，其战略意义不言而喻。把该工程建设成为一流的精品工程，EPC 项目部的职能管控作用尤为重要。本文以管道局承建的中缅油气管道（国内段）工程第二、三合同项为例，重点论述了如何落实 EPC 项目部的主体责任，保障工程既定目标如期实现。

【关键词】　中缅管道；EPC；项目管理；主体责任；集中管控

中缅油气管道工程（国内段）（以下简称"中缅管道（国内段）"）是我国"十一五"期间规划的重大油气管道项目之一，是我国油气进口的西南战略通道，是一项关系国计民生，具有重大政治、经济、社会和环保意义的国家重点工程。

业主为中石油管道建设项目经理部，管道局是中缅油气管道工程（国内段）第二、三合同项 EPC 总承包商。第二、三合同项起于云南省楚雄州南华县与大理州祥云县交界，止于贵州省与广西壮族自治区交界处，线路总长 1549.531km。工作量包含合同项内天然气管道工程、原油管道工程以及云南成品油管道工程的施工图勘察设计、采办及施工（业主单独招标的跨越和隧道工程除外）。工程自 2012 年 3 月 15 日打火开焊，历时 19 个月完工。

1　项目特点

中缅管道（国内段）的项目特点体现在三个方面。一是"大"，包括战略意义大，工程规模大；二是"急"，指的是工期急：本项目由于受诸多原因制约，使得工期被多次压缩，开工日期由 2011 年 10 月 15 日推迟至 2012 年 3 月 15 日，投产日期由 2013 年 12 月 30 日提前至 2013 年 7 月 30 日，工期缩短了 10 个月；三是"难"，指的是施工难。下面着重分析中缅管道（国内段）项目的"难"点，只有清楚地认识到了这些"难"点，才能科学地开展项目管理工作。正是由于这些"难"点的存在，使 EPC 项目部管理人员必须深入一线，服务基层，才能解决好这些"难"点，才能落实好 EPC 项目部的主体责任。

1.1　地形起伏剧烈高差变化巨大

施工沿线需经过 848.18km 的山区/丘陵地段，海拔最高点为 2624m，最低点为 601m。全线共使用热煨弯头 5636 根，平均每公里 6 根；安装冷弯管 11909 根，平均每公里 12.6 根。沿线树茂林密，地质多为上土下石，局部地区存在变质岩和岩浆岩，岩石风

化强烈，岩体易破碎，因此管沟成形困难，极易发生塌方。且因高差变化巨大，导致天然气管道水压试验分段多达 176 段，平均每段长 5.3km（设计规范每段长可为 35km），最短段落仅长 0.7km，管道试压难度前所未有。

1.2 雨期以及冻雨施工降效严重

云贵两省 5 月至 10 月为雨期，雨期持续时间较长，对管道施工影响极大。中缅管道（国内段）自 2012 年 3 月 15 日开工 1 个多月后便进入雨期，大量降雨导致施工有效作业天数减少，施工降效严重（雨期平均每月焊接 56.3km，旱期平均每月焊接 112.3km）。同时沟谷段、峡谷段、山脊段起伏剧烈的地形加上充沛的雨量，经常诱发山体滑坡、泥石流、崩塌、洪水等地质灾害，导致雨期敷设施工难度极大。此外，贵州冬季时节的冻雨也给施工带来很大的安全风险。

1.3 三管并行敷设施工难度增加

中缅管道（国内段）是国内首次天然气、原油、成品油管道长距离并行山区敷设。管道局承担的第二、三合同项双管同沟并行长度占 17.5%，共约 165km；天然气、原油、成品油管道三管同沟并行长度占 11.2%，共约 106km。因为作业面狭窄，施工相互制约，造成管沟开挖量、山区降坡量和弃渣倒运量极大，施工难度成倍增加。

1.4 征地阻工多且矿压谈判艰难

全国 55 个少数民族中，云贵两省涉及 52 个，各民族间语言、风俗、生活习惯均存在差异。在征地协调过程中，稍有不慎便会引起民族矛盾，造成民族冲突，而且许多村民不理解地方政府的用地政策，导致征地协调极其困难，时常出现施工现场群体阻工现象。为了推动工程进展，甚至需要出动警察进行保护性施工。此外中缅第二、三合同项云南、贵州两省共压覆矿产 35 处，经过的大部分矿产为煤矿，矿权人补偿要价非常高（前期估算约 18 亿），外协谈判工作极其困难。

1.5 山高谷深，施工作业面狭窄

管道沿沟谷、河床敷设 23 处、约 81.68km。沟谷地段山高谷深，多为断岩绝壁，沟谷底部多呈"V"字形，且大部分沟谷常年流水不断，因此沟谷段施工受管沟成形、泥石流及山体滑坡影响非常严重。有些沟谷段已被高压电线、通信光缆等设施占据，造成施工作业面非常狭窄，施工难度大。

1.6 复杂地貌单元地质灾害频繁

管道途径横断山脉、云贵高原、喀斯特地区等复杂地貌单元。地质特点为：地震烈度高、地应力高、高地热和活跃的新构造运动、活跃的地热水环境、活跃的外动力地质条件、活跃的岸坡再造过程。表现为地质灾害频发，具有 7 种地质灾害中的 5 种，全线共有 54 处地质灾害频发点。

1.7 长距离穿越九度以上地震区

中缅管道（国内段）第二、三合同项管道穿越地震断裂带 2 条，且连续 56km 穿越九度以上地震区，给设计、施工、运营带来了极大挑战。

1.8 三管并行穿越四十二条隧道

管道并行穿越山体隧道 42 条，约 42.7km。由于大部分隧道为富水隧道，隧道内阴暗潮湿，滴水严重，且隧道内坡度较大，最大可达 23°，在有限的隧道空间内进行多条管道的并行安装施工成为一大难题。

1.9 自然保护区风景区水源地多

管道沿线穿越生态与自然保护区、风景名胜区、水源地 12 处，如花溪风景名胜区、贵州花江大峡谷风景名胜区等。同时中缅管道（国内段）业主全线聘请环保监理、水保监理对相应的施工作业进行监察，施工整体环保要求极高。

2 项目管理模式

中缅油气管道工程（国内段）为特大型管道建设项目，业主对本项目采用了"PMT＋PMC＋EPC"的项目管理模式。管道局成立中缅管道（国内段）EPC 项目部负责第二、三合同项的总承包管理工作，项目部设置 10 部室 1 中心，定员 80 人，管道局所属各参建单位成立相应的施工分部，统一由管道局 EPC 项目部集中管理。参加本项目建设的管道局内部单位有管道设计院、物装公司、管道一公司、管道二公司、管道三公司、管道六公司、特种运输公司、龙慧公司、通信电力公司、建设公司、西北管道公司、检测公司等十几家专业公司。在这种管理模式下，管道局 EPC 项目部采取的主要管理思路是："服务＋管控"，即在为各专业公司做好服务的前提下，实现集中管控，主要实现集中管控设计资源、集中管控大宗物资采购、集中管控施工资源，这是中缅管道（国内段）项目部的主体责任之所在。

3 落实项目部的主体责任

3.1 服务一线是根本

服务一线是管道局 EPC 项目部的首要的、根本的责任。管道局 EPC 项目部坚持以一线的实际需求为根本出发点，切实解决一线的各种问题，最大程度的实现 E、P、C 三者的有机结合。什么是服务？服务就是想分部之所想，急分部之所急，放下身段去解决分部的问题。例如，项目初设完成到施工图设计的周期非常短，项目部积极协调各设计专业，克服众多困难，保证全线设计施工图按计划提交与下发。再如，根据现场的实际管材需求，管道局 EPC 项目部大力协调业主对第二、三合同项管材的供应，使得各一线机组在施工时所需管材供应充足，高峰焊接时基本能够保证每个焊接作业面有 1.5km 管材富余，从根本上避免了各施工分部出现停工待工。在全线场站、阀室施工初期，在施工界面交叉、各种物资到货情况与计划有偏差、各专业之间的协调配合等方面存在一系列问题，管道局 EPC 项目部多次在施工现场组织各专业单位负责人召开专题研讨会，想尽一切办法解决各专业存在的问题，最大限度地避免因过程、程序等环节带来的各种不便，所有设计、采办、施工问题都在现场解决。这就是服务。据不完全统计，EPC项目部共组织现场办公会13次；组织设计专业交底会8次；组织了罗细河跨越、云顶大坡水工防护、蟒蛇河谷敷设、三荔水库淹没区防护、里朗隧道出口防护、滑坡治理、伴行路整修、场站基槽开挖、阴保安装等20余次专项交底。

3.2　集中管控好设计

3.2.1　解决好技术难题

中缅管道（国内段）沿线地形复杂、环境敏感点多、地质灾害发育、多管并行或同沟敷设、多管同隧同跨、油气场站合建技术难题多，导致建设难度极大。在项目设计过程中，为提高工作效率、解决技术难题、保障产品质量、维护运营安全、落实环保措施、促进协调发展的要求和目标，最终交付一个高质量、业主满意的精品工程，管道局EPC项目部主导设计进行了大量的技术创新，实践证明这些措施对解决问题行之有效。例如，山区测量和遥感影像制图技术、多管长距离并行或同沟敷设、管道线路抗震设计、管道经饮用水源地的防渗设计、全线开展地灾识别、评价和专项治理、三管同跨设计、山区水工保护设计、同隧同涵穿越设计、伴行路首次采用弹石路面、油气站场合建设计、站场抗震设计等。这些技术难题的解决为施工铺平了道路。

3.2.2　加强与采办融合

本项目有效工期短，一旦材料供应不及时，将会给项目造成经济和工期双重损失。如果设计能够快速提交采办技术文件，就能为项目采购赢得有利时机。因此管道局EPC项目部在采办文件管理上，运用"三步法"思路开展工作，即：先提交基本准确的请购文件，启动招标；之后在采办技术协议签订前，确定最终规格数量并签订合同；最后及时进行设备材料规格数量的自查和再次确认工作，确保无漏定、错定，降低材料采购风险。具体操作上，通过分不同版次提交采办支持文件方式，将先设计后采购的顺序关系变为平行开展，让采办流程与设计工作同步进行，并以采购技术协议签字为双方共同节点，提供最终版设计文件和确认采购数量清单。同时，确保采购文件准确，避免物资清单错误和遗漏。为保证采购物资特别是耗材的数量准确，本工程突破以往完全由设计人员根据经验数据选取设备材料富裕系数的方式，而是通过管道局EPC项目部调研各施工分部的实际材料损耗情况，综合分析并制定材料余量指标，将指标下达设计分部执行。该方式既能让开料余量真实可控，同时管道局EPC项目部还能清晰掌握损耗指标，便于进行材料使用的把控，进行物料精准控制。在设计过程中，设计部还结合图纸进展情况，组织设计分部与采办分部联合梳理和核对设备材料，与获取的现场施工用料需求进行对比，及时发现和修正物料参数或数量偏差，确保现场材料需求与实际采购量、设计料单全部一致。

3.2.3　控制好范围变更

对于项目，变更是不可避免的，特别是有利于推动项目开展、降低实施难度、提升产品质量、解决现场问题的优化变更，管道局EPC项目部要积极推动。同时，也要严控不必要的变更，防止造成工期浪费和经济损失。本工程中，设计变更控制方面主要采取的措施有：（1）由于项目从初步设计到实施阶段时间跨度大，现场变化多，因此在设计开始前，组织设计分部人员成立了3个小组，同时对云南省和贵州省的26个县市全部管道路由是否与城镇规划冲突、沿线 14 座站场和 56 座阀室用地性质变化情况进行逐一核实，整理核实统计表格近百份，在核实排查中，对与新增规划发生冲突的管线和用地属性发生变化的阀室，及时进行变更调整，减少后续设计输入变更风险。（2）在管道中线测量过程中，提前让施工分部介入，与测量人员共同踏线测量，对发现的施工困难段或地形地貌变化段，及时提出优化建议，按程序进行变更审批。这样，施工分部不但提前熟悉并优化管道路由，创造最佳施工条件，同时也大大减少了实施期间的变更量。（3）管理设计输入条件的准确性，主要包括组织设计分部对初步设计文件进行确认，对设计标准和规范的版本及有效性进行核实，督促设计分部强化各专业互提资料质量，协助管理厂家反馈资料质量等。（4）监督设计分部做好过程管理，在适当节点，组织设计分部进行设计质量自查自纠工作，将错漏碰缺、设计偏差等消灭在终版图纸提交之前。设计分部于 2012 年 4 月、6 月、9 月、10 月进行了多次质量分析和自查，并根据现场问题反馈，及时进行整改，消除设计错误。（5）在设计阶段充分考虑设计方案的安全性、可实施性、经济合理性，加强设计优化。比如在横坡敷设、同沟敷设、作业带削方、穿活动断裂带方案、场站弃渣和土方平衡、避让滑坡岩溶灾害、工艺方案、供水方案、阴极保护、合建场站等方面提前进行设计优化。

3.3 集中管控好采办

采办作为项目管理工作的中间环节，起到连接设计与施工的纽带作用。管道局 EPC 项目部对于涉及项目主体的大部分安装物资，均由管道局 EPC 项目部实施集中采购并统一发运，实施统一调拨；对于可以在施工现场采购的部分零星材料、手段用料（如氧气、乙炔、编织袋、胶皮等），这些材料原则上不构成工程实体，由各参建分部上报采购计划后，直接在当地自行采购；个别业主有统一要求的构成工程实体的小宗材料，如钢结构、三桩等材料，由各参建单位上报推荐供应商名单及采购预算，由管道局 EPC 项目部审批之后，由各施工分部在当地采购。

3.3.1 采办计划管理

管道局 EPC 项目部强化采办计划管理，明确"采办管理就是采办计划的管理"，认真分析整个采办环节中可能发生的情况，积极征求设计单位线路专业、工艺专业等相关人员以及物装公司分部各专业人员的意见，制定了中缅管道（国内段）总体采购计划。在制定采办计划时，中缅管道（国内段）项目部采办部考虑了以下方面的内容：（1）将采办重点放在长周期物资（避免因周期过长制约施工进度）、线路物资（实现零库存的管理目标）以及资源贫乏物资（避免实施采购时才发现资源不足的情况）；（2）优先划分采购界面，明确采办主体，细化每一个采办包的市场配置情况、责任隶属情况、最晚时间，打好富余量，制定合理的采购时间节点。

采办进度控制是项目采办工作管理的重点，管道局 EPC 项目部编制了物资采办状态一览表，该表包含了对项目各采办包的请购环节、采购环节、订货到货环节的全时间节点记录以及责任人、督办人的工作范围，并且对长输管道的重点物资进行单独记录，比如焊材、热收缩带、热煨弯管等，内容清晰、信息全面。每周五定时更新，项目部各领导及各相关业务部门都能够随时对各采办包物资的采购、到货进度了如指掌。同时，对可能出现的进度风险及时预警，防患于未然。

3.3.2 提高采办质量

对工程物资的质量，必须从源头抓起，避免不合格产品进入工程现场。管道局 EPC 项目部重点从以下方面进行管控：（1）加强供应商选择管理，严格审核供应商资质，避免选择以往出现质量问题的供应商；（2）加强产品生产过程的质量监督，针对重要设备选择第三方监督或检验机构，适时驻厂监造，确保产品生产质量；（3）进场材料必须符合图纸要求，有产品合格证、出厂检验报告和进场复验报告；（4）严格落实物资复检制度，物资复检、进场必须有监理签字认可；（5）确保接货的装卸质量，杜绝野蛮装卸，尤其是贵重、易损物资要轻拿轻放，对大型设备，施工分包商应在接货前制定实施方案（包括吊装、装卸、运输、存放等），确保装卸质量。

3.3.3 零余额管理

在管道工程项目中，过量剩余物资会给项目带来许多负面影响，最直接的后果就是采购成本增加，还会带来仓储、运输、回收、再利用等方面的种种问题。因此，如何避免过量剩余物资，是 EPC 项目部应该重点考虑的问题。管道局 EPC 项目部的有效做法有：（1）设置采购量节点，到后期要分批订货。对于大宗物资，可以先按照线路物资估算总量的 50% 左右进行第一批订货。比例不能太小，否则订货过于频繁；同时也不能太大，否则可能造成超量采购。在施工过程中，采办部要主动观察了解第一批材料的使用进展，结合剩余工程量，组织相关部门对本项材料的使用总量进行估算。根据估算结果进行适量补充订货，直至该量达到新的估算量的 80% 时，此后每一批材料增订，原则上不能超过估算总量的 5%。这样可以最大可能测算出材料采购的精确数量，减少估算与实际采购的偏差。（2）建立业务部门共同审核制度，确保采购合理性。对于线路材料类物资，设计部门为了规避缺料的风险，在开具料单和制作请购文件时可能会做出充分的余量考虑，余量做法往往会使料单中的拟订货量变得与实际不符，甚至相差甚远。因此，管道局 EPC 项目部在分批订货达到节点（预估总量的 80%）时，让施工单位统计用料的现使用总量、损耗量、使用效率（或损耗比），缺口量等数据，并上报至管道局 EPC 项目部。EPC 项目部的设计、采办、工程及合同控制部门对上报的数据进行共同审核，并形成一致意见，作为最终的订货依据，而这样得出的数据，相比设计在项目初期直接开料要更加合理和准确。（3）明确各分包单位职责范围及惩罚措施，增强开料约束力。除上述的项目部各部门联合审查之外，各分部上报数据的准确性也会影响到采购估算量。各分部对于材料需求要有明确的职责划分，并且要制订相应的奖惩措施。对设计分包商而言，经中缅管道（国内段）项目部审核之后，一旦发现开料量比共审后量超出 30% 以上甚至更多时，项目部应组织各部门进行会谈，就开料问题进行详细分析，找出存在巨大差量的原因，如果是因设计人员的不负责任而造成的重大偏差，则需对设计分包商进行问责甚至是罚款，以此提高设计人员开料的约束力。对施工分包商而言，则必须按照自行申报的缺口量以及会审确定的数量完成最终的领料，如实际领用量不能达到上报量并且不再从中转站领料，则由合同控制部依据该施工单位申报量折算为采购价格并增加管理费用后直接从工程款中等额或超额扣除，以此约束施工单位在申报领料时的行为，提高申请物资数量的可信度与准确度。

3.4 集中管控好施工资源

3.4.1 统筹配置施工资源

施工资源是项目实施最为基础也最为重要的单元。管道局 EPC 项目部测算了本工程所需的各类资源。按照天然气、原油、成品油管道第二、三合同项工程量及业主综合计划的要求，结合本工程的特点及中贵线等以往工程机组的施工工效，得出测算结论：本工程按期完工需焊接机组 47 个，土石方机组 84 个，试压机组 18 个。在工程中实际投入焊接机组 43 个，土石方机组 86 个，试压机组 22 个，主要施工资源的实际投入量与原预测分析所需资源基本一致。

针对本工程中三（双）管并行或同沟经过不同地形的特点，以往工程中焊接标准化的大机组流水化作业根本不能充分发挥其施工效率，为充分提高机组的工效，管道局 EPC 项目部在原机组管理标准不变的情况下，鼓励各施工分部的机组进行拆分管理，拆分为若干个适应山区、大面积需沟下焊等特点的小机组，大大地提高了机组作战能力，充分发挥了机组工效。

3.4.2　开展全员劳动竞赛

为了确保中缅管道（国内段）项目安全、优质、高效、按期完工，确保实现国家能源大动脉建设目标，管道局 EPC 项目部开展了以"云贵高原创伟业，不畏艰险建奇功"为主题的劳动竞赛，制定并通过了《中缅管道工程（国内段）EPC 项目劳动竞赛方案》，在工程进度、质量与安全管控等方面制定了专项的竞赛方案，包括《中缅油气管道工程（国内段）进度奖励方案》、《中缅油气管道工程施工质量管理办法》与《HSE 考核实施管理办法》，配合总体竞赛方案落实到位。各施工分部也制定了符合自身特点的劳动竞赛方案。在竞赛活动中，一赛工程进度，竞赛中紧紧围绕项目的工期节点目标进行，以确保工程按期投产为目标，确保国家能源大动脉建设目标的实现；二赛工程质量，竞赛通过严格施工标准，规范操作规程为总体措施，切实加强中缅管道工程施工质量管理，规范各施工单位质量行为，做好现场管理和控制，确保质量体系有效运行和落实，实现中缅管道（国内段）项目部制定的各项质量目标；三赛工程安全，竞赛通过严格执行 HSE 管理体系，开展 HSE 考核形成激励约束机制与"安全家书"、"亲情短信"活动，确保实现"零事故、零伤害、零污染"的管控目标；四赛工程效益，竞赛通过实施管理精细化战略，精打细算，挖潜增效，缩短施工工期从而保障工程按期完工，节约成本，确保实现项目经济效益最大化；五赛队伍建设，竞赛号召全体员工发扬大庆精神、铁人精神、管道精神和"八三"优良传统，爱岗敬业，争创一流，确保不发生违纪问题。六赛创新成果，通过管理上创新，在项目前期做好资源的合理安排，以实现成本最优化的资源配置，以进度控制为手段，在项目实施过程中实现投入到产出的合理转化。

3.4.3　搞好征地外协工作

"国内工程进度搞得怎么样，要看外协搞得怎么样。"这句通俗的口语概括了中缅项目外协工作的重要性。面对云贵地区地形复杂，少数民族较多，对政府政策的理解不到位，线路走向经常从已建工程（铁路、公路、线杆、地下管道等）及特殊地段（矿产压覆、环境敏感点、规划区）穿行等诸多老、大、难问题时，项目的外协工作坚持以管道局 EPC 项目部的外协力量为主导，各施工分部辅助配合，层层落实责任。中缅管道（国内段）第二合同项涉及 20 处铁路穿越，全部需要在云南某铁路局办理通过权手续，其办理手续之复杂，程度之繁多以前从未遇到过。即便如此，管道局 EPC 项目部的外协部门仍然以足够的耐心，驻扎在铁路部门，与之洽谈协商，扎扎实实的按铁路局的各项规章制度与要求开展各项工作，在保障铁路穿越工期的同时，最大程度的为项目业主节省了投资。南华县沙桥镇、三都县周覃镇，这些中缅项目（国内段）耳熟能详的地名都给外协人员留下了深刻的回忆，面对部分村民的无理取闹，管道局 EPC 项目部外协部门果断冲当攻坚排头兵，及时与省、市级政府部门沟通，甚至请求地方政府出动协警开展保护性施工，在一线解决征地问题。中缅管道（国内段）第二、三合同项共有 35 处矿压补偿，从矿压谈判开始，管道局 EPC 项目部即聘任省国土厅相关专业人员协助进行谈判，先后进行了 75 次谈判会议，最后全部降低了矿压费用，保障了工程施工的顺利开展。扎实的外协工作，切实发挥了为中缅管道（国内段）项目顺利推进保驾护航的关键作用。

4　结论

管理是企业追求的永恒话题，做好这门功课，企业才能走得更加长远。由于长输油气管道施工建设的特殊性与复杂性，如：项目规模、所在环境、业主侧重点、公司理念、团队素质等各不相同，决定了其每个项目、每种组织方式（EPC、PMC、PC 等）的管理重点大相径庭，但每个项目经理、EPC 项目部的目标相同，那就是将项目做成功。因此，如何落实好主体责任，如何抓住项目管理的关键环节，需要在借鉴成功做法的基础上，有针对性地不断研究、实践、再研究、再实践，才能为具体实施项目找出解决思路。

EPC 项目中党工委工作应该如何发挥作用

中国石油天然气管道局国内事业部　田宝州

【摘　要】　项目是工程建设企业的重要组成部分，加强项目党建工作是构建和谐企业的重要途径，通过全面加强项目党建工作，充分发挥项目党组织作用，推动项目党建工作不断创新，才能有效促进企业和谐发展。在 EPC 项目中，项目党工委和基层党组织要发挥好政治核心作用，打造执行力强、作风过硬、凝聚力强和争创先进的项目管理团队；发挥好战斗堡垒作用，重视思想政治工作的精神激励作用；发挥好参与监督作用，配合项目行政助推工程建设稳步进展；发挥好文化带动、调解稳定作用。
【关键词】　EPC 项目；党工委；思想政治工作

在 EPC 项目中，项目党工委和基层党组织如何发挥作用，发挥什么样的作用，能否起到领航作用、堡垒作用和纽带作用？在新形势下，我认为作为一名 EPC 项目的党务工作者必须弄清这些问题。下面就 EPC 项目中党工委如何发挥应有的作用，谈谈自己的一些看法。

1　党工委工作在 EPC 项目中的重要性

项目是工程建设企业的重要组成部分，加强项目党建工作是构建和谐企业的重要途径，通过全面加强项目党建工作，充分发挥项目党组织作用，推动企业党建工作不断创新，才能有效促进企业和谐发展。

中缅油气管道工程的建成投产将有利于打破能源进口的"马六甲困局"，对于实现能源进口的多元化、多渠道和多通道具有重要而深远的意义，有利于缓解我国西南地区资源匮乏和资源调配的巨大压力，有利于加快西南地区油气管网的建设与布局，进一步保障西南地区经济社会发展的能源需求，优化国家的能源战略布局。

综合党建工作在企业发展中的作用，和中缅油气管道工程的重要意义，要求党工委工作要围绕项目施工生产的中心来开展，并与项目施工生产管理同部署、同检查、同落实、同考核，使之与项目管理融为一体，成为项目管理的日常工作，真正为实现项目管理的目标充分发挥党组织的战斗堡垒作用和党员的先锋模范作用。

2　党工委工作如何在 EPC 项目中发挥作用

（1）发挥好政治核心作用，打造执行力强、作风过硬、凝聚力强和争创先进的项目管理团队。

要充分发挥党组织的政治核心作用。在 EPC 项目中，项目党工委应加强思想工作、作风建设等方面的政治领导，以保证党和国家、集团公司和管道局、局党委的方针政策在项目的贯彻执行，并以项目领导班子的政治理论学习为重点，切实抓好班子成员理想信念、职业道德、党性、作风、党风廉政等方面的教育。此外，要以开好民主生活会为契机，切实加强党组织自身建设，提高解决问题的能力。

中缅（国内段）项目党工委首先坚持以领导干部为重点，创新学习培训平台，积极推进"创新型组织、学习型团队"建设，依据《中缅（国内段）项目"抓基层、夯基础、强素质"万人读书活动实施办法》，由项目领导亲自授课，并推荐当月所读书籍，使项目形成"以老带新、内行带外行、全员学专业"的学习氛围。其次，项目党工委和基层党支部在"创先争优"活动中，开展了党员"一句话承诺"活动，党员争优"五自"活动，"先锋哨兵"活动和"三争三创"等活动。通过各种形式与载体，助推项目领导班子形成执行力强、作风过硬、凝聚力强和争创先进的项目管理团队。

（2）发挥好战斗堡垒作用，重视思想政治工作的精神激励作用。

管道工程为线路施工，具有点多线长等特点。从工作环境上看，野外施工社会依托较差、安全风险较高、工作强度较大，项目员工常年施工在外，精神文化生活缺乏；从员工年龄结构上看，一线员工有些是刚参加工作，年纪小，文化程度较高，但工作经验少，吃苦耐劳精神不足。由于项目员工年龄不同、工作经验不同、受教育程度不同，再加之社会大环境的影响，他们的思想状态也呈现出复杂性、多样性、多变性的特点。

首先要发挥好一线党组织的战斗堡垒作用。

在工程建设攻坚阶段，项目部除了采取一些物质奖励等手段来激发员工的工作积极性以外，还需增强思想政治工作在精神层面上的激励作用。在具体工作中，就是先要提高认识，充分发挥基层党支部的战斗堡垒作用；其次要发挥好党支部书记的领头作用。在工作中，基层党支部书记一定要以身作则、率先垂范，履行好书记的职责，做好组织动员工作，通过开展"党员先锋岗"、"一个党员一面旗"、"工人先锋号"、"青年文明号"等形式多样的活动，组织发动党员在攻坚克难中发挥先锋模范作用，团结带领广大员工战胜各种困难，通过党员先锋模范作用的发挥来充分体现党支部的战斗堡垒作用。

其次，要重视思想政治工作在精神层面的激励作用。

一要加强沟通，及时掌握员工思想动态。这就需要项目党组织、工团组织深入一线，以座谈会和联谊会等形式，了解员工的所思所想，倾听员工的呼声要求，及时掌握他们的思想动态，让员工切切实实体会到项目组织对个人的关注。

二要营造"快乐工作、快乐生活"的氛围。在今年的管道局三会上，提出要建设幸福企业。建设幸福企业，主要标志是快乐工作、快乐学习、快乐生活。一个真正快乐的人，可以将个人的喜悦升华，成为一股看不见的力量，所以让员工快乐的工作是项目班子追求的目标，也是项目部党工委工作中需要营造的氛围。中缅（国内段）EPC党工委和基层党支部高度关注一线员工的身心健康，搞好伙食、改善住宿条件，让员工吃得好、住得舒心，营造温馨舒适的生活环境；配好文体设施器材，定期组织活动，让员工能够在繁重的工作之余缓解压力；同时积极发挥工团组织的作用，开展了庆"双节"迎"十八大"系列文体活动、"亲近自然—活力中缅"活动、举办的趣味运动会、"五·四"青年节，组织团员、入党积极分子和青年员工参观了红色教育基地，其中管道三公司基层党支部与贵阳市团委达成团建合作意向，通过在建的中缅（国内段）管道平台携手开展"共学一次团课、携手下回基层、帮扶一批贫困、联谊一次活动、出台一本画册"的"五个一"青团活动，进一步拓展、提升了工团组织活动的范围与层次。

三要在价值观上引导员工利义并重。思想政治工作的一项重要任务就是引导员工不但把自己当成"经济人"，还要当成"社会人"；不但要以获取经济利益为人生目标，更要实现人生价值、社会价值。中缅（国内段）项目党工委及基层党支部注重在思想政治工作中号召员工增强责任感和荣誉感，动员广大参建将士充分认识中缅管道工程的重要意义，为国家油气战略通道建设贡献智慧和力量。对每一名管道建设者而言，能够参与中缅管道这一宏伟工程的建设，既是人生中的莫大荣耀、宝贵经历和财富，也是参建员工施展才华、实现人生价值的一个舞台，要发挥管道建设主力军的组织优势和工程建设优势，进一步彰显 CPP 品牌。

（3）发挥好参与监督作用，配合项目行政助推工程建设稳步进展。

项目党工委要认真参与项目重大问题的决策，坚持民主集中制，认真落实项目制定的各项规章制度，充分发挥参与监督作用。

项目党工委工作如何做到参与项目重大问题决策，而不干预项目上正常的行政工作，如何监督项目领导班子成员而不产生不利于班子团结的负面影响，似乎成为大多数党工委书记面临的一大难题。

如何发挥党组织的参与监督作用，其中重要的一环就是要形成制度理念，要在制定制度上下功夫，通过创新完善民主生活会和"三重一大"等民主机制，增强领导班子的创造力、凝聚力和战斗力，推进和谐型、务实型领导班子建设。

此外，党工委工作要从讲政治、讲原则的高度，积极与项目经理沟通交流，积极参与项目的重大问题决策，主动抓好项目领导班子的党风廉政建设，通过定期召开中心组学习会议，通过学习讨论，增强项目班子成员的政治责任意识，增强领导班子的凝聚力与向心力，增强做好廉政工作的自觉性和坚定性。项目党工委还要广泛开展廉洁承诺活动，切实做好工程建设中的廉洁管理工作，使工程和各级领导干部经得起审计和检验。

（4）发挥好文化带动、调解稳定作用。

项目党工委应以树形象、促管理、创效益为目标，充分发挥党工委工作在项目文化带动与调节稳定方面的作用。

工程建设一线是培育优秀企业文化的沃土，中缅管道工程作为全球能源领域的一项重大工程，建设难度史无前例，代表了中国管道建设的最高水平。因此，在宣传总结工作方面，项目党工委不能仅把宣传总结工作作为一次简单的总结和回顾，更要将这项工作作为一次文化理念提炼升华的过程。项目党工委与基层党组织要将日常工作与企业文化建设相结合，加大宣传报道力度，突出项目的闪光点、亮点，增强宣传报道的针对性、实效性和吸引力、感染力，全力为项目各项管理创造良好的舆论氛围。

此外，要加强营地建设，在营地建设中遵循"家文化"的原则，让一线员工回到营地后能体会到家的温馨与舒适。通过营地建设标准化、目视化、人性化与属地化等要求，让员工在机组这个大家庭里既感受到组织的关怀，也享受到家的温暖，使员工劳动受到尊重，个人得到锻炼，企业获得发展。关注每一个机组小家，就是爱护企业这个大家，"奉献能源，创造和谐"才能真正得以实现。

论中缅油气管道工程初步设计精英团队建设

中国石油天然气管道工程有限公司　沈茂丁　王学军

【摘　要】　管道设计院初步设计项目组建专家团队和精英团队，积极创新，进行重点难点精细化设计，在中缅油气工程（国内段）取得了技术创新，确保了工程质量，为将来管道设计项目的管理工作奠定了基础。

【关键词】　初步设计；精细化设计；专家团队；精英团队；创新团队

为了满足中缅油气工程（国内段）初步设计保工期、保水平、保质量的总体设计要求，管道设计院初步设计项目需要建立健全项目组织机构及项目质量保证和计划控制体系，全面控制设计进度、设计水平及设计质量。管道设计院从以下几个方面进行项目精英团队建设，为顺利完成中缅管道初步设计奠定有利基础。

1　组建专家团队，敢于否定前期可研设计成果

为了确保初步设计方案的合理性，管道设计院在项目团队建设中拟建立两级专家体系，提供全面技术支持和咨询服务。第一级，成立由公司总工程师牵头的项目总工程师团队，成员由国家设计大师史航、集团公司专家郭书太、郭宝申等公司副总工程师担任。第二级，考虑到工程的复杂性和难度，特别聘请石油行业部分专家组成项目顾问专家组，进行各专业中间方案和最终方案的审查和把关，提供强大的技术支持，确保设计方案的科学性和可实施性。首席顾问专家由国家设计大师曲慎扬担任，专家组成员包括刘凯信、王树宽、张怀法、周亮臣等来自设计、施工、运行方面的专家组成。

中缅管道项目设计过程中，专家团队多次进行现场调研，不断优化线路路由，在云贵高原、横断山脉复杂的地质条件中找到了一条具有世界级难题的管道路由走向，其相比可研路由节省投资约 10 亿元，然而可研路由也是管道设计院可研团队多年的研究成果，如果对可研路由提出异议，无疑是承认管道设计院可研阶段的工作失误，正所谓"自己打自己嘴巴"。项目专家团队多次召开专家会议，毅然决定"放弃自己的脸面、长痛不如短痛"，否定可研路由，为整个项目建设节省了 10 亿元的投资。

2　组建精英团队，勇挑中缅管道初步设计重担

中缅油气管道工程对落实国家能源战略具有重大的政治和经济意义，同时油、气管道并行，地形地貌地质条件异常复杂，工程量巨大。管道设计院组建具有强大实力和丰富经验的精英团队承担本工程的初步设计任务，采用矩阵式管理模式，其中：项目管理团队成

员均为在油气管道设计方面有丰富经验且有项目管理实践的资深工程师担任；设计人员均为抽调各专业工程设计经验丰富的年富力强的工程师担任；各专业负责人及专业审核和审定人员均由高级工程师、副主任工程师等担任。项目设计以"开拓思路，扩展视野，考虑周到，技术领先"为设计指导原则，达到输送工艺先进、线路走向合理和生产运行安全。

3　组建创新团队，进行重点难点精细化设计

中缅管道建设难度空前，很多问题是以前的管道建设从未涉及的，项目开展初期即组建了创新团队，对中缅管道设计的重点、难点进行识别，在项目执行中积极采用适用的"新技术、新工艺、新手段、新设备、新材料"，对识别出的重难点问题开展了9项专题研究和11项专题评价，为管道建设提供安全、环保、先进、优质的勘察、设计产品，进一步推动了原油和天然气管道设计的技术改进和创新，提高了我国管道设计技术水平。

2013年10月20日中缅天然气管道全线投产，各项设计创新得以实现。项目创新团队在管道并行、跨越、隧道、站场合建、地质灾害防治、管道抗震等方面实现了多项设计技术的改进和创新，勘察设计手段也不断丰富，在大落差管道不满流运行、管道的定量环境评价等一些新的领域开展了有益的探索，这些改进和创新，有利于中国管道设计水平的提高，对今后的管道工程设计有很好的借鉴意义。

4　组建质量保证团队，确保初步设计优质成果

为保证中缅管道工程的初步设计质量，项目组成立了质量保证团队。质量保证团队包括公司技术质量部、质量工程师、项目总工程师、专业总工程师、项目顾问专家组、专业技术专题工作组，他们联合为初步设计提供技术方案和设计产品质量把关，并认真编制项目初步设计技术手册，统一设计技术标准，制定纠正和预防措施，推行质量奖励和质量问责制，制定项目质量计划和创优计划，在设计过程中加强监控和落实。

为了确保中缅油气工程设计质量及设计水平，项目质量保证团队要求设计人员必须贯彻"安全第一、环保优先、以人为本、经济适用"的设计理念，树立工程项目全寿命周期设计质量保证的观念，严格执行国家、地方和行业的法律法规、国家强制性标准规范，认真遵守质量管理体系的要求。在设计过程中坚持质量控制，采用多级审核、内外评审相结合的质量审查制度，强化方案过程的技术把关和控制。

为了在中缅油气管道工程初步设计工作中确保设计质量，加强设计管理人员和设计人员的责任心和责任感，确保设计质量，各专业首先在方案形成的阶段由专业总工程师会同专业技术问题工作组进行审查，确定后进行专业设计，形成的文件和图纸按照设计、校对、审核、审定4级审查制度对本专业勘查和设计成果进行质量审查，并由专业总工程师核准。在完成专业工作后，组织内部专家组进行审查。初步设计完成后，汇总最终勘察和设计成果，组织专家进行最终成果外部审查。

本工程在设计中通过项目管理文件和质量管理程序，从项目经理、总工程师、副（专业）总工程师、技术经理、专业负责人岗位，从专业设计策划和专业设计工作、专业设计成果审查、设计文件质量评定等环节，对项目的设计过程进行全过程、全方位的控制，确

保初步设计方案的技术和质量。以线路工程专业为例：

首先，全线划分为不同段落的设计标段，确定每一个标段的负责人，由线路专业负责人统一领导和指挥。由专业负责人按照全线所经的地形地貌特点，编制统一的技术要求和规定，与相关设计人员制定初步的设计方案，由专业总工程师主持进行审查，确定后，发布至相关的设计段落负责技术人员，进行设计工作，并在设计过程中随时检查监督设计方案和质量，解决设计过程中出现的疑难问题。完成设计后，由专业总工程师组织审查，提交业主。每季度请顾问专家组对设计文件进行抽查，并进行质量评定。

综上所述，中缅油气管道工程（国内段）初步设计团队建设取得了很大的成功，取得了技术创新，确保了工程质量，为将来管道设计项目的管理工作奠定了基础，提升了管道设计院的管理水平，有利于中国管道设计水平的提高，对今后的管道工程设计有很好的借鉴意义。

构建强势设计团队　成就中缅能源通道

中国石油天然气管道工程有限公司　何绍军　黄　丽

【摘　要】　中缅油气管道工程属于跨国油、气管道工程，是国家西南能源通道项目，对我国大西南的区域经济发展和推动西部大开发具有重要的政治、经济和社会意义。以中缅油气管道（国内段）EPC的第2、3合同项阶段为例，从设计团队组建、设计策划、过程管理、动态监控、应急处理、现场服务、设计回访等方面，阐述如何使设计EPC阶段真正起到引领和主导地位，按照业主和EPC要求完成设计任务，提出自己的管理体会，为以后的项目管理提供参考和借鉴。

【关键词】　中缅管道；设计团队；项目特点；详细策划

引言

中缅油气管道项目属于跨国油、气管道工程，是国家西南能源通道项目，是实现中国能源战略的重要组成部分，对我国大西南的区域经济发展和推动西部大开发具有重要的政治、经济和社会意义。从2004年5月开始，历经8年寒暑，在预可研、可研、初步设计、施工图设计每个阶段，项目组步步为营，一步一个脚印，稳步推进。2013年10月20日，来自缅甸西海岸的天然气途径约2518km后顺利到达贵港压气站，至此中缅天然气管道缅甸段和中国段干线工程将全线贯通并顺利投产，国家西南能源通道的宏伟蓝图终成现实。

中缅油气管道（国内段）EPC的第2、3合同项包括三条管道，总长为1557km，站场8座，阀室34座，河流穿跨越9处，隧道42处，公路铁路穿越124处，伴行路32处，地灾治理28处，工程量较大，但设计、采办及施工总工期仅21个月；本文将以中缅油气管道（国内段）EPC的第2、3合同项阶段为例，浅谈对该阶段的设计管理的体会，为以后的项目管理提供参考和借鉴。

1　精心策划，用心经营

组建强势的设计团队，充分发挥设计的龙头作用是成功建设中缅管道的关键，项目管理要结合项目特点进行管理上的突破和创新，提高团队的战斗力和整体水平，才能提升设计水平，保证工程有序合理向前推进。

1.1　构建强势设计团队

中缅油、气管道（国内段）第2、3合同项工程复杂，工程量巨大，为了确保设计方案合理性，对EPC项目整体起到主导作用，公司领导和项目管理高度重视，组建了强势

17

设计团队。

（1）建立两级专家体系，提供全面技术支持。

同时，由公司内经验丰富的专家和资深设计师担任专业总工，并请业内知名专家组成项目顾问专家组，进行方案的审查和把关，提供强大的技术支持。从而为高水平设计提供了有力保障。

（2）承上启下，保证设计的延续性。

为了保证设计的延续性，主体专业设计人员基本是初步设计的原班人马，充分保持了资源和设计方案的延续性；同时关键的控制工程师文控工程师分别按照要求配置了2名人员，并配置了专职的 HSE 工程师，为后续进度和质量控制以及 1496 份文件的出版提供了有力保障。

（3）成立了突发事件应急行动小组。

针对项目特点，项目组成立了以设计经理、副经理、地灾、线路、勘察和测量等突发事件应急行动小组，先后配合 EPC 项目部进行了十余次的地灾抢险，及时提出了合理的设计方案，多次受到 EPC 项目部的表扬。

1.2 深入了解项目的特点和管理难点

每个项目都有各自的特点，项目组每个人对中缅油气管道的特点必须全面了解，知己知彼，才能得心应手、百战不殆。在设计中，各专业只有做到设计方案的准确合理，才能引领和指导施工，取得 EPC 按照设计方案执行的主动权，中缅油气管道工程特点和设计难点主要有表现在以下几方面：

（1）工程特点

① 沿线经横断山脉和云贵高原，地形复杂，山区占 92%；全线总落差达 2208m；

② 沿线多 V 字形峡谷，两处需要采用跨越形式，为三管同跨；

③ 沿线为地质灾害多发地区（设计 28 处，新增施工诱发较大地灾 9 处）；

④ 油、气、成品油三管并行，原油管道并行但不同期建设；

⑤ 全线油气管道合建站 3 座、合建阀室 11 座；

⑥ 管道连续穿越九度区 56km、活动断裂带 2 条；

⑦ 沿线矿区密布，压矿 140 处，涉及 384.19km；

⑧ 沿线气候条件复杂，雨季长达 5 个月，贵州冬天冻雨影响大。

（2）协调管理难点

① 该项目边界条件变化多：从初设到施工图时间跨度大、施工图阶段增加成品油管道两管变三管、成品油初设滞后、运营单位介入审查等变化多；

② 项目工期紧：三条管道总长为 1727km，站场 8 座，阀室 34 座，河流穿跨越 9 处，隧道 42 处，公路铁路穿越 124 处，伴行路 32 处，地灾治理 28 处，工程量较大，但设计、采办及施工总工期仅 21 个月；

③ 三管并行、站场合建协调多：涉及中缅油气与云南成品油管道协调、原油不同期建设与天然气管道协调、中缅油气合建站协调、中缅贵阳站与中贵线贵阳末站合建协调、中缅楚雄站与楚攀支线首站协调；

④ 分段 EPC 协调难度大：涉及管道 EPC 与隧道 EPC、与通信、与 SCADA 承包商、

与压缩机区 EPC、与外电 EPC 以及不同管道 EPC 之间的协调等；

⑤ 管理环节增加：设立技术咨询管理环节，并引入环保监理和水保监理；

⑥ 制约因素多：材料订货及返设计资料受甲供、集采滞后制约和影响；

⑦ 涉及的分包商较多，管理难度大。

1.3　详细策划，充分沟通

（1）重视项目策划，把握重点、难点等关键点。

细节决定成败，项目策划是确保项目完成好坏的关键，因此设计单位充分与 EPC 项目部进行结合，按照业主和 EPC 项目部要求，要进行详细策划，确定每个专业的重点、难点，逐一制定相关对策，并要求设计人员必须严格按设计策划进行设计。

在项目运行中，设计组严格控制各个关键节点：2012 年"5.30 线路完成""6.30 单体基础完成""7.30 工艺安装完成""8.30 设备基础完成"；在设计周期短、任务重、压力大、甲供设备资料晚 60d 的不利情况下，项目组合理安排人力资源、精心组织、严格管理、周密按计划、分步骤、稳步向前推进，根据施工和采办进展情况，及时调整设计的支持性技术文件的服务，为 EPC 项目部全线开工打下了坚实的基础。

该项目施工难度大，同时施工工期又多次被压缩，面对紧张的投产期限，设计在项目策划时与 EPC 紧密配合，结合施工计划和施工步骤进行设计进度策划和控制，通过增加提交征地图纸、中间版图纸、中间版数据单等方式，确保施工和采办能现场提前开展工作，缩短流程时间，充分发挥了 EPC 项目的优势，为确保顺利施工采办、按期投产奠定了基础。

（2）重视勘测，优选分包商。

勘察、测量选分包商是项目开始运作的重要任务，其成果的准确性决定了各专业设计方案的合理与否，同时勘察事业部要积累分包商长名单，对于不合格的，应永远剔除公司分包领域。

（3）加强各专业内部以及与 EPC 各部门的沟通。

项目组积极融入 EPC 项目每个环节，与采办、施工、七大评价及地方部门结合。全方位结合，定期采用对接会、电话会和视频会等形式，解决设计中出现的各类问题。

设计图纸严格按计划完成和提交，有力配合和支持了现场施工；设备、材料请购单创新提交方法，确保采办及时订货；现场配合施工高度站位和认真敬业，发挥出了 EPC 的优势。

1.4　精心组织，强化专业管理，质量至上

开展设计过程控制，根据各专业的设计进度和工作内容，由项目总工负责组织专家组，进行中间设计方案的专项评审和论证，同时邀请业主参加。项目内部方案论证完后，提请业主组织相关专家进行评审。在 EPC 阶段，由于工期紧、难度大、课题新、甲供设备资料返回晚等诸多困难，无论是现场配合施工还是内业设计，项目组采取了得力措施，强化各环节执行力，实现对设计计划的有力管控。

（1）总结和汲取设计工作在以往工程中的经验教训，坚决杜绝相同错误重复发生。

项目组成立后，组织多次认真领会和学习 EPC 招标文件，积极开展相似工程如西气

东输管线、兰成线、中哈线、阿独线等调研和经验教训的学习；认真总结并吸取国内外油、气管道建设的经验教训，中缅油气管道工程建成了安全、环保、平稳、可靠的油气管道。

① 建立和加强与中贵六标、西三线等 EPC 项目部的沟通联系，对类似项目中的经验教训及时吸取和分析应用；

② 加强与 EPC 各部门的沟通交流，随时掌握现场采办、施工进展情况，了解业主、EPC 重点关注问题，做到无缝衔接配合；

③ 加强中缅项目自身的经验总结学习，归类汇总存在问题，规范化各类问题解决方案。为此设计组组织多次质量分析和自查活动，并根据现场施工反馈，及时发现问题并进行修改，以尽量减少不可挽回的设计错误。

（2）按轻重缓急，动态重点监控。

以满足现场施工为目标，采用"以点布线、以线布网"的动态设计方式，成立设计突击队，项目组每个成员完成了各个关键点。按照内业和现场，分别将每周需要完成的设计文件和现场施工需要注意的事项，纳入每天的动态监控中，及时督促相关专业，起到良好效果。

设计分部根据中缅国内段沿线雨季施工特殊条件，建立了"沿线地灾方案应急处理小组"，从现场踏勘、临时支护和永久措施等方面为 EPC 施工现场处理了线路优化、滑坡、溶洞、塌陷等近 10 处险情。

① 开展设计过程控制，根据各专业的设计进度和工作内容，以 20d 为周期分类进行主要专业进度监控和跟踪，做到提前预警和控制；

② 分包商的现场监督和管理是影响项目进度和质量的重点之一，加强对分包商的现场监督和管理；

③ 建立施工图设计进度预警管理机制：提前 5d 进行设计进度预警。

（3）树立用户至上的服务意识，建立定期质量回访机制。

① 建立"首问负责制"；加强设计与施工、采办的紧密结合，加强现场设计代表与本部设计各专业的结合；

② 中缅项目施工图设计，包括土建、总图、工艺、水工、抗震设计等设计文件，均由运营方组织进行专项评审，做到从前期设计到实施在满足规范要求基础上，尽可能满足运营方建议和要求；

③ 同时加强与运营方的沟通联系，随时随地获取运营方好的意见和建议，在设计和配合施工过程中进行改进。

根据 EPC 项目施工进展，及时委派线路、穿跨越、总图、建筑、结构、工艺等专业人员进行现场配合施工，现场问题采用"首问负责制"。

（4）重视设计交底和施工过程中的现场服务

① 根据 EPC 需要分阶段进行设计交底，充分准备交底资料，并将要求形成会议纪要；建立设计专业负责人与 EPC 施工单位的联络小组；

② 设计确保现场派驻足够的设计代表进行现场服务工作，贯彻施工图设计理念，编制和细化设计交底计划，针对山区陡坡段、断裂带段、灾害地质段、隧道进出口段、冲沟段等特殊段，采取现场专项设计交底，从设计角度为工程质量和安全把好第一关；

③ 现场实行设计代表与施工单位共同办公机制，做到设计与施工无障碍沟通，及时解决和处理现场问题。

1.5 坚持以诚信为本，认真履行合同条款

中缅油气管道项目，本着诚信的原则，以"高效、优质"为指导思想，严格履行合同条款，优化资源配置，精心组织、严格管理，统筹计划、合理安排，制订合理的进度计划，确保设计目标逐步实现，最终实现合同承诺的总体目标。

2 结束语

回首设计的每个阶段，都有很难的路要走，特别是 EPC 实施阶段，理想的蓝图要变成现实，面临前所未有的世界级难题，为了确保设计工程质量攻克诸多复杂的世界难题，设计管理尤为重要。

自 2011 年 8 月第 2、3 合同项中标以来，设计周期不断压缩，给设计带来巨大压力，但在管道设计院精心组织下，历时 22 个月的耕耘，终于迎来了这一幸福时刻。正如 EPC 项目部领导的评价所言：设计图纸按计划完成和提交没有影响施工，设备材料数据单创新方法如期提交没有影响采办，现场配合施工高度站位和认真敬业发挥出了 EPC 的优势，这个项目设计开了好头、打了一个胜仗、奠定了胜利的基础。

目前，项目临近收尾，回想走过的路，还需要认真总结，在分包商的选择、各专业沟通等方面仍有不足之处，期待后续的项目中继续改进，真正做到每个项目尽量不留或少留遗憾。

保驾护航　物装有道

——物装公司中缅工程（国内段）工作纪实

中油管道物资装备总公司　那学伟

【摘　要】　中缅管道的施工建设为管道建设史上浓墨的一笔，为建精品优质工程，物资保障工作是先行官，切实发挥好此项作用，需下力气组织好物资采办工作。本文以此为出发点，结合中缅管道建设情况，论述了物装之道。

【关键词】　经营目标；协调能力；物资先行官

中缅天然气、原油、成品油管道工程是我国实施能源战略的重点项目之一。特别天然气管道是我国能源进口的西南通道，干线起自缅甸西海岸皎漂，经云南瑞丽入境，终点到广西贵港。管道局承建的管线跨越贵州全境绵延 1500 多千米，天然气、原油、成品油并行段上百千米，站场、阀室几十座。工程之巨、要求之严、标准之高，实属罕见。为了达到各项指标，公司励精图治，严格把关，提出了两个严控的经营目标；公司通过在员工培训中推行三个"强化"，强化员工的各种意识和协调能力；最终通过严抓质量和安全，保证工程的四个"没有"。正是这些管理措施的推行，公司才能为各工程公司提供了有利的物质保障，充分发挥物资先行官的重要角色作用。

1　经营目标：严控成本与剩余，精打细算降成本

对中缅项目，公司国内事业部的经营目标设定是成本控制在 80％ 以内，为了完成这个目标，公司上下高度重视，狠抓采办链条的管控，突出抓好"三个环节"，严格控制成本。

首先，公司严抓采购环节管理。公司充分发挥招标、采购、管理的优势，成本总价控制在预算之内，突破国内事业部 20％ 的成本控制目标，达到 50％ 以上，其中热煨弯管单项物资成本不但做到了成本可控，在为 EPC 结余的同时，还维护和巩固了管道局内部热煨弯管市场；公司项目采办部主动与用户方沟通，较早推出了集中采购模式，并积极配合、支持局集采工作组的工作，一方面发挥了物装公司的招标、采购优势，另一方面无愧于业主的信任。

其次，公司非常重视中转站环节管理。一是公司制定了详细的管理措施和工作要求，公司积极推行标准化建设，以昆明中转站为标杆，在同行业中竖立起一面旗帜。一方面维护了管道局"管道铁军"的良好形象。另一方面积极帮助、引领各兄弟单位的中转站建设，受到业主好评。二是公司为了降低 EPC 总成本，不顾自身利益，宁愿公司损失也要顾全大局，在线路工程尾声，坚决执行 EPC 项目部的要求，即实行对 4 个钢管站先行撤站，只保留 2 个综合站。

再次，公司也加强了现场采办环节管理。第一，公司强调以现场施工为核心，组织好物资到货及发放。虽然工期提前了 5 个月或 7 个月，但到目前，除去变更新增的极少部分物资外，其他所有物资均按期安全到货。第二，为实现剩余物资的良好管控，公司率先推出具体措施控制剩余物资的形成，即实行 50%、80% 两个控制点，从目前情况看，跟以往项目相比，剩余物所占比例小于其 1/3。第三，"查漏补缺"提前。在 EPC 项目实施中，充分发挥采办管理的作用，在经常发生漏缺现象的站场、阀室施工中，公司采办部提前介入，派专人去站场、阀室，逐一核对材料设备，跨越了施工单位施工分包管理中可能的漏洞，高效地将现场的漏缺问题反馈给 EPC 项目部和物装公司，并尽快解决问题。

2 员工培训：强化协调与意识，安全高效保进度

公司针对项目现场的采办人员普遍年轻、项目经验欠缺的现状，着重加强员工的基本职业技能教育和培训。在普及项目基础知识后，基于"一专多能、信任放权"的考虑，推出了简单易解的教育内容，即"一个控制、两个协调、三个意识"。

一个控制即控制进度，在目前国内项目的管理模式下，公司把工作重心放在对采办进度控制上，制定了"EPC 采办动态一览表"，对设计请购文件提交的时间、采办过程文件上报及批复、合同签订及执行、订单与到货等一系列内容进行点对点监控记录，分颜色标记，对问题环节的风险进行及时预警，明晰时间概念，做好进度跟踪与推进工作。同时，在分专业配备采办责任人外，增加了督办人督办工序，以确保不会因人员的临时变更影响进度管控。

采办作为项目管理工作的中间环节，起的就是连接设计与施工的纽带作用：与设计沟通，保障物资供应的及时性与准确性；与施工结合，避免盲目采购，做到心中有数。为了更好地发挥纽带作用，公司提出了"两个协调"的管理理念。首先就是协调设计，公司要求设计部对提交的数据单和请购文件进行审核，并对即将到达数据单计划提交时间的物资向设计部提出预警及催交请求。其次是协调施工，公司通过工程控制部反馈各施工分部的实际使用情况，做好对物资采购数量的控制工作，避免项目最后形成剩余物资。

采办 ER70S-G1.2mm 的根焊焊丝就充分印证两个协调的必要。公司接到设计给出的一份 A 版数据单中，统一用 E70163.2mm 根焊焊条进行打底根焊。经过与工程部沟通、与各施工单位交流了解到：采用 ER70S-G 焊丝的 STT 半自动焊接工艺可以在本项目中得到应用，STT 半自动焊接工艺可以大幅提高焊接效率，为缩短工期起到一定作用。因此公司将这一情况反馈给设计，设计经过研究讨论，接受了这一建议，并将数据单和请购文件进行了升版处理。

公司要求采办部要有三个意识：大局意识、换位意识、服务意识。

第一，大局意识，"观大局、识大体"。公司要求采办部要站在项目的角度"观大局"，项目利益的角度"识大体"。为了实现项目的既定目标，先人后己。公司从业主项目部要来采办资金 1.8 亿元，为解施工分部的燃眉之急，遵照并执行了项目部首先满足施工单位用款的决定，而物装公司自身却顶着巨大的资金压力。大局意识，还表现在公司积极引进国外的管理经验，在实现"国内第一"的同时，不忘"国际一流"的目标。提倡并推广国

外项目的"精细化管理"内容，小到"无纸化办公"、项目间物资平调、采办信息共享，大到现场采办管理经验介绍与推广（其他标段）、供货厂商资源共享等。

第二，换位意识，"牢骚太盛防肠断，风物长宜放眼量"。管理的精髓是"复杂的问题简单化，易执行"，而"简单化"的实现靠的是彼此沟通的顺畅。公司明白只有换位思维才能实现更好的沟通，做到想业主之所想、急业主之所急。国内事业部通常关心的是项目采办成本、造价，而项目采办重视的是交货期、材料实际需求量。为此，公司发挥自身优势，一方面找寻更多具有竞争力的厂家，另一方面通过较好地沟通，基本实现了各方的管控要求。防雷接地系统原属EPC界面，但由于设计请购文件造成不能及时提交，故经过公司沟通将其变更为施工单位自购，妥善地解决了这一矛盾。

第三，服务意识，采办工作究其实质就是服务，及时、保质保量地为现场提供产品和服务。在及时提供合格产品的同时，针对性的狠抓中转站的服务和监督，公司在中转站设置了《顾客满意度调查表》，定期交由施工、运输单位打分评价；在项目部，公司也要求采办人员时刻带着这种服务意识，为项目部各部尽可能提供方便与帮助。良好的服务能够赢得领导与同事认可的同时，也促进了项目各部成员之间的"和谐"，反过来推进采办工作能够得到更多的支持和帮助。

3 重中之重：狠抓安全与质量，保质保量保进度

公司非常重视安全管理。公司结合工程施工生产计划，本着"平安、精品、一次、和谐"的管理理念，以HSE体系推进为主线，以深入落实"23351"工程为抓手，以"风险管理"为核心，以关口前移、深入施工现场、查隐患、除风险、抓落实为手段，使中缅项目的HSE管理全面受控，努力实现"不伤一个人、不少一个人"管理思路。HSE管理主要采取一切事故都可以预防的思想，全员参与的观点，层层负责的管理模式，程序化、规范化的科学管理方法，事前识别控制险情的原理。高度重视HSE培训，按需求建立培训矩阵，编制项目HSE培训计划。分层次开展全员HSE培训，全面提高员工HSE技能和意识。

公司也很重视质量管理。对于所有管材、管件及设备类物资，公司均委派第三方检测机构对生产加工流程全面监控，现场监督结果按照日、周、月报表形式上报第三方检测机构总部。其余物资由供货商自行检测或现场抽检交检测单位进行检测，以保证所有物资到场100％合格、出库100％合格。

中缅国内段项目已接近尾声，鉴于以前其他项目经验及中缅国内段项目的独特管理模式，公司将会做好最后的现场安全、物资保障、施工质量、顺利验收工作。保证中缅国内段项目四个"没有"，即没有现场存在重大安全事故、没有因物资未到影响施工进度、没有重大施工质量问题、没有因质量问题影响验收。

目前，集团公司对中缅项目提出了新的要求，要求本项目较以往国内项目，剩余物资大幅度下降。经过公司的不断努力，所有目标都在向有利方向迈进。

浅谈中缅项目物资采购管理

中油管道物资装备总公司　刘　芳　那学伟

【摘　要】　物资采购管理是项目管理活动的管理重点之一。本文从物资采购成本控制、进度控制等方面简析了提升物资采购管理的方法。

【关键词】　采购管理；成本；进度控制

采购管理是项目管理活动的组成部分，在EPC总承包项目中对各类物资的采购管理，是项目管理的重点之一。可以说，物资采购工作能否顺利执行，是影响整个项目成本、质量、进度的重要因素。因此，对物资采购的管理需要从以下几个方面予以关注。

1　注重物资采购成本控制及管理

项目开始初期，在建立规范的采购程序同时应制订详尽的采办总体计划，明确采购界面、采购形式和成本控制目标，采办总体计划贯穿整个项目采购周期。按照总体计划强化对采购物资的申请、审批、供货商选择、合同签订、运输、验收等环节的控制。大宗物资及设备要严格采用招标方式进行采购，保证采购过程的公平与透明。

采购主体要与设计单位紧密结合，尽量第一时间了解各种原因造成的设计变更对物资采购工作的影响，保证信息及时沟通与反馈，优化采购方案，降低采购成本。在采购工作开始初期，及时向设计部门提供市场供应信息，使设计部门在设计阶段能最大化向市场供应范围靠拢，减少采购工作中遇到设计提出具体要求而实际物资市场无法提供该项产品的情况，或潜在供货商不足三家的情况。

采办分包商利用专业采购单位的自身优势，以国内外众多项目为平台，聚集优秀供货商，采用集中采购、招标、竞争性谈判等方式为成本控制铺平道路。

构建科学的物资采购供应模式与不断地创新实践是做好采购工作的基础。尤其是重点做好供应商的筛选、培养、对比考核等工作。同时在合作共赢的基础上，打造集供应、代理、运输能力为一体的强大团队，以便实现物资采购的成本合理、快速高效。

2　适时启动采购进度控制防范预案

物资采购进度控制，主要是指对所采购物资的种类、数量、质量、价格以及工厂交货期限的整体进度把握。项目启动初期，根据设计单位请购单和数据单的要求，采办部开始进行采购工作，但往往由于各种条件的制约，如业主对归零版图纸批复的速度过慢，初设后技术规格书的不断升版，设计与业主之间资料文件往来程序烦琐等原因，对物资采购工作造成很大程度的影响，此时的采购工作有一定的风险性。因此，为能够在以后施工过程中满足对物资的需要，有必要进行风险采购。结合中缅项目国内段施工的具体要求，采办部及时启动采购进度控制防范预案，在风险可控范围之内，尽量早期能够启动采购程序，最大限度满足现场施工对物资的需求。

工程项目管理的根本，主要取决于质量、成本、工期与安全。没有质量的工期是没有意义的，不计成本的质量同样是一种浪费。任何一个项目，只要是不能按时完工，必然会增加成本。所以物资的按时保质到场，是保证工期的必要条件。

在项目采购工作实施过程中，充分利用采办进度控制这一岗位，对所有采购物资进行实时监测，根据合同的签订情况，对采办过程的计划与实际完成时间节点进行无缝对接，以达到全面控制采办进度的目标。

对于长周期和关键物资，进度控制人员一定要实时了解供货商的生产进度与交货计划时间表之间的偏差。提高项目组织预警能力，同时对纠偏工作要有充分的预案及执行能力。

3　加强各类物资材料的统计管理工作

中缅项目分天然气、原油、成品油三种介质，管道局承担两个标段，工程量大，施工周期长，所需物资基本涵盖了管道项目所有种类物资，因此，加强对各类物资材料的统计管理工作就显得格外重要。

采办部要求各公司及参建单位定期上报物资需求申请计划，强化 EPC 采购和施工自购物资的日常管理，为各参建单位提供及时的物资供应，满足施工单位的物资需求。

在此基础上，各物资中转站对材料的统计管理工作进行科学的规划，同时提高采购人员的整体素质，加强采购人员对物资成本控制的意识。

为避免各单位库存不足和重复采购，要求各中转站对各单位材料认真做好保管和发放工作，同时做到动态的实时更新，并且建立完整的物资收发存台账体系。

4　以人为本，发挥人才的作用

任何项目的管理，以人为本是核心要素，在一个项目拥有的众多资源中，包括人力资源、自然资源、资金资源、技术资源和文化资源等，居于核心地位的应该是人力资源，这是因为人力资源具有主动性和创造性，可以有效整合各种资源。在各种资源中，除了自然资源不能改变外，其他各种资源都是围绕人力资源运作的，所以人才培养、激励、挖潜、建立和谐的劳动关系，释放项目管理团队人员的活力、智慧和自信，对提升项目物资采购管理水平有着重要的意义。

5　结束语

我们将不断积累项目管理经验，提升物资采购管理水平，努力建成一支优质、高效、专业的物资采办管理团队，为我国的管道建设事业贡献自己的一份力量。

参考文献

[1]　金红阳. 迈向国际舞台的塑管企业. 现代商业；2011. 12.

论中转站物资到货管理

中油管道物资装备总公司　刘　炜　梁　中　路大旭

【摘　要】　管道工程建设物资中转站是保证石油天然气管道工程建设物资的及时供给，在管道工程沿线设立的临时物资仓储周转场所，是石油天然气管道工程物资采办供应工作的重要组成部分。在工作过程中，运用现代化的管理方法，严格遵守保管、保养操作规程，做到所发物资记录清楚、堆码有序、标识准确、资料存档规范；所管物资不腐、不损、不丢；所发物资手续完整、数量准确、资料齐全、记录清楚、有追溯性。

【关键词】　建设物资；中转站；现代化管理

管道工程建设物资中转站是保证石油天然气管道工程建设物资的及时供给，在管道工程沿线设立的临时物资仓储周转场所，是石油天然气管道工程物资采办供应工作的重要组成部分。保证管道工程项目所需物资能够保质、保量、准时供应到位，即做好物资的接收、保管与发放的工作。在工作过程中，运用现代化的管理方法，严格遵守保管、保养操作规程，做到所发物资记录清楚、堆码有序、标识准确、资料存档规范；所管物资不腐、不损、不丢；所发物资手续完整、数量准确、资料齐全、记录清楚、有追溯性。

中缅管道（国内段）项目二、三标段全长 1557km（其中天然气 979km，设置 8 座站场、32 座阀室；原油管道全长 133km，设置 1 座站场、5 座阀室；成品油管道"两干一支"全长 445km，设置 4 座站场、17 座阀室），考虑到节省成本，全线共设立中转站 6 个（昆明中转站、楚雄中转站、曲靖中转站、安顺中转站、贵阳中转站、都匀中转站），其中综合站 2 个（昆明中转站、贵阳中转站），钢管站 4 个。目前中转站已完成接收钢管 1487.35km，发运 1386.59km。已完成接收全线钢管的 98.1％，站场物资完成接收近 95％。

中缅（国内段）项目工程量较大，到货物资也是参差不齐，对中转站是一种极大的考验，对中转站工作人员也是一种极大地挑战。为此，中缅（国内段）项目对中转站的人员配置也要求较高，为每个综合站均配备了两名经验丰富的保管员、统计员，以便保证中缅（国内段）项目所有物资的收发存手续完整、数量准确、资料齐全、记录清楚、有追溯性。

鉴于中缅（国内段）项目的工期紧张，到货物资比较集中，我部门根据中缅（国内段）项目的独特性和其他项目的经验，对中转站的到货、发货做出以下管理方案。

首先要做好"收"。所谓"收"就是指：将集中到货的物资、钢管以及他们所配套的清单、资料全部接收入库，按照要求对其进行验收。物资验收工作是保证入库物资数量准确、质量完好、资料齐全的重要环节，现场物资管理人员必须认真细致、及时准确地做好物资验收入库工作，坚持"按实验收"原则。中转站在物资抵达前要做好准备工作，主要包括库房、料场、垫物料、卸车机具等。当物资到达后，物资保管员应会同驻站监理根据运单、备妥单、入库通知单、装箱单等资料，认真查对车号、发站、供货单位、名称、规格型号、数量等是否单实相符，技术质量资料及其他资料是否齐全，并建立手工台账及其他现场记录资料。如果发现单实不符，物资短溢或损坏，技术质量资料不齐全等，应查明原因，做好记录，并及时上报主管业务部门；同时，在不合格品上作出不合格的标识，标明品名、规格型号、供货厂商、不合格的原因等，然后单独存放。在具体的货物验收中，不同类别的物资还有一些不同的具体要求，如管材、设备和散装材料等的验收。对于不同类别物资的验收总要求是一致的，而在实际工作中则要针对不同类别的物资进行相应的验收工作。另外，对于直接到达施工现场的设备，还需要中转站保管员同施工单位、施工监理共同验收。

其次要做好"存"。中转站"存"是指：在物资验收后，就进入到物资保管程序中，物资的保管在物资中转站同样起着很重要的作用，验收完好的物资如果在物资保管过程中出现短溢或损坏，就无法完成物资的中转。中转站在物资保管中应做以下几点要求：1）安全。如作为中转站核心业务的管材保管，管材的堆码等要符合规定的要求，管垛两端设置防滚装置，以免发生滚垛等安全事故；再如易燃物品分库存放等。2）规范、条理。中转站的保管物资一定要做到规范、条理，具体地说，要做到以下几点：①物资管理图表化，库房、料场要有平面示意图，分别设立合格区、不合格区、待验区等。②物资入库要严格按照《物资保管规程》分类、分库、分区储存。物资摆放要做到"四号定位"，入库物资要"五五摆放"，库存物资要标识明显，材质不混、名称不错、数量不乱、规格不串。对防潮、防火、易碎物资标牌警示。③坚持日清、月结、季盘存和永续盘存制度，做到账、卡、物三对口；库存物资要建立收、发、存动态变化表。④物资进出有序。尤其是有储存期限的物资，应标明生产、入库日期，分期存放、先收先发，当物资临近期限时，要及时向业务部门反映、处理。3）确保物资完好。物资存储的首要目的是为了保证物资的完好，因此，中转站必须采取行之有效的方式来确保存储物资的完好。由于对具体的存储物资有不同的存储要求，如防腐管管垛底部要用两道平行的沙袋或枕木（枕木上铺软垫）垫起，两道平行线的间距6m，距地面20cm；热煨弯管露天存放底部要用沙袋垫起，高度距地面20cm，两端管口略向下倾斜，防止进水；以水为冷却剂的设备冷却水应放净并挂牌标识等。因此，我们要了解、掌握相关材料、设备的特性，以便更好地服务于物资存储工作，确保储存物资的完好。

第三要做好"发"。中转站"发"是指：物资发放是中转站同施工单位联系最为紧密的一环，直接影响到中转站的服务质量。要想做到严格把守物资发放质量关就要做到以下几点：①"三坚持"，即坚持查库存、坚持现场发料、坚持先进先出原则。②"四不出库"，即手续不全不出库，数量未交接清楚不出库，质量不合格、设备附件、备件、工具不全不出库，技术质量资料不全不出库。物资出库，随机技术质量资料文件（产品合格证、质量证明书、检验报告、图纸、产品说明书、磅码单等）要完整齐全的交给施工单位，并做好登记，中转站要保留原件。③移库物资的发运，必须按照物资的性质和运输的规定进行包装，做到包装牢固适用，保证物资运输安全。原始资料随移库物资转移到接收物资的中转站，发出物资的中转站保留原件。④中转站必须做到24h发料，以保证工程建设需要。

以上三点，接收验货、物资保管、物资发放不能简单地看作是三个阶段，而应该看作是一个有机结合的整体。因此，为了规范管理物资，中转站除进行上述活动外，还要建立账表，至少包括：《物资到货记录》《物资发放记录》《物资入库验收单》《物资收、发、存台账》《物资调拨单》《磅码单》《设备检验（交接）记录》《设备检验问题处理记录》《技术资料登记表》《设备随箱资料汇总表》《物资收、发、存动态表》《物资到货清单》《物资发货清单》《中转站管理流程》等，根据具体需要还需建立其他一些账表，如《检尺记录》《不合格情况处理记录》等。总之，建立健全的账表制度，有利于现场物资的管理，使现场物资中转能够规范、有条理地进行，在中转服务中略胜一筹。

中缅管道工程 EPC 项目质量管理之浅谈

中国石油天然气管道局中缅油气管道工程（国内段）EPC 项目部　楼剑军

【摘　要】　中缅油气管道工程以管道局质量计量标准化工作指导思想为统领，围绕中缅（国内段）管道工程"平安、精品、一次、和谐"的建设目标，以提升项目质量管理水平为核心，以标准化管理为手段，以进一步增强质量意识，落实各级管理者质量责任，夯实质量管理工作基础，全面实现中缅管道 EPC 项目部质量管理工作目标。

【关键词】　EPC 项目；项目管理；质量管理

质量管理是一项系统工程，中缅油气管道工程从勘察、施工图设计、采办到施工、竣工验收、投产运行等，都面临诸多的质量管理风险。制约因素很多，诸如设计、材料、地形、地质、水文、气象、施工工艺、技术措施等，均直接影响着工程质量，因而容易出现质量问题。所以，EPC 项目实施过程中的质量管理就显得尤为重要，关乎管道局信誉、市场和品牌。

中缅项目是我国"十一五"期间规划的重大油气管道项目，是在建的四大能源通道之一。管道局中缅 EPC 项目部（以下简称 EPC 项目部）在工程伊始就明确项目质量管理思路：以管道局质量计量标准化工作指导思想为统领，围绕中缅（国内段）管道工程"平安、精品、一次、和谐"的建设目标，以提升项目质量管理水平为核心，以标准化管理为手段，进一步增强质量意识，落实各级管理者质量责任，夯实质量管理工作基础，全面实现中缅管道 EPC 项目部质量管理工作目标。

设计质量目标：设计交付质量合格率 100%；按计划组织各级设计审查且问题跟踪率 100%；设计变更率小于 5%。

采购质量目标：采购物资交付质量合格率 100%；凡实施监造的产品，应 100%进行监造。

施工质量目标：单位工程竣工交验一次合格率 100%；焊口无损检测一次合格率大于 95%；管道补口、补伤一次合格率 98%以上；管道埋深一次合格率 100%；工程一次投产成功。

1　完善质量管理体系，扎实内部基础管理

加强质量管理各项基础性工作，以精细化管理为中心，完善各项规章制度和工作流程，对现场管理制度做出相应改进，达到工程预期质量标准需求。

1.1　建立中缅管道工程质量管理机构

EPC 项目部依据管理运作的需要，结合 EPC 项目部的实际情况，建立以质量部为核心的质量管理组织机构，细化分工，明确职责见图 1。

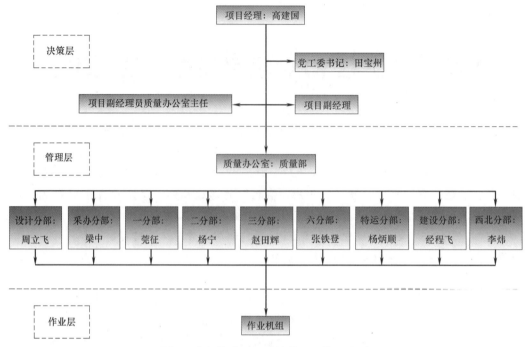

图 1　中缅管道工程质量管理机构组成图

1.2　实行目标管理和质量预控管理

质量目标一是要满足与业主签订的合同要求，二是要满足 EPC 项目部质量计划的要求。工程开始，EPC 项目部就建立明确质量方针和质量目标，按照"分项保分部、分部保单位工程"的原则，把质量总目标进行层层分解，定出每一个分部、分项工程的质量目标。针对每个分项工程的技术要求和施工的难易程度，结合设计、施工人员的技术水平和施工经验，确定质量管理和监控重点。

1.3　编制 EPC 项目部质量体系文件

EPC 项目部结合中缅管道工程的特点，编制完成《EPC 项目部质量计划》、《EPC 项目部质量手册》、《EPC 项目部质量检验计划》、《管理评审控制程序》、《质量记录控制程序》等 21 类程序文件和《开工报审流程》、《材料进场检验流程》等 11 类质量管理流程。

1.4　制定 EPC 项目质量保证措施

为确保质量管控到位，EPC 项目部编写《中缅项目现场质量管理办法》、《质量绩效考核办法》、《百口考核控制程序》、《防腐现场考试管理办法》、《中缅质量事故管理办法》、《质量事故调查控制程序》、《竣工资料管理办法》等 15 类保证措施，同时向各分部下发质量文件 326 份和与中缅管道相关的 93 类标准收集归档。

1.5　质量管控风险分析常态化

EPC 项目部从施工准备、设计、采办和施工过程控制等四个方面，对质量控制过程进行风险分析，分析出 32 项质量风险要素，其中重大质量风险要素 1 项，较大质量风险要素 14 项，一般质量风险要素 17 项，并在日常管理中不断更新，为质量管理做提前预控。

2 坚持人员培训先行，奠定质量控制基础

古人云："是非明于学习，境界升于内省"。EPC 项目部结合分部实际情况，积极推进质量培训活动，采取请进来、走出去的培训方式，请专家授课和到其他 EPC 标段学习交流，全面提高现场各级质量人员的管理水平。先后组织质量检查员培训、防腐工理论及操作技能培训、焊工岗前培训、水工保护技术培训、竣工资料编制培训等。整体提高中缅项目员工业务素质，从技术层面确保项目质量。

2.1 质量检查员培训取证

在 2012 年 4 月和 12 月，举办两期中缅管道工程质检人员培训班，邀请集团公司质监总站专家授课，共计 216 人参加培训并取证，覆盖工艺、土建、阴保、通信、仪表、消防等相关专业。

2.2 机组全员质量培训学习

随着项目全面启动，EPC 项目部及时将与焊接、防腐等重要工序有关的《冷裂纹产生及分析报告》《防腐操作规程视频》《西二线 4 起质量事故分析报告》《站场阀室工艺安装质量控制要点》《油气长输管道工程施工及验收规范》试题等 15 项培训教材刻成光盘下发各施工分部，按计划组织施工机组全员培训学习共计 732 人/次。

2.3 焊工、防腐工上岗培训考试

中缅管道工程涉及天然气、原油、成品油等多种输送介质，管径、材质繁多、不同压力等级，EPC 项目部共组织近 1500 名焊工、300 名防腐工通过上岗培训考试并持证。

2.4 积极组织专项质量管理培训

针对中缅项目水工保护的重要性以及竣工资料管理的特殊性，EPC 项目部先后邀请管道设计院水工保护专家王鸿、竣工资料管理专家马晨和、张嘉昌和管道研究院、管道学院焊接专家尹长华、王义等到施工现场指导讲解，组织水工保护、竣工资料、焊接工艺管理培训和实施研讨，参与人员近 1000 人/次，效果显著，富有实效。

3 狠抓质量日常管理，防止出现质量事故

EPC 项目部在质量管理工作上，结合云贵地区的自然气候、环境、地形和地貌，及时准确制定质量风险识别和质量管理措施，并认真实施。到目前为止，没有出现质量事故。

3.1 及时召开质量分析会

EPC 项目部对质量持续下滑的机组及时要求停工，组织机组、监理和检测单位、召开

质量分析会，对出现频率较高的气孔、夹渣等焊接和气泡、翘边等防腐缺陷进行原因分析，同时组织焊工观看不合格焊口底片，请防腐材料厂家对防腐工进行再培训。

3.2 认真开展绩效考核工作

EPC项目部对各施工分部进行质量管理月度绩效考核，通过考核与督促，在各施工分部之间形成相互比较、力争上游的竞争态势，不断提高质量管理水平，使中缅管道质量管理呈现良好的发展势头。在每月的生产例会上，对当月各分部存在的质量问题进行通报，提出下月质量工作管理要求，对施工机组进行评优嘉奖。

3.3 派遣人员常驻施工现场

随着试压、测径、干燥、连头、水保、站场、漏点整改施工阶段，派遣12名EPC项目部质量管理人员常驻焊接主体施工单位，对检查中发现质量管理和施工质量问题，及时通报给施工分部并要求限期整改闭合，并协调各专业之间的沟通，落实EPC项目部管理指令。

4 全面加强过程控制，确保质量目标实现

EPC项目的最大优势就是通过实现设计、采办、施工的有机结合，使得总包商能够获得最大利益。EPC项目质量目标明确之后，重点就是从设计、采办和施工三个方面加以控制和融合。

4.1 加强设计管理，确保施工图阶段服务质量

（1）编制《施工图设计风险控制手册》、《施工图设计质量控制程序》、《施工图设计管理程序》等设计质量管理制度，以指导现场施工。

（2）细化设计交底计划，分阶段、分专业进行图纸会审和设计交底，采取集中和专项交底、会议和现场交底相结合的模式。做好施工过程中的现场服务，使设计与施工有机融合，确保设计意图的实现。

EPC项目部组织施工图图纸会审和设计交底会议6次；专项设计方案现场设计交底4次；铁路穿越方案和设计评审会6次。

（3）加强EPC三者紧密结合，想现场之所想，急现场之所急，严格按计划提交请购单和图纸，确保采办和施工正常进行。

（4）注重吸取初设阶段的专题研究和专题设计的成果，重视并行和同沟敷设、穿跨越、地震断裂带、九度区、合建站场、阀室等重难点的设计工作，合理提高设计标准。

4.2 严格控制采购过程，打好工程建设物质基础

（1）严格遵循集团公司及管道局下发的采购管理办法，保证采购过程符合法律法规及采购程序，对合同中的技术条款由项目主设人员负责审查，并签订技术协议书，确保供货物资符合工程项目质量要求。

（2）严格执行物资进场"三检制"，做到不合格物资不用在现场。对于需要复检的材

料严格把关，采取标段监理现场见证取样，确保中缅管道实体工程质量。

（3）做好供货商资质审查工作，参与中缅管道工程物资供应的各生产厂家必须具备相应资质，建立质量管理体系与质量管理制度并有效运行，未经检验或检验不合格的产品不允许出厂。

（4）对重点物资与国内知名、权威的专业监造单位签订监造合同。要求驻厂监造人员具备良好素质和专业水平，留有完整、清晰、具可追溯性的监造记录及定期的监造周报。

4.3 加强施工过程控制，严把工序质量关

4.3.1 严肃开工报验审计管理

EPC 项目部下设 10 个专业施工分部，施工分部所属所有机组在开工之前均通过 EPC 项目部和监理的开工审批。根据云贵高原山多、雨多、沼泽多、湿度大的环境特点，标准焊接机组的设备、人员都已拆分成 2～3 个施工作业面进行施工作业。每个作业面都配有一名专职质量检查员，确保管线实体施工质量。

4.3.2 强化焊接工序质量管理

（1）加大现场工艺纪律执行、监督和检查力度。通过采取质量交底、质量培训和质量考核等方法，提高所有参建员工的工艺纪律执行意识，要求每位员工必须熟知。

（2）严格按照中缅管道工程焊接工艺规程进行作业，重点掌控预热温度、组对参数、层间温度、工艺参数、焊条烘干温度及保温，焊条一次回收等环节。

（3）施焊焊工必须持有有效资格证件，并与所持上岗资格相符，坚决杜绝一切违章作业情况发生。

（4）坚持执行关键焊口备案制度。EPC 项目部依据《连头施工质量管理规定》，持续对关键焊口台账和二级备案进行检查。中缅管道总计已备案关键焊口 889 道。

4.3.3 加强防腐补口工序质量管理

（1）要求所有防腐机组必须配备一台套筒式电火花检测仪，回填前必须进行电火花检测，并委托管道局检测技术公司对全线进行内部第三方漏点检查，做到漏点 100% 整改补伤。

（2）加强管体防腐层保护，钢管运输及山区运管必须采用炮车并在管体下设置柔性垫层，捆扎必须牢固。施工作业布管吊运高度必须大于地面 1m。严禁对钢管拖拽，造成防腐层损伤。

（3）加强防腐补口所需的原材料、半成品、成品材料的控制，严格报验程序和制度。

4.3.4 重视管沟回填工序质量管理

（1）管沟开挖严格按施工图纸施工，深度、宽度、转角位置必须达标，焊接作业前必须进行管沟复测，变坡点符合率 100%。

（2）细土垫层厚度必须＞200mm，宽度为全沟底铺垫。山区段细土垫层采取细土装填编织袋全管沟铺垫，与土方相接地段必须延伸铺垫 3～5m，回填前用细土编织袋对管道进行全方位保护性包裹。

（3）严禁管底悬空，采用气囊对管道进行撤堆作业，确保管底无长距离悬空，符合标准要求。

4.3.5 严格管道试压工序质量管理

（1）编制完整的试压方案，严格按试压流程要求确定试压介质及各项质量技术措施，确保向业主移交合格的中缅管道工程。

（2）加强试压人员的技术质量交底工作，全面对试压设备进行审查，严格报验制度，确保设备、机具数量、性能满足工程需要，并处于完好状态。

（3）认真执行试压"三检制"，重点检查《管道清管记录》、《管道试压记录》、《管道扫水记录》等质量检查记录，机组质检员以及技术负责人是否进行自检、专检、互检，并得到监理和运营单位确认。

4.3.6 提高水工保护施工质量管理

由于中缅项目的特殊性，水保工程必须一次达标。因此施工过程中，从材料检验、基坑验槽、砌筑等每一环节进行检查，最终逐个进行验收，保证水工保护质量经得住两次雨期的考验。

4.3.7 引入智能测径工序质量管理

随着管道工程建设日新月异的管理创新，EPC项目部大胆自行引入管道智能测径技术，委托管道局检测技术公司对全线进行检测，确保已建成管道避免出现瘪管变形缺陷，为管道安全运行保驾护航。

以上工作都必须经过EPC项目部驻现场代表检查确认之后，才能进行下道工序。

5 EPC项目质量管理几点思考

以上是管道局中缅管道EPC项目部在质量管理方面的一些做法，仅供参考。通过项目近两年的实际管理操作运行，也发现一些现象，值得我们认真思考。

5.1 山区作业给质量管理带来极大挑战

面对中缅管道86％的山地施工，大兵团流水线作业无法实现，完整成型的焊接机组必须拆分成2～3个小作业队，如何提高质量（兼职）管理人员的业务素质和执行力将是现实课题。

5.2 技术创新给质量管理带来更高要求

中缅管道采用两管同沟或三管同沟、同跨、同隧，采用的新技术、新工艺较多，为质量管理带来新的课题，同时也增加管理难度，现场质量管理人员凭以往的施工经验将很难跟上管理节奏。

用"行为安全观察与沟通"进行现场
安全监督应用

中国石油天然气管道局中缅油气管道工程(国内段)EPC项目部　甄文选

【摘　要】　目前是石油工程建设高速发展的时期,企业施工任务重、工期紧,又因不断有事故的发生,造成安全管理的压力越来越大,因此生产安全已经成为事关企业生存、荣誉、效益等方面的最重要基础和前提。通过在中缅油气管道工程中实施现场安全监督,对现场风险进行控制,在消除隐患和风险方面,形成一种有效保障现场安全的管理机制,再把"行为安全观察与沟通"这种科学的安全管理方法,运用到实际安全监督工作中,不仅能有效提高安全监督的效率,而且能进一步促进安全生产。

【关键词】　石油工程安全监督;行为安全观察与沟通;安全生产

引言

安全监督作为一门新技术运用于石油工程建设,在实施过程中,为了保证完成安全监督任务、达到控制和预防风险目的,除了需要一套科学、规范的监督办法、监督准则及相应的记录表格外,还需要不断探讨监督技术技巧和方法,注意和被监督单位员工的沟通和交流,处理好人际关系、工作关系,才能以服务意识履行好监督职责,使安全监督效果更显著。

2009年中国石油天然气集团公司制定的《行为安全观察与沟通管理规范》,就是一个在安全监督技术技巧方面可借鉴的规范。

1　安全监督

安全监督是从安全管理分离出来的一门新技术学科,是中国石油天然气集团公司1997年开始建立与实施HSE管理体系以后,在1999年进一步提出的安全监督体系。安全实施监督、管理两条线,是探索异体监督机制的一项创新,是针对在安全生产管理方面缺少足够的动力和监督约束机制提出的,是加强安全管理,促进各级安全生产责任制落实的有效措施,也是对建立现代安全监督管理机制的探索和尝试。

2　行为安全观察与沟通

对一名正在工作的人员观察30s以上,以确认其有关任务是否在安全地执行,包括对员工作业行为和作业环境的观察,对员工正确行为的表扬,针对员工不安全行为和状态可能造成的后果进行讨论，通过沟通让员工知道正确的工作方式，并与员工取得一致意见、取得员工的承诺；再启发和引导员工讨论工作地点的其他安全问题，做到触类旁通，使员工的安全意识真正得到提高，最后再对员工配合表示感谢的一个过程。

3 "行为安全观察与沟通"和"安全监督"的结合运用

石油工程施工中的安全重要性是有目共睹的，它是政治、是第一要务、是硬指标及天字号工程，不能出现一点点问题，其"管理的重点是在基层，基层的重点又是在现场"，通过对以往的事故发生原因进行分析，员工作业时安全行为管理的疏漏是发生事故的根本原因。现场安全监督则是要求做到监督到位，从而在体制上保证安全生产管理的工作到位、措施到位、责任到位，体现预见性和前瞻性，是实施高效安全管理的一个有效途径。

因此如何提高石油工程施工现场的安全监督能力和水平，是解决目前安全生产事故频发的一种有效手段，"行为安全观察与沟通"就是一种好的监督技巧和方法，把两者结合起来，把这种方法用于目前的现场安全监督管理，能促进施工现场安全监督管理能力和水平的提高，达到对施工现场安全进行有效控制的目的，从而实现安全生产。

下面通过对"安全监督"和"行为安全观察与沟通"的内容和步骤对比，找出它们的共同点，探讨如何把两者加以结合和运用，使现场安全监督更有效，达到促进安全生产的目的。

3.1 两者的对比

（1）进行现场安全监督五大要素是"观察、思考、行动、沟通和跟踪"，其目的主要是发现事实，重点是做到预控、防患于未然。

（2）行为安全观察与沟通共有"观察、表扬、讨论、沟通、启发和感谢"六步。主要通过对员工在工作地点的行为及可能产生的后果进行观察与讨论，并进行统计分析，达到减少伤害、强化安全的工作习惯、消除危险行为、提高安全意识的效果。

3.2 "行为安全观察与沟通"和"安全监督"的结合与运用

通过以上的对比可以看出，两者有相同之处，都是为了安全管理，但侧重点不同。安全监督是主要体现发现事实（或问题）、制定预防措施、进行跟踪验证和持续改进的安全管理的一种机制；行为安全观察与沟通是一种方法，告诉安全管理者如何把观察到的事实（或问题）利用"表扬"进行鼓励、利用"讨论、启发和感谢"来激发员工的积极性、主动性的沟通方法，促进施工企业的安全管理。

因此我们就可以把"行为安全观察与沟通"这种安全管理的方法，与现场的安全监督加以结合和运用，使安全监督的效果更显著。

现把它们之间进行结合与应用的实施过程，探讨如下：

（1）两者进行现场实施时，首先都需要制定一个计划，明确检查人员、日期、监督的检查地点、内容和相关表格等，然后再进行观察。

其中安全监督人员是具有一定工程技术与管理知识和实践经验、精通法律的专门高素质人才；"行为观察与沟通"人员多为有直线领导关系的、经验丰富的领导。针对目前施工实际，人员具有的丰富经验是关键，是有效开展"行为观察与沟通"和"安全监督"的前提，然而"行为安全观察与沟通"中的人员多为领导，他们结合的运用，会使得安全监督观察的过程更顺畅、更真实贴近实际。

另外从观察的过程和内容来看，"行为安全观察与沟通"是对员工的反应、位置、防护装备、工具和设备、程序、人体工效学、整洁共七个方面内容进行观察，当我们进行现场安全监督时，观察员工行为就可充分利用"行为安全观察与沟通"的七个方面内容，两者结合使现场安全监督在员工行为方面的观察更全面，保证了无遗漏。

（2）安全监督的"思考和行动"过程，就是对观察所发现事实（或问题）确定相应措施并付之行动的过程。对于这个过程，运用"行为安全观察与沟通"方法中的"表扬和讨论"步骤，由于员工的安全行为得到了认可和表扬，针对观察发现事实（或问题）制定的预防措施，员工会很自愿和认真地接受教训，这样使安全监督制定的措施得到更好、更有效地实施，从而保证了安全生产。

（3）"安全监督"和"行为安全观察与沟通"中的沟通，都是为了观察方与被观察方达成一致的意见，然而"行为安全观察与沟通"中的"启发"步骤，是沟通的进一步深化，它又把其他的安全问题进行触类旁通，这种扩展是安全监督不具有的；另外"行为安全观察与沟通"中的"感谢"步骤，使员工意识到自身重要性和价值，会让员工积极主动把制定的预防措施进行有效实施，进一步促进了安全生产。

（4）安全监督的"跟踪"，是把针对观察发现的事实（或问题）制定预防措施实施，并进行督促和检查，达到持续改进的过程。由于"行为安全观察与沟通"几个步骤的实施，一般是由直线领导关人员组成的小组开展的，这对"安全监督"观察所发现问题制定措施的落实和整改非常有利，也会有效的促进和提高现场安全监督的效果。

通过上面可知，实施现场安全监督的过程也是一个"PDCA"循环管理的过程。

4 结束语

目前"行为安全观察与沟通"作为中国石油天然气集团公司的一种管理规范，这种方法易于让员工接受，尤其是在针对提出的安全管理要求和制定的预防措施的遵守方面，还能更好地提高员工的安全意识和技能，对安全起到有效预防的作用。管道局中缅油气管道工程国内段 EPC 项目部设置 HSE 部还采取了第三方安全监督模式，在监督检查过程，把它应运到实际现场的安全监督工作中，充分的调动了员工的积极性、主动性，并且有效的辅助和促进现场安全监督制定的安全管理要求和预防措施更好的落实，安全监督的预防职能作用得到充分体现，可以看出运用"行为安全观察与沟通"是有效开展现场安全监督检查的一种好方法。

参考文献

[1] 中国石油天然气集团公司质量安全环保部. 安全监督. 北京：石油工业出版社，2003，8.
[2] 中国石油天然气集团公司企业标准. 行为安全观察与沟通管理规范. 2009.

国内长输管道施工中的外协管理

中国石油天然气管道局中缅油气管道工程（国内段）EPC 项目部　冯春喜　朱继荣

【摘　要】　为了能够确保天然气能源在全国范围普及，近期，天然气管道建设呈现出新一轮高潮，如西三线东段、中缅管线等国家重点工程建设及各地方性供气管网管道工程，主要输送介质为天然气，而外协管理工作是国内长输管道顺利投产的保障。本文主要从国内长输管道工程外协管理模式、外协管理工作的重要性、外协管理工作的不足及需要采取的对应措施等方面进行讨论。

【关键词】　外协管理；长输管道

我国从 20 世纪 80 年代开始建设长输管道，长输管道行业发展已有三十多年的历史。这几十年来，长输管道施工人员为我国的长输管道工业和国民经济建设做出了巨大的贡献。在长输管道施工中，外协工作是十分重要的，要求我们要了解沿线地区风土人情、风俗习惯，做好沿线政府部门的沟通协调，为工程施工带来方便。因为管线施工是长距离施工，涉及的区域较多，管线走向经过各类地形地貌、各类民族区域，因此，势必会产生很多问题，尤其是外协协调问题。下面就国内长输管道施工中的外协管理作如下阐述。

1　国内长输管道工程中外协管理模式

目前，国内长输管道施工主要采用以总承包模式进行施工全过程管理，按照管理级别，一般分四级管理，即建设单位、项目业主、总承包商项目部（EPC）、施工单位。建设单位设置公共关系处，负责国内各项目内外协管理工作，是国内外协工作最高管理层；项目业主设置外协部，负责管辖项目的外协管理工作，是公共关系处直接下属职能部门；总承包商设置外协部，负责各自承包范围内外协管理工作，同时按照业主外协部下发的指令开展工作；施工单位设置外协部，负责各自施工范围内征地协调工作，同时按照总承包下发的指令开展工作，针对重点工程，各施工单位机组也会安排常驻外协人员。工程施工前期，业主、总承包商项目部会分别制定工作界面，以明确各级单位外协工作职能范围，分清责任，提高工作效率。

2　国内长输管道外协管理工作的重要性

国内管道施工，在施工过程中会出现各种各样的阻工或经过比较复杂的少数民族区域、特殊地区（环境敏感点、文物保护区、矿区等），有些时候因为这些复杂的环境、地方风俗、以往工程遗留问题等因素，导致协调工作停滞不前、无法开展，更严重的是机组施工全面停工，这势必会给工期带来很大影响，尤其对国家重点工程或工期要求比较紧的工程，机组连续施工是确保工程顺利完成的前提。因此，在项目组建时成立外协部对管线经过区域的地方风俗、社会环境、政府机构及三穿通过权单位（尤其是铁路局）等进行详细咨询、了解，了解重点和难点地段，以确保能够从工程施工开始就进行合理组织安排、编制施工计划，同时合理组织办理各项外协工作，为机组施工保驾护航。

3 国内长输管道施工中主要外协管理工作

随着国内管道施工的不断发展，目前在项目组建中，外协部是国内工程各项目部不可或缺的部门，在整个项目部中起着举足轻重的作用。为了保证焊接机组及其他辅助机组的正常施工，外协部在这当中起到了关键性作用。尤其在国内长输管道工程获得国家或地方核准后，为了给机组施工提供足够的施工用地，需要组织完成以下外协管理工作。

（1）召开协调会，明确征地工作。

1）召开省/市级协调会，明确征地模式，如省级统征模式、县级自征模式。

① 省级统征模式：补偿合同签订工作统一与省级主管部门签订，由其再将补偿款项拨付至各县国土局，国土局再将补偿款项向下一级拨付。统征补偿缺点是资金周转周期长，对工程有一定影响；优点是合同相对较单一，结算工作较方便。

② 县级自征模式：由沿线各县（市/区）国土局或专门成立协调小组、发展和改革委进行统一协调管理，补偿标准确定是由各县（市/区）人民政府批复后执行。补偿合同签订与沿线各县（市/区）负责协调的主管政府机构进行签订，优点是资金周转较快，对工程施工存在好处；缺点是政府部门多、合同份数较多。

2）召开县（市/区）级协调会，明确各县协调主管部门，得到各级政府机构帮助与支持。

（2）组织各级部门（农户、村委会、乡政府、县国土局、施工单位、总承包商及监理）对线路进行清点，做好现场实物调查统计工作，并进行签字确认。

（3）根据现场清点资料汇总后，签订补偿协议并支付补偿费用。

（4）机组进行线路扫线，外协确保扫线机组不停。

（5）提前办理各类通过权手续（公路、河流、铁路及地下障碍物、环境敏感点、文物保护区、矿区等），确保机组连续施工。主要从以下方面做好各类通过权手续办理工作。

1）指定专人负责，制定职责，全面授权。在三穿通过权办理方面，指定专人负责，由其专门办理，全面负责。

2）综合权衡，先易后难，保证施工顺利进行。三穿是工程施工的关键所在，属于单出图工程，办理不顺利将会成为控制性工程，严重影响施工进度，甚至影响投产。基于上述原因，在三穿办理中，安排专人提前进行实地调查，和相关部门接触确定难易，然后组织召开专题会议，研制应对策略。最后召开协调会，先易后难，各个击破，确保不影响施工。

3）充分利用各方资源，避免浪费，为企业争取最大的经济社会效益。借助以往工程协调人员的人脉关系加强与地方政府部门的沟通，在安排办理三穿事宜时，优先考虑人脉较熟悉的人员办理，这样既节省了资源，又赢得了时间。

对于铁路、高速等特殊点，由于行业的特殊要求及地方保护主义，协调难度较大，补偿费用较高。常采取由对方指定具有施工资质的施工单位施工、管理方负责监督验收的方法，既节约了成本，又保证了进度。

（6）解决现场阻工等外协工作。设立各级协调机构，确保现场阻工问题在第一时间得到协调解决，机构如图1：

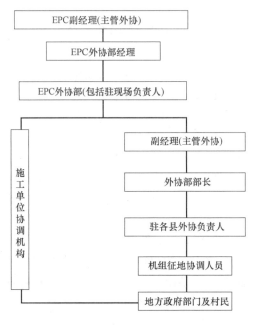

图1　各级协调机构

（7）加强部门之间沟通协调工作。

工程管理，是一项团队协作的互助工作。因此，外协部在做好内部工作的同时，也要及时与工程部、设计部加强沟通，要掌握工程部安排的施工计划、资源调配等，按照施工计划及资源调配开展外协征地工作，针对协调较困难地段，需要与设计部及时取得联系，在无法协调解决的情况下，及时进行现场线路优化，避开难点，为工程施工提供便利，同时不受农户制约。

总之，为了确保机组施工连续性，需要做好外协管理工作，提前做好各阶段外协协调工作。

4　外协管理工作的不足及需要采取的措施

工程施工中，外协管理工作是工程施工能够有效进行的前提保障，但是目前外协管理方面仍然存在不足，导致工程施工受影响，主要有以下内容：

（1）外协人员经验不足。目前，外协人员工作能力参差不齐，同时没有专门机构对所有外协人员进行专业培训及考核，导致许多外协人员经验及能力存在较多问题。随着国内管道施工越来越多，外协管理工作逐渐成为各单位重点关注的方面，相关单位也将外协管理培训工作纳入了专业知识培训计划之内，而且管道施工单位为了加强外协管理工作，在公司机关单独成立外协部门，外协管理工作已经逐渐在向正规化转变。

（2）外协工作界面执行力较差。在工程开工前，业主单位会针对全线外协情况制定专门的征地管理办法，但是受多方面因素影响，许多界面虽然下发，但是无法正常有效执行，工作效率降低，尤其受业主方影响，许多是业主办理的工作，但业主会要求参建单位来办理，导致工作范围扩大，工作效率降低，影响工程进展。以往工程中，管道参建单位为了确保工程施工连续进行，能够替业主办理的事情，也是在积极办理。

5 结论

近几年全国多个城市出现严重雾霾天气，空气质量问题瞬间成为全国人民关注的焦点，主要原因为燃煤导致各类气体、颗粒等污染物排放量大。各地区为了减少雾霾天气的出现，已经在采取相应措施，如采用天然气等清洁能源替代煤气，天然气完全燃烧后主要成分为二氧化碳、水，若不完全燃烧后主要成分为二氧化碳、水及一氧化碳，成分不会导致严重雾霾天气。在此背景下，国内地方性城市供气管网迅速发展，供气管网建设进入高峰期，如中缅油气管道工程的建成给云南省境内天然气管网敷设带来了机遇，根根《云南省天然气业务发展规划》，2013～2020 年期间云南省境内要建设 23 条天然气供气支线，这对管道施工单位来说既是机遇又是挑战，对外协管理工作来说更多的是总结与提升。通过工程施工，总结更好的外协管理模式、方法及经验。另外，国家对老百姓的保护措施越来越多，部分地区矿产资源丰富，对于国内管道施工来说，在工程建设中存在着越来越多的不确定性因素，而且管道建设工程由于其规模大、线路长、涉面广等特点，给外协协调工作带来了更大、更多、更难的挑战。因此，长输管道施工中的外协管理将会成为每个项目管理中的重要组成部分，在国内长输管道施工中发挥着举足轻重的作用。

浅谈管道铺设初设期间外协调研工作的重要性

中国石油天然气管道局中缅油气管道工程（国内段）EPC项目部　冯春喜　朱继荣

【摘　要】　我国从20世纪80年代已经开始进行长输管道铺设施工，主要输送油类。自从进入21世纪，由于油价的高涨及新兴产油国的出现，世界油气开发建设形成高潮，油气管道、LNG储运设施等装置建设加快，带来大量的投资和相当长的管道建设期。管道作为油气生产与供应关键环节，在国家能源整体战略中占有重要的地位，市场潜力巨大、发展前景广阔，新一轮油气管道建设高潮初露端倪，如西二线西段、西二线东段、中缅管线等国家重点工程建设，输送各种介质（天然气、原油、成品油及煤层气等）。本论文主要从外协工作在国内管道施工中的重要性、外协工作中存在的问题、管道铺设初期外协调研的重要性及案例分析等方面，阐明做好管道工程初设期间外协调研工作的重要性。

【关键词】　外协；调研；初设；管道

引言

作为我国五大运输行业之一，长输管道是一个较为年轻的行业。从20世纪80年代开始建设长输管道起，我国的长输管道行业已有三十多年的历史。这几十年来，长输管道施工人员为我国的长输管道工业和国民经济建设做出了巨大的贡献。在长输管道施工中，外协工作是十分重要的，要求我们要了解沿线地区风土人情、风俗习惯，做好沿线政府部门的沟通协调工作，为工程施工带来方便。因为管线施工是长距离施工，涉及的区域较多，管线走向经过各类地形地貌、各类民族区域，势必会产生很多问题，尤其是外协协调问题，但是我们可以在初设期间针对沿线区域进行全面性调研，了解民族风俗野蛮、协调极度困难等区域，形成报告性材料提交初设部门，尽量调整初设线路走向，避开协调困难区域。下面就做好初设期间外协调研工作的重要性作如下阐述说明。

1　外协工作在国内管道施工中的重要性

随着国内管道施工的不断发展，目前在项目组建中，外协部是国内工程各项目部不可或缺的部门，在整个项目部中起着举足轻重的作用。为了保证焊接机组及其他辅助机组的正常施工，外协部在这当中起到了关键性作用。国内长输管道工程在获得国家或地方核准后，为了给机组施工提供足够的施工用地，需要进行清点、协调扫线、办理"三穿"通过权手续、解决现场阻工等外协工作。总之，为了确保机组施工连续性，需要提前做好各项外协工作。

2 国内外协工作中存在的问题

长输管道、高速公路、铁路线路按照规范要求经常会选择线路地形、工程地质等较好地段进行规划设计，同一个地段多项工程可能会在不同时期经过，该地段农户的认知相较于以前会大大提高，若是工程再次经过时，外协人员对阻工严重地段（尤其是以往多个工程经过地段）、特殊地区（矿压、军事规划区、水源地、文物保护区等）等协调将非常困难，会制约线路施工，这些都是外协工作中经常出现的、需要外协人员投入大量时间去协调解决的问题，而且这些地段因为不同的权属人导致不同程度的阻工，若无法协调解决，线路肯定要进行优化调整，这将会给工程带来投资风险、工期风险及资源浪费等。

3 初设期间外协调研的重要性

国内管道施工，因种种因素，在施工过程中会出现各种各样的严重阻工。比如经过比较复杂的少数民族区域、特殊地区，有些时候因为复杂的环境、地方风俗、以往工程遗留问题等因素，导致协调工作停滞不前，更严重的是机组施工全面停工，这势必会给工期带来很大影响，尤其对国家重点工程或工期要求比较紧的工程，机组连续施工是确保工程顺利完成的前提。因此，初设期间应成立外协调研组，陪同初设人员对管线经过区域的地方风俗、社会环境、政府机构及三穿通过权单位（尤其是铁路局）等进行详细咨询、了解，及时要求初设人员进行线路调整，并针对调研工作形成初设期间外协调研报告，详细描述涉及外协方面的各项工作、各组织机构等，并将报告提交初设部门。在初设期间，应借鉴外协调研报告，尽量避开难点区域，而且在工程施工时，将调研报告在全线各施工单位进行宣贯，也可以让施工单位从工程施工前期即了解重点、难点地段，以确保能够从工程施工开始就进行合理组织安排、编制施工计划。

4 典型案例及分析

因初设线路走向导致施工期间机组施工举步维艰的工程很多，下面重点说一下某某油气管道工程及某某天然气管道工程在施工期间出现的典型案例。

案例一：某某油气管道工程第二标段在某省某州某县段进行施工期间，该段由管道局EPC总承包，由管道二公司负责施工任务，在施工期间，经过该县某镇境内约10km，从2011年11月份就已经进入施工现场，线路用地补偿工作于2012年03月份已经全部补偿到位，但是因为老百姓阻工严重、扣人扣车、索要工程等因素，导致机组施工时常受阻，无法正常施工，造成严重的经济损失。据施工单位反映，因该段阻工造成其人工费、机械费等各项损失费用超千万元，而且截至2013年01月份该段10km仍然进展缓慢。从以上案例分析，因为前期该地段经过的以往工程较多（铁路线、高速公路、中石化成品油管道等工程），造成后期遗留问题较多，油气管道又经过此区域后，阻工现象极为严重、嚣张，从而造成施工单位严重的经济损失及资源浪费，施工工效降低，同时对工期带来较大风险。若在初设期间做好沿线管线经过各地段的深入调研工作，与地方各相关部门做好沟通协调工作，及时在初设期间进行线路的优化调整，避开存在遗留问题较严重及协调较困难等区域，既能保证在施工期间提高施工工效、降低投资成本，又能确保工期可控。

案例二：某某天然气管道工程第三标段在某省境内施工过程中，该段由管道局 EPC 项目部承担，管道三公司负责施工任务，线路走向共经过该省 16 个县（市/区），涉及矿压多达 20 处，如煤矿、采石场、锑矿、铁矿等，为了确保线路施工连续进行，外协人员投入大量的人力、物力与矿产权属人进行谈判，按照《石油天然气管道保护法》内要求，管道压覆矿产后，管道中心线两侧各 200m 内不能进行任何爆破作业，相当于管道经过后该矿将灭失或减产，矿产权属人根据该情况漫天要价，20 处矿压累计要价约 18 个亿，矿压谈判工作进展缓慢，严重影响了线路施工的连续性。后期施工过程中，因矿压谈不下来，导致线路不得不进行优化调整，已经施工完地段不得不拆除，重新在优化后地段进行施工，工期受影响、投资费用不断增大。从以上案例分析，因为占压矿较多、矿产种类多，谈判工作相当困难，而且因为矿权人要价太高，导致已干完段线路优化，对工期造成较大的影响，同时造成投资成本的增大、资源的浪费。所以，在初设期间就要做好与沿线各县国土局的沟通与协调工作，了解管线经过区域各县国土局矿产资源分布图，收集各县境内矿产资源坐标信息、规模等基础资料，提交初设人员与管线走向坐标进行比对，研究管线是否压覆该县境内的矿产资源，同时深入落实该矿产资源是否具有可谈性，针对难点段矿产资源，务必在初设期间进行线路优化调整，避开矿区。

5 结论

随着我国政策越来越向弱势群体倾向，尤其对少数民族老百姓的保护措施越来越多，另外，部分地区矿产资源丰富，对于国内管道施工来说，在工程建设中存在着越来越多的不确定性因素，而且管道建设工程由于其规模大、线路长、涉面广等特点，给外协协调工作带来了更大、更多、更难的挑战，比一般工程施工具有更大的风险。如果再不从前期提高对国内管道施工外协工作难度的深刻认识，将会给国内管道施工增加施工难度，增加国家、企业对管道建设投资成本，增加工程管理难度、增加项目潜在损失。因此，只有做好初设期间外协调研工作，从根源上降低外协协调难度，才能在以后的工程施工中提高施工效率，降低国家、企业投资成本。

浅析中缅油气管道线路水保设计及施工管理

中国石油天然气管道局中缅油气管道工程（国内段）EPC项目部　邸国清　刘　江　周立飞

【摘　要】　中缅油气管道工程作为国家重点能源建设工程，工程质量管理尤为重要。基于云贵高原特殊地形地貌及雨期时间长等特点，水工保护施工质量控制就成了保障管道建成后安全运行的重中之重。本文从设计、施工相结合的角度，结合中缅油气管道工程特点、设计理念和施工管理等实际情况，对管道建设过程中的水工保护实施情况进行了详尽阐述。

【关键词】　水工保护；水保设计；水保施工

1　中缅油气管道建设概况

中缅油气管道工程（国内段）是迄今为止管道史上难度空前的一条长输管道工程，沿线途径云贵高原、喀斯特地貌。天然气及原油管道干线并行敷设，从云南省瑞丽市入境，沿线途径云南省、贵州省后，油、气管道分离，天然气管道继续向东南敷设，最终到达广西壮族自治区的贵港市，与西二线管道联网。原油管道与天然气分离后继续向东北方向敷设，最终到达重庆市的重庆炼厂。

2　中缅油气管道建设特点

中缅油气管道工程干线横跨云南、贵州、广西三省，线路路由在云贵高原受到地形地貌限制，同时受到已建成的铁路、公路、电网的限制，可用管道线路路由非常有限，结合设计及施工过程中的情况，中缅油气管道工程的主要特点如下：

（1）沿线经横断山脉和云贵高原，地形复杂，山区占86％，全线总落差达2208m；

（2）沿线为地质灾害多发地区（设计28处），第2合同项主要为滑坡、不稳定斜坡和崩塌，第3合同项主要为滑坡、不稳定斜坡、崩塌和岩溶塌陷等；

（3）沿线地表土层薄，土资源珍贵，特别是贵州段防冲固土尤为关键；

（4）油、气、成品油三管并行，原油管道并行但不同期建设；

（5）管道连续穿越九度区56km、活动断裂带2条；

（6）沿线气候条件复杂，雨期长、灾害多、冲刷侵蚀影响大。

3　中缅油气管道水保设计理念及主要形式

中缅油气管道沿线以山区为主，地形复杂，表土资源珍贵、雨期时间长，为确保管道安全和降低自然环境破坏，设计中主要遵循原则有：

（1）本着"安全第一、环保优先、以人为本"的指导思想，对沿线安全隐患点和可能对管线造成危害的地段进行防护治理；

（2）水工保护工程应安全可靠、施工方便、经济实用；

（3）水工保护与水土保持相结合，在考虑管道安全的同时也要考虑地貌恢复和环境整治等方面的防护措施；

（4）借鉴公路、铁路行业的成功经验，结合长输管道特点进行水工保护设计；

（5）先判断水害破坏机理，再进行水工保护方案设计；

（6）管道以明挖方式通过水域、冲沟应进行管道保护；

（7）易受降雨、灌溉等汇流冲刷侵蚀地区的管道应进行保护。

根据线路途经地形、地貌特点，管道沿线水保设置形式主要见表1。

表 1

序号	类型	名称
1	挡土墙	浆砌石挡土墙挡墙式护岸
		干砌石挡土墙
		草袋素土挡土墙
2	堡坎	浆砌石堡坎
		干砌石堡坎
		草袋素土堡坎
3	护岸/坡	浆砌石护坡／坡式护岸
		干砌石护坡护岸
		石笼护岸
		草袋素土护坡
4	截水墙	浆砌石截水墙
		草袋素土截水墙
		混凝土截水墙
		浆砌石稳管式截水墙
		混凝土稳管式截水墙

结合中缅项目特点，在水工保护设计管理中，设计过程中采取的主要措施：

（1）执行"一次图上设计＋二次现场设计相结合"的理念，确保二次水保结合现场实际情况设计，有的放矢；

（2）按水保一次性通过进行设计，确保现场设计的及时性、合理性和全面性；

（3）加强水工保护技术培训和现场设计交底，提高设计及施工的水保意识；

（4）制定《水工保护现场管理规定》，按照"统一规划、总量控制、分步实施、动态管理"的思路开展水保设计；

（5）加强设计代表水保验槽工作责任心，增强质量意识；

（6）二次水工保护严格执行六方会签制度；

（7）对管道通过九度区段设置的挡土墙进行抗震设计；

（8）水工保护设计结合两管、三管及不同期建设情况设计。

4 水保施工中常见问题

由于现场水保施工多为分包商施工，各分包商的施工水平质量参差不齐，在实际施工中存在诸多问题，总结主要存在以下共性方面：

（1）管线下端用土袋子进行填充，且密实度不够；

（2）管道下端悬空，浆砌石松散。管线下端不开挖基槽，用土袋子进行填充，且密实度不够；

（3）浆砌石截水墙背面垂直度不符合设计要求；

（4）浆砌石截水墙砌筑过程中存在通缝现象；

（5）个别截水墙未按图纸要求有效嵌入管沟两侧；

（6）砌筑砂浆不饱满，强度不满足设计要求；

（7）与管线交叉处不设置胶皮垫，或胶皮垫设置过短；

（8）现场施工用砂浆无实验室配合比单，现场无计量；

（9）现场无技术交底记录资料的书面文件。

5 影响水保施工质量主要因素分析

在水保施工过程中，影响水保施工质量的主要因素有人、机、料、法、环五大因素。因此控制好这五大因素是确保水工保护施工质量的关键。

5.1 施工人员

在施工过程管理中，由于人具有主观能动性，是五大因素中较难控制的因素，在施工过程中，通过建立多级管理层次，选取有经验、技术等级高的工人完善整个管理、施工流程，并通过掌握工人心理状态，当地社会、经济、外界环境情况做到对工人管理的有的放矢，同时完善劳动分工、员工生活福利和工资收入分配、建立各项规章制度和考核标准等辅助措施帮助工人端正心态、强化责任心、关注安全防护，以做到从人员管理的角度为质量管控实施奠定有力基础。

5.2 施工机械

施工机械不仅涉及质量的管控，且密切关系到现场安全管理，因此在机械管理方面综合考虑了现场条件、施工内容、设备性能、施工工艺和方法等方面，对于使用设备的使用年限、维修检查周期等制定严格的规定措施，进而使设备的配备、使用达到预定的质量、安全、经济效益。

5.3 施工材料

管道线路水工保护有施工点多、分散且每处工程量较小的情况，在施工材料使用方面主要从以下方面进行重点管控：

（1）掌握材料信息，优选供货厂家；

（2）合理的组织材料供应，确保施工正常进行；

（3）合理的组织材料使用，减少材料的浪费；

（4）加强材料检查验收，严把材料质量关。

5.4 施工方法

在施工过程中，首先对施工人员进行水工保护设计理念及效用的宣贯，从施工方案上结合质量因素、工期因素、现场特点等情况采取相应的施工方法，从技术、组织、管理、工艺、操作、经济方面全面分析、综合考虑，力求方案技术可行、经济合理、操作方便、有利于提高质量、加快进度、降低成本。例如在砌石时先难后易、先底后高、先沟内后沟外、先水下后水上的原则，避免雨期施工无法进行。

5.5 施工环境

影响工程质量的环境因素较多，有过程技术环境，如地质、水文、气象等；工程管理环境，如治疗体系、质量管理制度；劳动环境，如工具、工作地点和内容等。环境因素对工程质量的影响具有复杂多变的特点，如气象条件变化万千，温度、湿度、大风、暴雨、酷暑都直接影响工程质量，往往一道工序就是后一道工序的环境，前一分项、分部工程也就是后一分项、分部工程的环境。因此，根据工程特点和具体条件，应对影响质量环境因素采取有效的措施严加控制。

6 水保施工的质量控制措施

中缅油气管道在水保施工质量管理方面的管控主要从 EPC 总承包商及下属施工分部、现场监理及专业分包商四个层面分别对现场进行直接管控。

6.1 组织管理方面

EPC 总承包商项目部成立土建管理部，负责对全线水工及地灾治理情况进行管理，EPC 项目部每月对施工现场不定期进行抽检；同时 EPC 总承包商要求各下属施工分部成立专门水工保护施工巡查小组，形成 EPC 和施工分部的两级管理。

6.2 制度管理方面

EPC 项目部针对管道线路施工下发《中缅管道关键工序施工管理规定》及现场水保质量管理办法等文件；把水保施工作为关键工序升级管理，要求对水保基槽及水保砌筑完成后进行验收，验收合格后方可进行下道工序施工。同时要求施工现场留存影像资料，由 EPC 项目部及监理单位不定期抽查。同时，对于现场的影像资料及验收表格建立台账，结合资料签署台账及日周报情况确定现场水保施工进度工程量，三者结合缺一不可，最终在月末通过统计与工程进度款的拨付挂钩，从进度款控制方面加强水保质量管理。

6.3 现场抽查方面

EPC 项目部每月不定期对现场分包商进行抽检，通过现场抽查，针对现场发现问题采用下发不符合项、现场拆除整改、罚款等处罚方式进行控制。同时有针对性的对存在问题较多的分包商进行检查、督促整改，并将共性问题以文件形式全线通报，做到经验共享，全线统一管理。

7 结束语

作为保障管道运行的一项重要工程措施，水工保护在中缅管道工程建设过程中受到了广泛关注和重视，在实施过程中也在不断地吸取和总结水保施工在管道线路工程中的选用方式和应用效果，由于长输管道敷设沿线地形地貌的复杂性，长输管道水工保护措施的选用和实施已是影响管道安全运行的重要因素，因此，水工保护应是一项长期的、艰巨的、综合的保护治理措施。

中缅（国内段）项目收付款一体化管理

中国石油天然气管道局中缅油气管道工程（国内段）EPC 项目部　张麒龙

【摘　要】 本文结合中缅管道（国内段）项目特点，项目财务提出了"一体化收付款"的工作思路，并应用在项目中，对于加快资金回笼、提高资金使用率起到了较好的作用，对今后特大型项目资金管理有一定的借鉴意义。

【关键词】 中缅管道；资金管理；一体化；收支确认；税收筹划

中缅油气管道工程（国内段）作为四大能源战略通道之一，是我国"十一五"期间规划建设的重大天然气管道项目，是具有重大政治、经济、社会和环保意义的国家重点工程。管线总长共计 1550 多千米，管线途经云南、贵州两省 25 个县（市、区），是管道局有史以来承建的、同时也是全球已建管道中地质条件最复杂、施工难度最大的管道建设项目之一，因此，对项目的财务管理工作也提出了较高的要求。

随着石油管道行业竞争日趋激烈，一些业主为了节省投资，采取了最低价中标策略，使得招标市场存在恶性竞争，部分施工企业为了中标不断压低投标价格，造成近些年中标价格日趋减少，利润空间越来越低，加上业主一般是按照已完工程量支付工程进度款，造成很多项目施工过程中资金捉襟见肘的现象时有发生，垫资情况严重，甚至出现延误工期，最终影响项目经济效益的情况。因此，如何加强资金管理、加快资金回笼、提高资金使用效率、保证项目正常施工投产，成为中缅油气管道工程（国内段）项目（以下简称中缅项目）财务管理工作的重中之重。

针对中缅项目特点，项目财务提出收付款一体化管理思路，即优化 EPC 项目部请款流程，加快资金回笼，最终达到业主拨款在 EPC 项目部不滞留，及时、足额拨付至参建单位，提高资金使用效率，保证现场施工生产。

1　加强向业主请款力度，实行收付款一体化管理

资金是 EPC 总承包工程能够顺利进行的"血液"，资金管理在工程项目管理中有着举足轻重的地位。项目开工伊始，项目领导就对项目财务管理工作高度重视，专门组织下发了《中缅（国内段）项目工程进度款申请及支付管理办法》，明确项目请款、付款流程，实行资金结算专人负责，即由财务总监总体负责，实行收付款一体化管理，具体由经营部门负责施工现场资料提交与审批，财务部门负责业主总部结算手续，按月请款，将请款工作作为项目的一项重点工作管理。在各环节顺利开展的情况下，中缅项目最快在 45 天内就可以收到进度款，为工程进展顺利提供强有力的资金保障。

中缅项目实行按月拨款，确保业主及时足额拨付资金至参建单位，要求各单位按月上

报付现成本明细资料，重点对其分包现场成本及本部费用进行分析，EPC项目部按照各单位工程量完成情况及付现成本情况进行拨款。EPC项目部财务定期对各参建单位账目及现场财务资料进行检查，若各单位不能保障中缅项目现场资金使用或发生不合理成本，EPC项目部将采取相应措施。

这样做的优点，一是请款工作统一由财务总监负责，便于统筹协调相关部门工作衔接，理顺EPC内部请款流程，加速资金回笼，二是能够加快请款及拨款速度，充分保障参建单位现场资金使用，同时兼顾考虑各公司后方费用支付，缓解各公司本部资金压力。

2 求真务实，扎实推进项目收支确认

项目收支确认工作是财务管理工作的难点，按照目前EPC项目的核算模式，如果参建单位不及时确认收入、多确认或者少确认收入，都无法准确反映整个项目的经营状况。因此，如何及时准确地反映整个项目的经营成果，确保参建单位每月按照项目整体进度及时确认当期损益，成为项目经营管理中的重点。

中缅项目初期就确定了项目收入确认流程及方式，确保业主结算滞后的情况下也能及时、足额确认EPC项目部及参建单位收入。具体方式是经营部门每月底按照参建单位实际完成并经监理认可的工作量，出具《工程收入确认单》，由参建单位及EPC项目部签字盖章，并提供收入确认台账，财务部按照经营部提供数据，向参建单位出具《收入确认通知单》，并加盖财务专用章，各参建单位以项目部财务部出具的《收入确认通知单》确认收入，EPC项目部以此作为拨款的重要参考依据。

这样做的优点是收入确认依据是当月经现场监理认可的工作量，而不是业主的结算工作量（二次回填工作量），确保参建单位能够及时准确反映项目整体经营情况。

3 统筹规划，确定适应中缅项目特点的税收筹划方案

为了缩短请款周期，精简管理级次，针对国内税收现状及中缅项目部地跨两省的具体情况，中缅项目选择了云南曲靖市及贵州安顺市作为突破口，多次与两市税务局领导及省局领导进行沟通，以两市作为两省的主管税务机关，协调两省管线途经各县市的税务局，由EPC项目部对两省管线途径的各施工地履行纳税义务，对所属参建单位统一代扣代缴税金，由两市税务机关按照中缅项目提供的沿线工程量，签订代征税款协议书，对税款进行合理分配，按期将税款分配到各税源所在地。

这样做的优点，一是既能解决给业主请款用发票，同时又能给参建单位开具免税发票，减少了参建单位的纳税工作量，避免重复纳税，二是所有发票开具工作集中到EPC项目部，解决了各参建单位跨区域多点纳税的困扰，精简了管理级次，故能加快发票开具，缩短与业主的结算周期。

通过以上管理措施，中缅项目每月均能及时准确反映项目真实的经营成果，按照实际进度及业主要求请款到位，并及时拨付至各参建单位，充分保障了各单位现场用款及后方费用，为工程项目顺利进展并按期投产提供了强有力的资金保障。

浅析工程施工中分包管理工作

中国石油天然气管道局中缅油气管道工程（国内段）EPC项目部　林荣杰　张懋升　李向阳

【摘　要】　目前的管道市场正在向专业化的方向发展，专业化的施工程度越来越强。我们自己队伍的专业化安装水平也越来越高，但作为总承包商的我们在施工中也经常有外包的分部分项。虽然工程分包弥补了企业部分项目施工资源不足的缺陷，但是给总承包商的管理也带来了一些问题，如何才能使分包管理工作做好呢，通过施工管理中遇到问题，本文简单地阐述一下。

【关键词】　分包管理；工程范围；合同；规章制度

我国工程《中华人民共和国建筑法》、《中华人民共和国招标投标实施条例》和《中华人民共和国合同法》，对规范公司工程分包工作起到了积极作用，但如果不注重分包工作的管理、对分包管理不严或者违法分包，将会给公司造成经济损失。因此，加强分包工作的管理、合法分包，提高企业的管理水平和综合实力成为施工中一个重要内容。

1　首先要明确工程分包的概念

工程分包合同是指从事工程总承包的单位将所承包的建设工程的一部分依法分包给具有相应资质的承包单位，该承包人不退出承包关系。分包活动中，作为发包一方的建筑施工企业是分发包人，作为承包一方的建筑施工企业是分承包人。根据交易对象的不同，建筑工程分包包括专业工程分包和劳务作业分包两类。专业工程分包，是指施工总承包企业将其所承包工程中的专业工程发包给具有相应资质的其他建筑业企业完成的活动。劳务作业分包，是指施工总承包企业或者专业承包企业将其承包工程中的劳务作业发包给劳务分包企业完成的活动。

2　了解工程分包的原因

目前根据现场施工情况，对我们来说主要进行分包的是管道安装的附属项目，对主体工程施工我们是有施工能力的，不存在企业资源不足（除非有特殊情况）、技术上跟不上等情况。对于管道附属项目或者管沟土石方工程进行的外包，一般会有以下几种原因。

（1）公司确实存在一些分项工程的资源不足，存在技术上的需要。在中标的工程中存在部分专业性较强的工程，选择合适的专业队伍分包，不仅可以解决技术缺乏问题，更能保证工程质量和合同的各项指标符合要求。如石方段管沟爆破、道路顶钢筋砼套管（铁路顶箱涵）穿越及房屋建筑工程等工程项目施工均有特殊技术要求，若将这些工程分包给专业队伍施工，在施工安全、工程质量等方面将会做得更好。

（2）部分分项存在经济上的目的。对有些分项工程，如果总承包商自己承担会亏本，而将它分包出去，让报价低同时又有能力的分包商承担，总承包商不仅可以避免损失，而且可以取得一定的经济效益。这样也转嫁了公司施工的风险，通过分包，可以将总包合同的风险部分地转嫁给分包商。例如管沟土方、站场阀室土建及水工保护。

（3）业主的要求。业主指令总承包商将一些分项工程分包出去。通常有如下三种情况：

1）对于某些特殊专业或需要特殊技能的分项工程，业主仅对某专业承包商信任和放心，可要求或建议总承包商将这些工程分包给该专业承包商，即业主指定分包商。

2）业主自己单位下属施工单位，通过总承包单位承包给自己单位。或者与业主有一定关系的施工单位，业主要求分包给他们。

3）地方协调不畅外包出去的分部分项工程，主要因为地方政府要求及地方势力保护。

3 注重分包工程的管理措施

3.1 建立健全管理机构

分包工作需掌握经济、法律、技术等多方面的知识，其涉及面之广、综合性之强，使得设立专门机构实施管理变得非常必要。只有合理地设置管理机构并实施有效地管理，企业的分包工作才能朝着预期的目标发展。

3.2 健全各项规章制度、明确可分包工程范围

分包工作因其复杂性，若只设立了机构而无健全规章制度，还谈不上是管理。在制定规章制度时可根据本公司的实际情况，在不违反国家法律法规的情况下制定。一般应包括以下内容：

（1）明确工程分包时所需的报告、审批程序。通过报告、审批，保证所分包的工程非主体工程，而且分包是由于工程所需的技术问题或地方协调等确实为满足主合同需要的原因。通过这些规定，可避免违法分包或项目部随意分包而造成部分项目部存在分包，而部分项目部存在任务不足、资源闲置、工效降低等问题。

（2）明确分包方资格审查、选用的有关规定。可以防止不具备相应资格和无实际施工能力的分包队伍分包工程，实行市场准入制度管理，以保证所签合同的质量。

（3）对合同的法律条款必须经过相关法律顾问审核。

3.3 严格审核分包方的资格，为分包方建立档案

分包方选择的好坏，对分包工程质量和施工中的管理有重要影响，而且《中华人民共和国合同法》和《中华人民共和国建筑法》等法规对分包方的资格也有明确的规定，开展分包工作时，在严格遵守法律规定的同时，应作好以下工作。

（1）应由企业的合同管理部门对分包队伍实施统一管理，可为每家分包队伍建立档案，对首次分包工程的队伍，应作好以下资格审查。

① 严格审查分包方的营业执照、资质证书和安全资格证书等证件，确定分包方可分包工程的类别。

② 严格审查分包方的人员素质、机械设备、资产负债状况。通过这些审查，了解分包企业的施工实力，判断分包方是否具有履约能力。

③ 调查分包方以前的业绩，了解分包方以前施工的工程类别、工程质量、履约信誉等情况，以判断分包方是否可以在本企业分包工程，以及能够分包哪些工程。

在合同管理单位做出合格评价后，可登入合格分包方名录内，供选择使用。所有资料都应放入分包方档案并妥善保管。

（2）采用模拟招标选择具体的施工队伍。

在确定了分包项目后，应将工程有关情况同时通知几家队伍，由他们对价款、施工组织、投入的人员、设备以及质量保证措施、工期保证措施、安全保证措施等做出说明，供企业择优选用。

（3）加强对分包队伍的管理，定期考核履行合同的表现，将考核结果记入其档案中，并根据考核结果做出好、中、差的分类，对于表现好的，以后可较放心地使用，对于评价为差的，应禁止再使用。

（4）建立合同管理文档系统，注重分包合同资料的收集、管理。

分包工作将会产生大量资料，如协议书、图纸、变更设计、验收记录、工程隐蔽记录、结算付款单、往来的信件、交底资料、索赔资料以及会谈纪要等，这些资料均是分包合同的组成部分。

（5）加强过程控制，确保分包合同认真履行。

分包工作要想按照预期的目标进行，必须对分包合同的签订、履约进行全过程控制。

3.4　加强分包合同签订管理，确保签订规范的分包合同

在合同内容完善、合同签字盖章、委托代理等方面都容易出现问题。忽视这些问题，将给分包工作带来巨大隐患。为避免出现因合同无明确规定导致的双方争执不休，甚至诉诸法律，严重扰乱分包工作正常开展的情况，应作好如下工作：

（1）可参照《建设工程施工合同（示范文本）》 GF—2017—0201 结合本工程分包工程的实际情况，制定工程的"分包合同参考文本"，供项目部在签订分包合同时参考使用。

（2）在商谈分包合同时，必须由项目部各部门审核合同内容，发挥集体智慧确保合同条款完善。

（3）规定分包合同的审批程序，在项目部与分包方谈好合同以后，要将已谈好的合同上报合同管理部门审核，内容不完善、委托代理无效的或有其他法律问题的，一律不得签订合同。

（4）明确只有项目经理才有权代表企业与分包方签订分包合同，防止项目部其他管理人员随意与分包方签订合同引起分包合同管理失控的情况。

3.5　签订合同后，要召开履约部门负责人学习、分析分包合同

使项目部各部门对签约概况、合同精神、主要目标以及本部门在分包合同履行中所负的责任都有深入的了解。以便大家能从全局出发、协同工作，认真履行企业的义务，避免

相应的违约责任。同时也可以起到认真督促分包方全面履行其义务，保证合同实现的目的。

3.6 要加强对分包工程质量管理，不能出现以包代管

（1）要对分包队伍关键岗位管理人员、施工人员的资格进行验证，不具备相应技能的人员必须由分包方用合格人员替换。

（2）对分包方采购的其他材料进行检验，不合格的材料不得存放在施工现场，更不得用于施工。

（3）项目部工程部的技术人员要负责对分包方所施工的工程进行旁站监督检查。不合格的工程不得进入下道工序施工，并且必须由分包方修复合格并承担相应费用。

总之，为加强对分包项目的管理，当一项分包工程完工后，应注重履约跟踪和完工总结，为以后工作积累经验。项目部的合同管理人员应对本项目分包合同管理情况做出总结，对分包队伍的索赔处理情况进行全面检查，这样不仅可为以后的分包工作提供借鉴，而且可以及时发现尚未解决的遗留问题，并预测其法律后果，为完满解决问题赢得时间。同时还应对分包方的施工能力、施工进度、工程质量以及信誉等情况做出评价，并上报企业合同管理部门存入分包方的档案中，作为下次是否使用该分包方的依据。

浅谈中缅管道在施工管理方面的几点体会

中国石油天然气管道局中缅油气管道工程（国内段）EPC 项目部　文虎伟　曹国伟

【摘　要】　中缅油气管道工程（国内段）是管道建设史上难度最大的工程之一，在施工建设的过程中涉及诸多初次探索的新领域，使得我们在实施过程中走了不少弯路，但与此同时，也积累了许多宝贵的经验，这对以后开展长输管线施工有很好的借鉴作用。

【关键词】　施工；管理；筹备；经验

中缅油气管道工程（国内段）自 2012 年 3 月 15 日打火开焊以来，历经 14 个月的施工建设，目前到了收尾阶段，即将如期完工投产，其施工建设开创了管道局在管道建设史上的第一次长距离三管同沟并行敷设、第一次长距离穿越地震断裂带敷设等多个第一，在建设过程中，EPC 总承包的管理模式充分发挥了统一管理、统一计划、统一调度的作用，但面对诸多初次摸索的领域也出现不少问题。结合中缅（国内段）项目的施工管理，总结出以下几方面的经验体会，旨在更好的探索在云贵等复杂地质条件地区新开一个管道建设项目时如何进行 EPC 管理。

1　施工任务量划分

中缅（国内段）项目由管道一、二、三、六公司施工分部承担施工任务，其中管道六公司承担 121km，为四个施工分部中施工任务最少的一个单位，其余三个施工分部的施工任务较多。

通过一年多的施工，充分说明管道一、二、三公司施工分部在远远超过 100km 的施工组织管理中不能适应较长距离项目的管理，从而出现一系列诸如征地协调、不按设计施工、弯头管材统计混乱、施工计划混乱、质量安全风险高等组织管理问题。对比来看，施工任务为 121km 的管道六公司施工分部施工进展基本能按计划要求如期开展，项目管理条理清晰，侧重点明确。全线同时开工，截至 2013 年 5 月管道六公司施工分部综合进度完成情况最好，但此时其余三个施工分部试压都存在风险。这充分说明管理跨度的重要性，三公司共计 390km 线路长度，项目领导巡线一次需要 20 天的时间，各种统计工作都滞后其他公司，对工程的把握处于最低的状态，同时 EPC 对他的管理也是很无奈。因此这一地区的施工任务分配需严格控制在 100km 左右，这时各施工分部的管理模式和管理力量才能更进一步地发挥其优势和强项，能更好地把握工程的质量安全和进展。当然这个问题的出现也同各个项目部的综合实力有关，但不可否认施工任务的分配在这中间有着非常重要的决定作用。

2 项目经理的选择

EPC下属的各施工分部作为施工的最前线单位，其项目经理是施工生产前线的最高指挥官。中缅（国内段）项目的难度与特殊性决定了其在诸多方面需要去摸索、发掘，很多地方都是在摸着石头过河，这当然要求项目经理在具备丰富施工经验、运筹帷幄的掌控能力外，还应具备探索精神和创新能力。EPC应该对各分部经理的选择有决定权，要充分考虑工程的特点来选择各公司推荐的分部项目经理，这也可以确保EPC对各公司分部经理的控制力。

3 充分的前期准备

开工准备最为关键的阶段就是施工图设计，中缅（国内段）项目由于受诸多原因的制约使得工程施工图设计较为仓促，后期出现大量的设计变更，未能体现出EPC的统一管理优势，造成施工和设计的严重脱节。那么项目施工图设计应进展到什么程度才能具备开工条件呢？

结合中缅（国内段）施工生产的过程来看，首先设计应与施工征地、施工技术充分结合后，出施工图纸，确定好各项采办规格数量，其次采办按计划到货各项物资，最后施工队伍进场开工。基础工作做扎实了，后期施工就可以高效且低成本。深度准确的设计图纸没有特殊原因坚决不能更改，且设计施工图阶段就应评价完矿产压覆等征地问题，而不是在施工阶段犹豫不决。

这些准备工作需要前期较长的准备周期，尤其最为关键的是施工图设计人员需到施工现场实地踏勘，与施工征地人员及技术人员充分结合，确保其设计出的施工图纸与实际情况吻合。对于在设计阶段就能发现的难点段落，施工图的设计应更为全面，段落30～50km范围内的图纸全部设计完成，且不再出现变更时才开始采办、施工队伍进场等实体施工阶段。与此同时，相关部门根据当地气候情况，工程现场的实际特点，以往工程的施工经验，尽量多的结合外协部门考虑征地外协的情况编制详细的施工计划，项目在具备这些条件之后方可全面调遣施工资源进场开工，最大限度地避免因前期准备仓促而导致的二次返工、停工、窝工等现象，从而为项目争取最大的经济效益，同时也能使项目在实际运作的过程中管理思路清晰，职工积极性高涨，最大程度的减少不可预知的风险。

4 动态的计划管理

计划编制的过程应围绕着业主的工期目标、主材供应计划等主要依据，同时考虑15％～20％的资源预备。中缅（国内段）项目全线高峰时投入了焊接机组48个，但由于受云贵地区地形地貌的影响，致使无法开展大机组流水作业，使得人为因素以及山地、阻工、雨期等因素对工程进展的制约较为突出，不可预知的难点以及停窝工对项目进展产生较大的影响。

施工计划应根据工程的实际进展以及甲供材的实际供应情况每月调整一次，工程后期可以每周调整一次，紧紧围绕工期目标和甲供材的供应情况，以动态的计划管理作为切实的指导，考核施工生产，确保工程进展全面可控。

5　严肃的质量管理

中缅（国内段）全线91%的石方段给管道下沟回填后的变形情况带来极大的隐患，接近50%的沟谷山区段敷设使得全线不得不进行大量的水工保护，多家EPC同台竞技更要求我们充分发挥管道局的优势，交付给业主一条最优质的精品管道。

中缅（国内段）采用了全线智能变形测径、漏点及埋深检测以及高频次的现场检查等多种手段进行了严格的质量管理，在编制计划阶段预备的15%~20%的施工资源就是开展质量管理的储备，一旦工程出现质量问题，可在施工阶段即刻开展补救措施，通过开展一系列的质量把控措施，中缅（国内段）工程的施工建设质量得到了显著的提高。在全线统一由运营单位检查的情况下，管道局第二、三合同项发现的不符合项一直少于其他EPC承包商，管道局EPC严格的质量管理得到各级单位的一致好评。

中缅管道的建设是管道建设史上浓重的一笔，尽管在建设过程中走过许多弯路，但这为以后此类项目的建设积累了许多宝贵的经验，使得在以后的项目中有更多、更为全面的管理经验可以借鉴，在保安全、保质量、保工期的前提下争取项目最大的经济效益。

浅谈中缅油气管道工程（国内段）三管同沟并行敷设的工程控制与计划管理

中国石油天然气管道局中缅油气管道工程（国内段）EPC项目部　文虎伟　李建华

【摘　要】　近年来伴随着管道建设高潮的到来，管道建设的施工技法也正面临着前所未有的革新，为最大限度地节约项目施工成本，三管同沟并行敷设应运而生，通过科学的工程控制与计划管理才能充分体现三管同沟并行敷设这种新的施工技法的最大优势，为工程项目争取最大的经济效益。

【关键词】　中缅管道；工程控制；计划管理；同沟敷设；三管同沟

1　工程概况

中缅油气管道工程是我国实施能源战略的重点项目之一，是我国能源进口的西南大通道，管道起自缅甸西海岸马德岛，从云南瑞丽市58号界碑入中国境内，途经云南省、贵州省、广西壮族自治区等，天然气管道终点到达广西贵港末站与西二线连成天然气干线管网。中国石油天然气管道局承担国内段第二、三合同项共计1557km的施工任务。其中天然气管道全长979km（设置8座站场、34座阀室；原油管道全长133km，设置1座站场、5座阀室；成品油管道"两干一支"全长445km，设置4座站场、17座阀室）。全线天然气、原油、成品油管道同沟并行敷设112.4km，其中三管同沟10.16km，共用隧道6条，该段管线起于楚雄南华县与大理祥云县交界处，止于昆明富民县与寻甸县交界处，所经区域为青藏高原和云贵高原地貌区，山高谷深，沟壑纵横，崩塌、滑坡、泥石流和岩溶坍塌等地质灾害频发，施工难度前所未有。

2　三管同沟并行敷设施工简介

三管并行作业带宽度为35m，三管同沟作业带宽度为30m，顺气流方向从左到右依次为成品油管道、原油管道、天然气管道，以天然气管道为中心，顺气流右侧作业带宽度为12m，左侧作业带宽度为同沟18m，并行23m。

2.1　三管并行

首先进行最左侧成品油和原油（两条管道同沟）管道的管沟开挖，将土堆在最左侧，在天然气线位进行成品油和原油管道的安装，在成品油和原油管道回填之后进行天然气管道管沟开挖，利用并行间距作为设备行走侧来进行天然气管道的安装，见图1。

可根据现场管材供应情况，适时调整管道安装顺序：

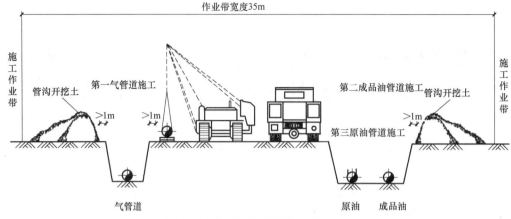

图 1　三管并行段作业带布置断面图

（1）成品油-原油-天然气；

（2）天然气-成品油-原油。

2.2　三管同沟

首先将三管同沟的管沟一次开挖成型，沟底至少保证 6.8m，以满足 70t 吊管机在沟下进行天然气管道的布管，进行管道安装、检测、补口等程序，天然气管道安装完成后，利用设备在左侧沟上完成剩下两条管道的布管、安装等工序，见图 2。

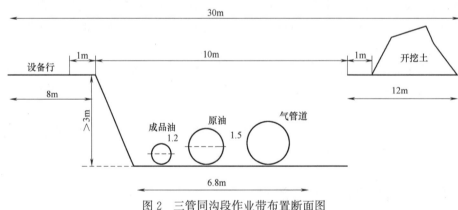

图 2　三管同沟段作业带布置断面图

3　三管同沟并行敷设的工程控制及计划管理

按照以往单双山区沟谷段管道施工的计划管控措施和经验已不能满足三管同沟并行敷设的施工，其施工的特殊性决定了对于该类工程的计划管控制需更具针对性和科学性。

首先，三种介质管道的投产日期不同（天然气管道 2013 年 5 月 30 日投产，原油、成品油管道 2013 年 12 月 30 日投产），决定了其施工的先后顺序与主次目标，在统筹计划安排时需充分考虑主次关系，抓主要矛盾。

根据三管投产的先后顺序，优先敷设天然气管道，通过以往山区沟下焊接的施工功效，结合当地征地外协的进展情况，采取以总体里程碑节点计划来控制总体目标的原则，充分考虑云南地区雨旱季的气候特点制订月度施工计划，工程施工的前期主抓天然气管道施工的计划完成情况，以天然气管道的完成情况来衡量三管施工段的总体进展是否处于可控状态。现阶段管道建设施工受征地外协的制约越发明显，使得未知的不可控因素较多，前期天然气管道先行施工使得同沟并行段的征地外协工作基本结束，故开展原油、成品油管道的计划管控不能采用计算天然气管道施工功效的方法来开展。此时，征地外协的影响已对原油、成品油管道的施工影响较小，计划的下达可严格按照已有资源的数量及山区 $\phi813$、$\phi406$、$\phi323$ 管道焊接的功效严格计算。这样的计划管控才能使得天然气、原油、成品油先后开展施工时有主有次，有条有序。

其次，同沟、并行是两种不同的敷设方式，同沟段是三管共用一条管沟，并行段是三管运两条或者三条管沟，并行段讲求三管的主次、先后顺序，而同沟段（本工程总长10.16km，占总量的 9%）必须三管同时开展施工，这使得在开展工程统筹计划安排时，需优先将管材等物资统筹调拨，最大程度的集中统一开展三管同沟段的施工，这样才能最大程度的缩短工程建设的施工周期，避免出现重复作业，造成施工成本的增加。

最后，管控三管同沟并行敷设的施工需将全线的重难点段力求三管一次通过。全线征地外协、特殊地段、穿越段等需特殊对待。集中优势施工资源打开难点施工段的突破口，三种介质管道的施工力求同步进行，虽然投产的先后顺序不同，但重、难点段（全线共 5处铁路穿越，1 处河流大开挖穿越）对每种介质管道的制约性同等，避免同一难点段因多次进场而导致重复问题的出现，力求不论是同沟还是并行的三管一次通过重、难点段，最大程度的规避难点段给工程带来的风险，减少施工成本，确保项目的总体可控。

管道施工同其他产业一样正在逐渐进行革新，各种创新技法正在大幅度的提高生产效率，面对新时期管道工程建设项目的需求，必须适应变革才能使企业在日趋激烈的竞争中脱颖而出。三管同沟变形敷设是创新施工最为典型的案例，此种技法最大程度地节约了综合项目的投入成本，同时也充分体现了集团公司施工版块统一规划建设的优势，新的技法必须要有新的管理思路与管控措施，突出重点、先后有序、共同完成是三管同沟并行段工程施工管控的基本思路，科学计划是工程管控最为根本的手段，唯此才能给工程项目带来最大的经济效益。

浅谈 EPC 总承包模式下提升 HSE 管理水平的建议

中国石油天然气管道局中缅油气管道工程（国内段）EPC 项目部　李金亮

【摘　要】　良好的 HSE 管理能力逐渐成为企业的核心竞争力，许多国内的工程公司正在努力提高 HSE 管理水平以开拓海外市场，与世界接轨，大力发展 EPC 总承包模式。本文从实际管理经验出发，浅析了在 EPC 总承包工程施工过程中如何提高 HSE 管理水平，加快 HSE 体系的推进。

【关键词】　EPC 总承包；HSE 管理体系；属地管理；安全心理

引言

现阶段，伴随中国石油天然气管道局实力不断增强，国内外市场不断扩大，特别是引入杜邦团队开展 HSE 体系推进后，HSE 管理水平不断提升。但是由于起步较晚，HSE 管理体系尚处于探索和自我完善的过程中，施工现场 HSE 管理水平尚有待提高，尤其在 EPC 总承包模式下，工程量大、工期紧、分承包单位多、施工能力差别大、管理人员与施工队伍素质参差不齐等多种因素，给项目施工 HSE 管理工作带来了极大挑战。这种情形下，如何做好 EPC 总承包项目施工 HSE 管理，对于提高管道局 HSE 管理水平大有裨益。本文从中缅油气管道工程 EPC 项目部的实际管理经验出发，在以下几个方面提出一些看法，供大家讨论。

1　加强设计阶段 HSE 管理

工程设计 HSE 管理是国际上大型石油化工建设项目设计管理的一项重要内容。设计 HSE 管理是通过采用正确的工程设计惯例并进行适当的 HSE 分析，将 HSE 要求纳入工程设计中，以确保设计文件符合国家 HSE 法律法规；满足用户所在地政府部门的 HSE 规定以及用户特殊的 HSE 要求；确保工程设计能满足装置的安全操作和可维护性，在设计阶段研究施工危险，降低施工期的风险，并能有效防止环境污染。只有加强设计阶段 HSE 管理，才能真正实现本质安全。

在项目设计开始前，应制定设计 HSE 计划，计划主要内容应包括：

1.1　项目的 HSE 目标

（1）适用的中国法律、法规和标准，政府批准的《安全卫生预评价报告》和《环境影响评价报告书》等。

（2）合同中对 HSE 的要求。

（3）项目制定的危害辨识及风险评价的方法或规定。

（4）企业 HSE 管理体系对相关部门、项目组织人员 HSE 职责、项目的 HSE 执行计划、设计 HSE 审查程序和审查要点等，这些首先应落实在项目有关文件中加以明确。

1.2 在编写初步设计文件时，应符合国家法律法规"三同时"的规定

在编写初步设计文件时，应同时编写《劳动安全卫生专篇》、《环境保护专篇》、《消防设计专篇》等，以落实项目《劳动安全卫生预评价》和《环境影响评价》的内容和审批意见，由业主报地方行政主管部门审批。

1.3 按照 HSE 审核计划和要点进行设计 HSE 审查

为了保证安全卫生预评价和环境影响评价中提出的 HSE 问题、方案和审批意见能够在设计、施工中得到贯彻落实，以达到良好的设计和 HSE 绩效，应按照 HSE 审核计划和要点进行 HSE 审查设计，同时要按相关约定审核供应商的设备设计，严格控制非标设计，确保产品 HSE 要求的相关规范、标准得到满足。

2 加强 HSE 目标管理，合理进行 HSE 目标分解

2.1 在项目开工前，应制定 HSE 目标并进行分解

HSE 目标包括两个方面：一是 HSE 战备目标，即总目标；二是具体目标。战略目标指明了 HSE 方面的总体发展方向，具体目标则规定了应完成的任务，是总目标的进一步细化。目标要发挥作用，应该对其进行分解，在分解过程中，总目标应该从两个角度进行分解，一是进行纵向分解，即把这些具体的目标分解到不同的层次；二是横向分解，即把任务和责任分解到不同的部门和人员。

2.2 分解后的目标应具有如下特征

（1）具体的：目标的内容是明确的，即组织中 HSE 的每项任务都有具体的人负责。

（2）可测量的：对于量化的目标可进行测量。

（3）相关的：组织及员工的目标实现情况可以方便地掌握。

（4）可追踪的：组织及员工的目标实现情况可以方便地掌握。这样，在实现组织目标的过程中，当有偏差出现的时候，可以迅速找到原因，采取措施，予以纠正。

HSE 目标要做到层层有效分解，分解后的 HSE 目标既要有控制性指标，又要有结果性指标，还要有落实具体工作的过程性指标，将各个分解的 HSE 目标在日常管理中得以体现。分清主管人员和非主管人员的 HSE 目标，紧密结合各管理部门的职责和本职工作，将其日常的业务和 HSE 管理充分结合在一起，实现职责归为。

3 开展 HSE 绩效考核，完善激励机制

3.1 在施工过程中不断开展 HSE 绩效考核

目前，国内不少企业对 HSE 目标指标的考核多以负面约束为主，缺少正面激励，造

成员工在 HSE 工作上是被动服从而不是主动改进。当员工出现违章时，只根据后果的严重程度决定处罚力度，未考虑到出现违章的动机和原因。员工出现违章有可能是因为不知道规定、没有接受应有的培训或无意疏忽，也有可能是明知故犯、故意破坏。因此，不查明动机就简单处罚，不仅达不到处罚的目的，而且有可能增加员工的抵触情绪。及时肯定和奖励员工的安全行为，开展 HSE 绩效考核，加强 HSE 的正面激励，以鼓励为主，处罚为辅，改变员工惧怕被监督、被处罚的心态是实现主动预防的关键。以 HSE 绩效考核、正面激励的方法鼓励员工对安全的重视、热心、投入和贡献，由被动服从安全要求转变为主动从事安全改进，就能对员工的安全行为起到很好的强化作用，从而有效提高 HSE 管理绩效。

3.2 开展考核后续管理，有效发挥 HSE 绩效管理作用

及时进行考核兑现，充分调动员工的积极性和主动性。对表现杰出的员工不仅仅靠给予物质奖励实现激励作用，还应通过持续的培养，提供更多的发展机会，职位升迁等激励员工不断改进提高。加强对 HSE 绩效考核结果的累积和统计分析，监控员工 HSE 绩效的发展趋势，可将 HSE 绩效考核的结果作为次年 HSE 目标和指标设定的参考，使 HSE 绩效管理成为持续改进的重要方法。最终引导所有员工能不断地向好的方面发展，激发全员履行 HSE 工作职责的热情，通过 HSE 绩效管理促进各项 HSE 管理工作的有效落实，不断提升 HSE 管理水平。管道局中缅油气管道工程 EPC 项目部在 HSE 绩效考核方面积极探索、不断深化，充分调动了员工在施工现场参与 HSE 管理的热情，使部分普通员工也起到了安全员的作用，收到了较好的效果。

4 将 HSE 管理体系向基层推进

4.1 吸收一线安全员参与 EPC 总承包的 HSE 管理

看重并有效利用一线安全员在 HSE 管理方面油气施工现场安全管理的经验，可在 EPC 项目部成立前期编制 HSE 体系文件时吸收一线安全员参与，提出针对施工现场安全管理的意见和 HSE 作业指导方面的建议，避免出现几个项目管理人员在编制 HSE 管理体系文件时的闭门造车现象。

引导一线安全员积极开展 HSE 培训调查，使 EPC 项目部真正掌握一线员工的培训需求，开展针对性地培训，使培训真正能够提高员工的安全意识，掌握先进的 HSE 管理工具和方法，提高个人的素质。使一线安全员积极收集并发现施工现场员工的心理状态，在其出现心理异常或波动时及时报告领导并采取措施，避免不安全行为的发生。

4.2 深入开展机组属地管理

通过机组属地管理的开展，强化基层机组和岗位员工的安全责任，引导员工主动掌握各项 HSE 管理知识和技能，并使每位员工在工作前积极应用，工作完成后积极思考、讨论并提出改进建议，使基层员工真正明白属地管理不仅仅是狭义的本岗位所管辖的实体属地、设备设施、器具等的管理，更包括了人员培训、关键岗位人员变更、绩效考核等

HSE 方面。

通过机组属地管理的深入开展，不断提升机组等小单位的 HSE 管理水平，深化 HSE 管理体系，进而推动整个 EPC 项目 HSE 管理体系的深入，不断提升 HSE 管理水平。

5 加强一线员工安全心理管理，消除不稳定状态

5.1 安全心理与安全管理的关系

人是安全管理中最为重要的因素。在施工过程中，人的违章行为的产生，可以看作是一连串错误的结果，由错误的认识，形成错误的思维定式，并强化了错误的需要，从而导致一个错误的行为。在众多的错误中，作业者的心理作用占有十分重要的地位。所以安全生产水平的提高在更大程度上依赖于员工的工作态度、群体的行为准则、人际关系、领导威信等社会心理因素。

人在心理活动失常时会导致生产工作的不稳定性。而良好的安全心理活动可以发挥人的积极性、主观能动性，为提高安全效果提供稳定可靠的保障。在实际工作中，如果使员工保持良好的心理状态，有一个稳定的心态，那么，我们的安全就会在很长一段内呈现稳定的势头。

5.2 积极采取各种措施加强安全心理管理

员工有不同的个性，这是客观存在的事实，我们决不能凭想象去改变员工的个性。但是，我们却有必要引导员工的个性去适应和服从总目标，在安全管理上应发挥人的性格作用。因此，需要做到以下几点：

5.2.1 根据员工不同的性格采取不同的工作方式

根据不同的对象、不同的性格，采取不同的方式，把性格引导到有利于安全工作的轨道上来；根据性格的相对稳定性，管理者要有耐心，因势利导，不可激化矛盾，及时发现并消除恐惧心理、表现心理、侥幸心理、麻痹心理、从众心理、省能心理和疲劳心理等非理性心理因素。例如对急躁和有冒险性格的员工，不宜简单地批评，而要让他们干适合自己的工作，这样才能有效地发挥性格的作用，做好安全管理。

5.2.2 注重安全心理培训

通过在安全教育培训中讲授心理学知识，针对不同的对象讲授不同的心理学课程，做到有目的、有计划、有针对性的培训。

5.2.3 开展亲情管理

在安全管理过程中，可开展多样化的亲情管理，例如：定期组织开展"送温暖"活动，发动员工家属为一线员工开展安全宣讲送祝福活动；邀请部分上网职工家属为"三违"问题做报告等。

这种亲情感化方式实际上是满足了马斯洛层次需求理论中提出的员工安全、社交、尊重的需要。有了亲情的感化，就有了工作的动力。亲情管理可以满足员工的社交需要，可以增强员工的归属感和改善员工的工作情绪；面对家人的企盼和祝福，员工们心中充满了感激与对幸福的渴望，自然会在生产中珍爱自己的生命，确保安全生产，降低违章行为的

发生率。

6 结束语

总之，在 EPC 总承包模式下，完善 HSE 管理体系，提高 HSE 管理水平，需要我们不断学习、不断分析和不断改进。希望通过以上几点建议促进各项 HSE 管理工作的有效落实，激发全员履行 HSE 工作职责的热情，实现 EPC 总承包模式下 HSE 业绩的不断提升，进而提升整个企业的核心竞争力。但是在管理过程中也不局限于这几点，在以后的工作实践中我们将继续不断地寻找更好更有效的方式来提升 HSE 管理水平。

参考文献

［1］ 王秀军，陶辉. HAZOP 分析方法在石油化工生产装置中的应用. 安全健康和环境，2005.1-2.

［2］ 董国永，刘景凯. 中国石油集团公司 HSE 管理体系运行模式的研究. 中国安全生产科学技术，2005，1（3）：48-51.

［3］ 孙健，王玉海等. 安全生产的管理模式. 北京：企业管理出版社，2005.

［4］ 绍辉，王凯全. 安全心理学. 北京：化学工业出版社，2008.9.

浅谈项目文控信息工作管理

中国石油天然气管道局中缅油气管道工程（国内段）EPC项目部　王　越

【摘　要】　在项目运行的周期内，会产生几万或者十几万的文件、图纸和资料。这些文件是项目执行的依据，因此，文件的规范、准确、高效、有序管理是项目管理水平的主要体现。所以工程项目信息文控管理在项目建设过程中发挥着重要的作用。随着项目的启动、规划、设计、采购、施工、试运行等项目生命周期阶段的展开，与项目有关的各类信息会不断地产生，项目信息文控管理的效率将直接影响项目管理其他环节的工作效率、质量和成本。良好的信息文控管理能保证项目各参与方内部及相互之间顺利的沟通，有利于工程总承包项目的顺利实施。

【关键词】　项目信息；文控管理；信息管理系统

1　工程总承包项目信息文控管理概述

项目信息的收集整理、分析处理、上传下达、分类归档是总承包项目信息文控管理的主要工作。项目信息最终以各类文件的形式存在，从而进行归档存储。

2　项目信息的分类

2.1　按级别和层次划分

（1）上级部门的信息。

（2）EPC项目部项目经理部的信息。

（3）分包商的信息。

（4）项目外部的其他信息。

2.2　按信息来源划分

（1）内部信息：指EPC项目部项目经理部内部传递的信息。

（2）外部信息：EPC项目部项目经理部与业主、PMC/监理等单位之间的往来信息。

2.3　按形式划分

（1）各种书面文件，包括通知、报告、程序、申请、指令等工程管理文件和工程图纸、变更、方案、措施等技术文件。

（2）传真，传真文件的有效性应视同传真文件原件。

（3）信函，包括接收的信函以及发送的信函原件。

（4）电子文件，当面传递的电子版文件的载体或形式包括光盘、软盘、USB 盘和计算机红外线对传、网络共享等。有效文件的电子扫描件可视为电子文件。

（5）电话，指一般意义上的通知、工作洽谈等信息交流。重要事件或紧急情况下的通知、要求、指令、承诺等，也应以电话形式先行联络，必要时应以适当的书面形式及时予以确认。

（6）会议纪要，指项目中的例会、专题会等会议的会议纪要。

3 项目文件的分类

工程总承包项目文件要求采取先按文件来源单位不同进行分类，然后按管理要素及文件功能进行综合分类，最后按照文件的形式、内容进行分类。

（1）一级分类目录（按单位）；

（2）二级分类目录（按要素、功能）；

（3）三级分类目录（做参考）。

EPC 根据与本单位有信函往来关系的单位，按上述一级目录表对文件进行选择分类；对已建立的一级目录均按收到该单位的文件进行二级分类；在二级目录分类合理的基础上，EPC 还应进行文件三级目录的划分，进一步的细化由 EPC 自行掌握。EPC 可根据本单位和本专业的特点，建立适宜的文档信息管理系统，对各自的专业文件进行管理。

4 信息文控的编码

据集团公司"建设项目档案管理规定"等有关建设项目档案管理的要求，编制与其相适合的"信息文控编码程序"，对总承包项目从投标、设计、采购、施工、试运行到竣工验收全过程中形成的具有保存价值的文字、图纸、声像等各种载体的信息文控资料进行编码，科学地管理项目信息文控，实现项目信息文控管理的标准化、规范化和统一。

5 信息文控管理的组织与职责分工

5.1 信息文控管理的组织

EPC 项目部下设文控部，为信息文档管理的归口部门。文控管理是一个二级控制模式，文控部从总体上负责项目全部信息的汇总、控制和管理。在项目部各部门再设置信息文控人员，负责该部门的信息文控管理工作。信息部人员与各部门的文档管理人员相互协调配合从而构成了项目文档控制网络。

5.2 信息文控管理的职责分工

EPC 项目部发往业主文件等信息的签发由项目经理签发信函。部门经理负责本部门报批文件的签发。

文控部：

（1）编制用于指导项目所有文档管理工作的文档管理程序，并负责该程序的应用和推广。

（2）将计算机技术应用于信息文控管理工作中，建立总承包项目管理信息系统，建立并维护计算机信息文档数据库，在项目内部建立局域网络，使信息可以及时准确地获取、传递、更新、共享。

（3）对项目文档的准备、报批、分发、存档和作废等一系列处理过程进行有效的控制和管理，确保项目文档的质量和格式满足文档使用者的需要。

（4）负责项目实施期间文档的印刷、分发以及临时存档，提供项目文档查阅及复印服务。

（5）负责文档整理分类，在项目结束后负责项目文档的移交工作。

（6）负责竣工文件的整理工作。

（7）按合同要求负责项目其他参与方计算机系统的建立，各部门信息文控。

人员：

（1）各部门信息文控人员按照文控部的程序要求建立本部门信息文控管理体系，参与制订文件编码系统。

（2）根据要求及时提交各类文件状态，负责本部门所有文档的处理和最终归档。

（3）负责接受文控部对本部门信息文控管理的质量审核。

6 工程总承包项目管理信息系统

6.1 管理信息系统的网络设计

EPC项目部将项目管理信息系统连到Internet网，项目所有参与方通过网络共享工程建设信息。系统连接Internet网的方式多种多样。

6.2 管理信息系统的结构设计

系统采用基于Web技术的B/S架构，系统只需在服务器安装工程信息管理系统软件、Web服务器软件及数据库，客户端使用当前流行的浏览器即可随时随地共享管理信息资源。系统包括工程信息数据库、工程信息管理系统软件和网站三个部分。

6.2.1 公众层

项目参与方和社会公众都可以访问项目网站。外部公众可以通过访问网站了解工程动态、有关工程的新闻，同时还可以留言和参与某些讨论。

6.2.2 工程信息管理系统软件

EPC项目部内部通过用户名和密码进入工程信息管理系统，向系统提供或获取工程信息，进行网上工作处理，发布计划或指示，了解督办事宜落实情况，了解会议信息，对工程有关人员进行网上培训，对方案等进行审查和论证等等。

6.2.3 数据库

数据库用来存储整个项目建设过程中产生的大量信息，它是工程信息系统管理软件的基础，工程信息系统管理软件在工程信息数据库的基础上开发应用。

7 管理信息系统的功能设计

管理信息系统包含的功能有：文档管理、质量控制、进度控制、费用控制、合同管理、HSE 管理、物资管理、电子邮件、网上培训和系统管理。

7.1 文档管理子系统

本模块涵盖了办公自动化的功能，主要功能包括：
（1）文档的编码。
（2）文档的起草、审批、备案和发送。
（3）文档接收、审阅、备案、传递和处理，文档的批阅和办理。
（4）文件的归档。
（5）文档的查询。
（6）定制文档流程，对文档办理状态进行跟踪，提供短信息服务。

7.2 质量控制子系统

本模块是用于对项目的设计质量、采购质量、施工质量等进行控制和管理，主要功能包括：
（1）项目质量要求和质量法规标准查询。
（2）实际质量与合同要求的质量比较分析。
（3）质量验收记录。
（4）综合质量评估。
（5）质量的统计分析。
（6）提供多种格式的质量报表。

7.3 进度控制子系统

本模块可实现的功能包括：
（1）计划发布。
（2）计划报审。
（3）进度报表。
（4）进度考核。
（5）编制计划需加载资源的管理。
（6）工程实际进度的统计分析。
（7）实际进度和计划进度的动态比较。
（8）工程进度变化趋势预测。
（9）进度计划的调整。
（10）工程进度的查询。

7.4 费用控制子系统

本模块可实现的功能包括：
（1）各单位工程单价、计划工程量及计划费用信息查询。
（2）实际完成费用与计划费用的动态比较。

（3）各月计划费用与实际费用的对比分析。

（4）工程费用预测。

（5）单位工程与分项工程的费用查询。

（6）提供多种项目费用报告。

7.5 合同管理子系统

本模块可以实现的功能包括：

（1）围绕项目实施与合同约定，处理责任事项、查阅处理警示、跟踪问题（索赔、变更等）、处理邮件等功能，具有催办督促以及处理文件的功能。

（2）跟踪项目实施过程中的所有合同，监控跟踪项目的合同执行情况。

（3）通过状态的变化从宏观角度跟踪具体工程变更情况。

（4）合同送审与审批。

（5）合同支付计划与实际合同支付情况的跟踪和对比分析。

7.6 HSE 管理子系统

本模块可以实现的功能包括：

（1）HSE 管理文件、HSE 检查情况通报的网上发布。

（2）项目参与方及人员对各个 HSE 文件的接受情况及承诺（全部公开发布）。

（3）HSE 不符合信息的汇总、分析与查询。

（4）HSE 事故/事件调查报告信息的汇总与查询。

（5）健康卫生知识、安全知识、环境保护知识的查询。

（6）HSE 不符合事项、事故/事件的级别判断。

7.7 物资管理子系统

本模块可以实现的功能包括：

（1）进场物资查询。

（2）物资动态分析。

（3）物资基本信息。

（4）物资计划管理。

（5）物资采购管理。

（6）物资存货管理。

（7）物资调拨管理等。

7.8 电子邮件子系统

电子邮件系统为工程内部联络提供方便。其主要功能包括：

（1）电子邮件的收发。

（2）企业独立域名。

（3）安全防护功能。

（4）拒绝访问功能。

（5）自动回复。

（6）列表地址管理。

（7）邮箱空间管理等。

7.9 系统管理子系统

系统管理子系统主要包括工程组织结构管理、用户账号和密码管理、用户权限管理、系统数据库的备份、系统数据库的恢复等。为保证系统数据的安全性，系统数据库既要有自动备份功能（每日），又要有手动备份功能，鉴于系统数据庞大，应采用增量备份的方式。当系统数据被破坏或不一致时，要能够自动恢复。

8 工程总承包项目信息文控管理流程

项目信息的收集是项目信息管理的基础。在项目信息管理过程中，要培养和树立项目全员信息管理意识，保证所收集信息的全面性、准确性和有效性。在项目信息收集过程中，要按照项目信息标准化的要求，形成标准的原始信息，为项目信息管理的传递、处理、反馈和存储提供方便。信息的积累和管理应列入项目建设计划和有关部门及人员的职责范围之中，并有相应的检查、控制及考核措施。

8.1 收集范围

凡是反映与项目有关的重要职能活动、具有利用价值的各种载体的信息，都应收集齐全，归入建设项目档案。

8.2 收集时间

应按信息形成的先后顺序或项目完成情况及时收集。

8.3 各方职责

（1）项目准备阶段形成的前期信息应由业主各承办机构负责收集、积累并确保信息的及时性、准确性。

（2）EPC项目部负责项目建设过程中所需信息的收集、积累，确保信息的及时性、准确性，并按规定向业主档案部门提交有关信息。

（3）各分包商负责其分包项目全部信息的收集、积累、整理，并确保信息的及时性、准确性。

（4）项目PMC/监理负责监督、检查项目建设中信息收集、积累的齐全、完整、准确情况。

（5）紧急（质量、健康、安全、环境）情况由发现单位迅速上报，具体按照EPC项目部质量管理体系文件和HSE管理体系文件中的相关程序执行。

8.4 项目信息的处理

8.4.1 外部信息

EPC项目部接收到的外部信息，在进行处理和传递分发之前必须审查其有效性。如发现收到的文件和资料的有效性存在问题，应立即与发放信息的单位联系，取得有效的证据。对于接收到的外部信息由文控部接收并确认其有效性，进行编码，再根据文件类别填写"来文登记表"，登记过的文件由信息文控人员呈交项目经理审阅、批办或转批，然后交文控部复印，原件存档，复印件按照"文件发放登记表"分发到相关各部，或提交有关部门处理，必要时报送业主。

8.4.2 内部信息

内部信息按照 EPC 项目部项目经理部要求起草后形成正式文件，由项目经理审批后再由文控部登记、编码、复印，然后按照"文件发放登记表"分发到相关各部，必要时报送业主。项目的所有信息资料，在使用前应由有关的责任部门或人员进行评审。如发现错误或疑问，应及时与提供部门联系，协商解决，以确保质量。

9 项目信息的发送与回执

9.1 项目信息的发送

（1）发往外部的所有报批文件、信函、传真、会议纪要等应使用文控部制订的统一文件格式和文件编码。经发件部门经理、项目经理签字批准，由文控部登记编码后统一发送、存档。

（2）传真应以固定的标识和格式明确文件主题、发文号、收发件人等内容，要求对方回复的事项应明确回复时间和相关要求。发往外部的信函中要求对方回复的事项应明确要求回复时间和相关要求。

（3）报批文件由各部门准备（内容涉及其他部门时，由文件编制部门牵头会签），连同部门经理签字的"文件传送单"送文控部向业主提交。

（4）EPC 项目部与业主例会的会议纪要由文控部整理完成，征求各部门意见后交业主审阅修改，无异议后双方签字认可，传送各相关部门。

9.2 项目信息的回执

（1）各部门应按照职责要求，及时准确地对接收到的项目信息进行处理及反馈。

（2）各部门设置专门文控人员定时查看信息平台通知栏和公文办理模块，定时查看信息、下载系统自动回执，并对系统自动回执信息下载保存，日后跟踪和追溯。

（3）技术类文件、程序类文件、管理类文件、设计变更、组织设计报批文件等特殊要求的纸质传真类文件，在收到对方"文件传送单"或传真文件后，第一时间在"文件传送单"或其要求的回执签字处签署，按文件分类规定进行分类归档。

10 项目信息的存储

项目中流动的各类信息最终都会以各类文件的形式进行存储保存。针对项目信息的存储管理也即为对项目文件的管理。

10.1 档案管理基本要求

（1）对于所有的项目竣工资料都要按项目文档编码体系要求进行编码。

（2）归档竣工资料要按照相关文件的编制要求，由 EPC 项目部文控部在开工前对文档管理职责进行划分。

（3）要保证项目档案资料的原始性及真实性，各部门都必须指定专人负责收集和整理。

（4）项目资料的整理应按项目文档管理程序要求，保证各部分之间有机联系、分类科学、组卷合理。

10.2 项目文件的归档

（1）归档文件必须完整、成套、系统；必须记述和反映建设项目的全过程；必须真实记录和准确反映项目建设过程和竣工时的实际情况，图物相符、技术数据可靠、签字手续完备。

（2）各部门完成本业务范围资料的收集、整理，移交文控部进行分类、编号、整理、立卷、编目，经 EPC 项目部项目经理审核签认后，由项目文控部存档。

（3）对于电子文件，文件的形成部门应定期把经过鉴定符合归档条件的电子文件向文控部移交，并按相应管理规定的格式将其存储到符合保管期限要求的脱机载体上。

（4）竣工资料的编制整理必须符合相关管理规定。

10.3 项目文件的借阅

EPC 项目部项目经理部应建立一套高效简洁的内部文件流转程序。对所有接收和发出的文件，建立严格的登记制度与借阅制度，各部门借阅文控部保管的项目文件时，应填写"项目文件借阅单"，由部门经理签字批准方可借阅。另外，还要注意文件存放的安全性，尤其是防盗、防火和防潮问题。以上制度建立后由专人进行监督执行。

11 项目信息的保密

根据集团公司有关保密的要求和规定，为保证总承包项目的各方利益，一定要认真做好保密工作，与项目有关的技术、商务、招投标等文件以及重要信息严禁对外泄露和传播。

12 结束语

文控管理不仅是总承包项目管理的要求，更是项目管理运作必不可少的重要内容。以往的只对文档结果的管理模式要延伸到对过程的管理，对纸质的管理延伸到对电子文件的管理。不断拓展思路、努力学习，与企业同步成长、同步发展。

浅谈项目文化在人力资源管理中的作用

中国石油天然气管道局中缅油气管道工程（国内段）EPC项目部　刘　丹　崔　冰

【摘　要】　文章详细定义了项目文化，并将其与企业文化进行区分，分析了项目文化在人力资源管理中的意义。

【关键词】　项目文化；人力资源管理

1　充分认识加强项目党建的重要性

中缅油气管道工程是"十一五"期间我国规划的重大天然气管道项目之一，是我国油气进口的西南战略通道，是一项关系国计民生，具有重大政治、经济、社会和环保意义的国家重点工程。同时，中缅油气管道工程施工难度是有史以来国内项目施工中最大的，对施工质量的要求又是有史以来国内项目施工中要求最高的，这就给工程建设提出了新的、更高的要求。为此，项目部以加强项目文化建设激发员工的积极性和创造性，以项目文化高效运行提升项目安全、质量和效率，多举措并行，确保工程建设的预期目标的实现。

2　项目文化的内涵

所谓项目文化就是项目团队及其成员在项目实施过程中，充分依托施工现场这个平台，开展主题鲜明、内容积极、形式新颖的活动，以期达到增强项目成员的凝聚力、优化项目的管理力、提升企业的整体形象、形成正确的导向、发挥激励作用的目的，进而激发团队意识的一种阵地文化。项目文化以企业理念为内在要求，以项目团队建设为重点，是有利于项目管理高效运作和项目管理取得持续成功的一种应用性文化。

中缅油气管道工程项目文化旨在在项目部内部形成一个有助于项目发展的氛围，使全体员工能够按照团队文化的要求，规范自己的行为、体现项目的特色、塑造项目的形象，进而提高企业核心竞争力。

3　与企业文化的区别

项目文化与企业文化的区别主要表现在以下两个方面：

一方面，长期性与短期性的区别。企业文化是长期积淀形成的共同价值观、传统习惯，它着重连贯性和长期性；而项目具有一次性的特点，它有固定的起点和时间限制，因此，项目文化的重点在于短期内产生作用，形成凝聚力，这就要求参与项目的每个人员都具有良好的素质，一旦加入项目就能适应并融入这种文化中来。

另一方面，稳定性与灵活性的区别。企业文化是企业特有的，它是根植于组织成员理解力、价值观、信仰和期望的一种社会结构。任何一个企业的文化都是由其独特成长经历、特定的成长环境以及特定的组织形式、人员构成所决定的，这就注定了企业文化必然具有不易被改变的稳定性特征。而项目文化则是建立在与企业文化相适宜的基础上又随项目的具体情况而形成的，是具有一定的灵活性的文化。

4 人力资源管理的含义

人力资源管理，就是指运用现代化的科学方法，根据企业发展战略的要求，有计划地对人力资源进行合理配置，通过对企业中员工的招聘、培训、使用、考核、激励、调整等一系列过程的有效运用，调动员工的积极性、发挥员工的潜能，为企业创造价值，确保企业战略目标的实现。它涵盖企业的一系列人力资源政策以及相应的管理活动。这些活动主要包括：企业人力资源战略的制定，员工的招募与选拔，培训与开发，绩效管理，薪酬管理，员工流动管理，员工关系管理，员工安全与健康管理等。亦即企业运用现代管理方法，对人力资源的获取、开发、保持和利用等方面所进行的计划、组织、指挥、控制和协调等一系列活动，最终达到实现企业发展目标的一种管理行为。

5 项目文化对人力资源管理的作用及影响

5.1 导向

项目文化由于规定了员工的价值取向和行为准则，因此，对员工的行为有着持久的影响力，在人力资源管理中具有导向作用。

中缅（国内段）EPC项目部在党工委工作总体规划中，确定了一系列工作目标，如：项目精神口号"云贵高原创伟业，不畏艰险建奇功"；项目管理目标"一次通过，力保平安，打造精品，创建和谐"；安全工作目标"不伤一人，不少一人"；质量工作目标"建精品工程，铸能源国脉"。这些工作目标的确定既充分展示工程特点、地域特点、群体特点，又使员工明确了项目质量、生产协调、安全等目标，因而有利于整个项目与全体员工形成一个有机的整体，向着既定的目标努力奋斗。

5.2 凝聚

项目文化是凝聚员工感情的纽带，是一种能够产生凝聚力和向心力的群体意识。它通过一定的价值观、信仰和态度而影响员工的处世哲学和思维方式，它像黏合剂一样把员工的思想感情、工作学习、利益需求与项目的命运联系在一起，使员工对项目产生认同感和归属感。因此，良好的项目文化把员工团结在项目核心周围，同甘共苦、齐心协力为工程项目的预期目标和根本利益工作。

中缅（国内段）EPC项目部在项目伊始就着手根据项目特点，丰富完善符合中缅特色文化的"六个一"内容，制定创建方案并引领各参建单位创建切合本单位实际的"六个一"内容。同时，深入扎实地开展好这项活动，做好"六个一"活动期间文字和影像资料收集工作，通过文字与影像记录现在、回忆明天，充分体现优秀的基层一线工人与施工机组的风采。各家参建单位结合自身特点开展了各项活动以丰富项目文化内涵，如：一公司和西北管道施工分部通过定期向员工家属发送平安短信、拨打亲情电话，在项目中形成亲情关怀的安全体系，活动开展以来有效地激发了一线员工的工作热情与积极性；二公司施工分部在营地建设开展"五个一"建设与食堂管理"42468"原则，保证了每名职工都能够"吃好、睡好，洗上热水澡"，其推行的"班前喊话六步法"使机组的安全文化日趋成熟；三公司施工分部将践行一线机组的"家"文化作为项目文化建设的重要内容，每个标准化机组选择的营地都进行了区域的合理布置；六公司施工分部建立了主题为"五项管理措施筑牢安全防线"的特色 HSE 文化。通过各家施工单位这些具有特色的项目文化，在项目内部建立了一种和谐、融洽的人际关系，营造出了一种具有亲和力和向心力的工作环境。在项目文化建设的过程中，中缅（国内段）EPC 项目部始终把"尊重人、关心人、理解人、信任人"作为项目文化的基石，着力通过项目文化建设强化员工的奋斗、齐心协力的精神和敬业、临危不惧的工作态度，不断提高项目团队的凝聚力和执行力。

5.3 规范

项目文化所建立的共同的价值体系、基本信念和行为规范，会使员工心里深层形成一种定势，进而产生一种响应机制。项目文化可以在员工中形成一种有效但又无形的约束力量，协调和控制员工的行为，引导员工认同和自觉遵守项目的行为规则。因此，项目文化在人力资源管理中可以弥补正式权责关系和规章制度的不足，规范和制约项目员工的行为。

项目部充分利用现场的施工区、办公区，建立宣传栏、文化窗、张贴图标和标语等，塑造统一对外形象，树立良好的视觉形象，激发员工爱岗敬业、拼搏奉献的工作热情。

中缅（国内段）EPC 项目部党支部在"创先争优"活动中，开展了党员"一句话承诺"活动与"阳光公示牌"活动，将承诺活动内容上墙，并在项目网站上公布廉政举报电话，项目领导干部签署廉政责任书，督促并激励了项目部党员在日常工作中带头争先。一公司施工分部开展了"党员身边无事故，责任区内无隐患，工作过程无违章"HSE 管控活动，二公司施工分部开展了党员争优"五自"活动，三公司施工分部开展的"先锋哨兵"活动等。

5.4 激励

项目文化能使企业员工正确的理解自己工作的意义和奋斗目标，能够创造一种以人为本，尊重人才、尊重知识、崇尚先进的项目氛围，从而形成一种强烈的主人翁责任感、荣誉感、自豪感，进而自觉地按照项目的价值观和行为规范约束、塑造自己的言行，激发自己为实现自我价值而不断进取。

在工程施工过程中，项目部开展了主题为"云贵高原创伟业不畏艰险建奇功"的劳动竞赛活动。劳动竞赛主要围绕"赛工程进度、赛工程质量、赛工程安全、赛工程效益、赛队伍建设与赛创新成果"这六个方面开展。工程进度评比：每月项目部根据各家施工单位的施工进展情况评出金牌、银牌、铜牌机组，颁发荣誉锦旗并给予物质奖励。通过竞赛和评比在施工全线掀起了学先进、赶先进的热潮，施工分部和施工机组积极总结工作经验及查找不足，以期在下月评比中获得好的成绩。质量管理评比：该项竞赛在每月的质量考核中评选出质量管理金牌、银牌、铜牌机组，颁发荣誉锦旗并给予物质奖励。通过该项竞赛加强了项目质量文化建设，营造出全员关心质量、全员重视质量的良好环境。安全管理评比：该项竞赛在每月的 HSE 考核中评出优胜焊接作业面。通过该项竞赛在中缅（国内段）不仅实现了从"要我安全"到"我要安全"的转变，更促使广大员工向"我能安全、我会安全"努力，全面提高了安全意识，形成了良好的安全习惯。通过劳动竞赛活动的开展，中缅管道（国内段）工程的施工进度大幅提升，每月的焊接进度从最初的几十余千米提升到每月百余千米。通过劳动竞赛活动的开展使广大参建员工形成目标同向、责任共担、争当先进的工作格局，有效推进了工程建设的步伐。

6 通过项目文化建设打造优秀团队

项目文化的发展动力在于创新，中缅（国内段）EPC 项目部通过坚持不懈地推进管理理念创新、制度创新、载体形式创新和工作方法方式的创新，全面提升管理水平，推进生产过程的科学化、生产方式的文明化、经济效益的最大化和社会效益最佳化。同时，将项目文化建设的理念深入人心，从注意细节、加强宣传等多方面将其体现在工程建设的各个角落、各个环节。

项目文化建设是企业的前沿阵地，是展示企业形象的窗口，而项目文化是企业软实力的代表，是企业赖以生存和发展的基础，项目文化如果建设得好，能有效地促进管道局的品牌传播和形象提升，能更多、更好地增加企业的发展空间、机会，也能为广大员工创造一个更好的发展平台。

项目文化的建设关键在实践，中缅（国内段）EPC 项目部十分注重将项目文化的建设融入项目管理中，在项目成立伊始，便积极策划"六个一"项目文化建设，以项目口号为先导，项目简报为平台，门户网站为窗口，并力求将项目文集制作成为集施工管理、技术创新等为一体的项目精华集锦，将专题影片（项目画册）制作成记录工程进展中亮点与难点的影像故事汇，在理念故事中体现优秀的基层一线工人与施工机组的风采。此外，项目部在文化建设中不断摸索方法、创新思路、积累经验、激发员工的潜能，使员工无私奉献成为一种自觉的行为，打造出了一支思想先进、技术精湛、创新无限的项目文化优秀团队。

7 结束语

项目文化来源于人，同时又作用于人，人是项目文化的载体，又是其创造者。项目文化是人力资源管理很重要的一部分工作，项目文化给了人力资源管理一个明确的方向，两者相辅相成。项目文化虽是无形的，却渗透在项目的每一个环节中，对工程项目的方方面面发挥着重大作用。项目部秉持"加强建设优秀的项目文化，打造强有力的团队"的宗旨，为施工项目的顺利完工保驾护航。

参考文献

[1] 侯学良、贺全龙. 具有互适性的建筑工程项目管理新机制［M］. 兰州：兰州大学出版社，2006.

[2] 邹娜. 项目管理中的项目文化建设研究［J］. 商场现代化，2010.

现代企业物资供应管理在中缅（国内段）天然气管道工程运用的探讨

中国石油天然气管道局第三工程分公司　孙朋长　刘　杨

【摘　要】 在市场经济发展的浪潮中，市场竞争愈演愈烈，企业越来越关注企业物资供应管理。物资供应管理被称为"第三利润源"，是现代企业经营管理的核心部分。科学的物资供应管理方法能够有效地降低库存量，加速采购资金运转周期，提高采购物资的质量，为企业争取新的经济效益。如何在中缅（国内段）天然气管道工程等重点工程建设中熟练运用现代企业物资供应管理模式，发挥企业物资供应管理的积极作用，是企业进一步发展和获取利润的关键环节之一。

【关键词】 物资供应管理；零库存管理；采购管理

1　现代企业物资供应管理的模式

物资供应管理是指为保障企业物资供应而对企业采购、仓储活动进行的管理，是对企业采购、仓储活动的计划、组织、协调和控制等活动。其职能是供应、管理、服务和经营，目标是以最低的成本、最优的服务为企业提供物资和服务。

1.1　传统物资供应管理模式

在传统物资供应管理模式中，具有许多的不足之处：订货方式非常单一；各组织分散采购，自给自足，竞争多，合作少；库存结构不合理，资源浪费；信息系统的不健全与技术手段的落后。为了促进企业快速发展，提升企业竞争力，必须克服传统管理模式中的各种不足，创新管理模式。

1.2　创新采购管理模式

创新采购管理模式包括两部分：集中式战略采购模式和 JIT 采购模式。集中式战略采购管理注重管理的理念，即"集中"的管理理念，不固定在组织形式中，也不是设立所谓的采购中心。集中式战略采购的优势包括成本优势和战略优势。成本优势体现在集中式战略采购能够使企业内部和外部的优势得到充分的发挥，从而使供应链的总成本降低。战略优势体现在集中式战略采购能够促使企业的竞争力得到最大限度地提高。该模式使企业能够放眼全局，注重整体管理战略，快速把握市场变化趋势，合理考虑各部门采购资源，从而制订出切实可行的采购目标和采购计划。

1.3　零库存管理

零库存管理是指在生产领域与流通领域按照 JIT 方式组织物资供应，使整个过程库存量最小化的总称，体现了企业的综合管理实力。实行零库存管理策略就是采用 JIT 采购模式，帮助企业在激烈的市场竞争中提升竞争力并保持其竞争优势，并使企业利润达到最大化。零库存管理要求企业在生产链上能够顺利进行，否则其带给企业的风险不容忽视。目前，中缅（国内段）工程项目物资管理部门对大部分施工物资已实现零库存管理，避免了因产生大量库存而造成的施工成本的增加。

2 企业物资供应管理的环节

在激烈的市场竞争中，施工企业越来越重视物资供应管理。物资供应管理主要包括以下重要的环节：计划管理环节、采购管理环节、储备管理环节。计划管理环节是物资供应工作的起点，也是物资成本的开始。该环节中，物资需要量、物资供应量、物资采购量的确定显得尤为重要。采购管理环节的重点在于控制成本、降低物资的进价。储备管理环节重在使企业库存的数量既能满足企业的生产需求，又能使其库存能够最小化，即实施零库存管理模式。

3 完善企业物资供应管理

企业物资供应存在的问题主要有：采用传统的物资供应管理模式；市场最新动态了解不到位，不能及时获取信息；企业监督机制尚不完善，缺乏采购过程监控力度。许多企业在采购过程中，往往一叶障目，片面追求商品价格的高低，而忽视了整个采购成本的高低。在采购物资时，许多企业由于信息系统与技术手段的落后不能及时把握市场最新动态，如物资价格的变化规律、市场的供需情况等，在购买时时常会买高价产品，增加采购成本和采购风险。要使企业利润最大化，必须解决物资供应管理中存在的问题，完善企业物资供应管理。可以采取以下几种策略来完善企业物资供应管理：首先，改进企业的物资供应管理模式。第一步要做好物资计划，提高采购资金的运转周期率，降低企业的采购风险，然后采取集中采购的方式，形成采购规模，获得更多的优惠，降低供应链总成本。其次，控制采购成本，降低采购费用，加强对供应商的管理，能够保证与供应商长期协调合作，达到双赢的效果。杜绝工作人员中饱私囊、徇私舞弊、弄虚作假，应时刻牢记把企业的发展和经济效益放在首要位置。最后，加强对物资供应的监察，强化制约机制。即做到事前确认供应商的信用等级以及做出采购计划；事中全程监控采购过程，保证工作人员与供应商正确交易；事后，分析采购过程中出现的问题，总结经验教训。

4 科学物资管理于中缅管道的应用

中缅（国内段）天然气管道工程为国家重点工程，是连接整个西南地区的能源通道，中国石油天然气管道局第三工程分公司承担着此工程 390km 的天然气管道安装工作，管道线路总长 390km，站场 4 座，阀室 15 座，在中国石油天然气管道局第三工程分公司参建职工的共同努力下，历时一年零七个月，中缅（国内段）天然气管道工程于 2013 年 10 月 8 日达到通气条件，顺利投产。面对如此庞大的工程，中缅（国内段）管道工程三公司项目部物资管理部门如何做好物资保障及采购工作，既保质保量优质地完成物资供应工作，又能节约成本，控制材料采购费用，是一个值得研究的课题。

4.1 项目材料管理的概念

项目材料管理就是与项目有关的各部门之间通过科学的管理方法和手段，对项目所使用的材料在流通过程和消耗过程的经济活动进行计划、组织、监督、激励、协调和控制，以保证施工生产的顺利进行。

4.2 项目材料管理与企业管理的关系

项目是企业的利润和成本中心。对于施工企业来说，企业的管理水平和管理目的最终体现在项目的成本管理和效益上。项目材料管理是企业管理的重要组成部分。

4.3 管理施工用材料概述

目前管道施工中材料主要分为甲供材料和自购消耗材料。

甲供材料：指业主（或 EPC 项目部）供应调拨的工程主体材料。主要甲供材料有：线路主体施工用管材、热煨弯头、防腐材料、焊接材料、阴保材料及站场阀室工艺施工主要设备、阀门、管件、防腐保温等材料。甲供材料主要在沿途中转站领取，并根据所领取的资料按监理的正式表格进行报验。

自购消耗材料分为两部分，构成工程主体的自购材料通常有公路顶管穿越用水泥套管、绝缘支架、标志桩、管道标志带及站场部分用料等，要及时索取质量证明资料，适量采购，尽量不压库存。管道施工主要消耗材料包括：工机具、技术措施用料、试压用料、劳保用品、HSE 用品、办公用品、设备配件等。

4.4 材料界面划分、计划和采购

在统计材料需求计划前，项目采办部门必须对工程量有比较清楚的了解和认识，在工程施工前，由项目部技术、预算人员提供详细的工程量清单。工程量清单对其中工程材料的数量必须有明确的确定。

4.5 工程材料界面划分

甲供、自购材料的采购界面需由业主（或 EPC 项目部）对材料采购进行明确的划分；属于施工方自购的材料，由项目采办部制订材料采购计划，提交项目经理审批；属于甲供材料，由项目材料采办部制订甲供材料需求计划，并提交业主（或 EPC 项目部）。项目采办部根据审批后的材料采购计划进行市场调研，确定供应商，编制施工材料进场计划。

4.6 工程材料采购计划

4.6.1 编制工程主体材料采购计划的依据

（1）由项目预算人员编制下达的材料设备预算明细表以及图纸、设计文件等基础资料。

（2）项目技术人员和材料人员参与预算明细表的审核，并签字确认。

（3）根据资源情况进行综合平衡，利用库存、内部调剂（项目内的账内、外库存材料）、合理代用等，避免重复采购。

4.6.2 编制工程主体材料采购计划

（1）明确业主与施工方的供应范围，属甲方供应的部分及时向甲方提出申请计划，明确甲供材料的交、提货手续。

（2）属自购材料范围的，编制工程主体材料采购计划，并纳入项目的总体采购计划中。

4.7 工程消耗材料采购计划

编制工程消耗材料采购计划的依据：

（1）施工工程量、施工定额、公司规定和同类工程中单位工程量材料消耗统计，由项目采办部编制，项目技术、经营部门审核，项目经理批准。

（2）机械维修用零配件、材料由项目设备员审批下达。

（3）施工工器具和一般维修用料由机组提出，机组长签字后交项目经理批准。

（4）质量或 HSE 管理体系要求的器具、材料由项目质量员或 HSE 监督管理员提出。

4.8 工程消耗材料库存情况

（1）项目采办部根据各种采购申请编制工程消耗材料采购计划，并纳入项目的总体采购计划中。

（2）工器具的采购依据根据工器具管理办法执行。

4.9 材料采购

4.9.1 项目材料采购原则

（1）在保证所采购材料的质量和交货期的前提下，尽可能地节约采购资金，在规定的费用范围内，材料价格、运输费用综合考虑，以合格的产品质量和最少的资金投入为采购目标。

（2）供应商必须是经过选择与审查的，并且质量体系运行完整，严格执行产品检验、试验程序。

4.9.2 项目材料采购程序

（1）项目部根据批准的采购计划进行材料采购，材料采购应首选管道局已发布的合格供应商。

（2）选用管道局合格供应商名录之外的供应商时，必须对供应商进行资质评审，包括其生产能力、交货能力、产品信誉、质量体系运行状况等，验证其生产或供应业绩，经项目技术、质量、设备、财务、经营计划等部门评审，经项目经理审批，报上级业主（或EPC项目部）备案或审批后方可实施采购。

（3）采购人员要掌握市场信息，做到比质、比价采购，对于主要材料的采购应当选择三个以上的备选供货单位进行比较评价，确定最合适的供应商，即坚持"货比三家"的原则。

（4）对于已明确的自购工程材料，要先期调研，掌握货源情况，了解技术要求，选择供应商；根据工期安排，了解订货周期，确定订货时间。

（5）根据业主、监理有关材料管理要求，自购材料须明确采办手续，了解报验、报批程序。

（6）对于零星用料，选择几个信誉好、质量优、品种全、价位合理、供应能力强的供应商进行市场调研，并撰写调研报告，在经过项目部财务、经营、技术质量和材料人员共同评价，项目经理审定后，确定供应商，实行定点采购。

4.10 项目材料采购分工

（1）项目采办部指导机组材料保管员工作，要将限额领料情况和目标成本控制指标向机组保管员进行交底。由机组提出施工准备用料（包括工器具、劳保用品、一般维修备料）计划申请，经机组长签字，并报项目经理审批后交项目材料采办负责人执行。

（2）大宗材料采购必须进行招标采购，项目采办部须及时将调研情况及拟采购方案书面上报公司物资管理部门，由公司研究决策，经主管领导同意后，确定采办方式。

（3）项目工程材料的采购由项目材料采办部办理，零星用料由项目部统一采购后分发给各施工机组，机组没有采购权。

5 结论与展望

在激烈竞争的市场条件下，随着现代信息技术的迅猛发展，传统的物资供应管理方法已经不能完全适应企业的发展。因此，在中缅（国内段）天然气管道工程我们进一步探索和运用科学的现代企业物资供应管理模式，加强学习先进的信息技术，通过规范的信息系统，规范、完善物资供应的监督机制，加强物资采购的全程监控，规范物资采购行为，避免工作人员徇私舞弊，确保效益最大化。通过在中缅（国内段）天然气管道工程的尝试，我们对现代企业物资供应管理新模式的初步运用积累了宝贵经验，在今后的工程建设中，我们将不断进行实践和探索，为企业降低成本、获取最大利润，从而提高企业的市场竞争力。

参考文献

[1] 张亚. 现代企业物资供应管理模式研究 [J]. 企业发展，2007，06.
[2] 张艳. 浅谈如何完善企业物资供应管理 [J]. 现代商业.
[3] 张桂杰. 浅谈生产企业如何进行物资供应管理 [J]. 财经与管理，2009.

浅谈建设工程项目进度控制

中国石油天然气管道局第三工程分公司　王　磊　童志燕　孙金凤

【摘　要】　本文说明了建设工程项目进度控制在具体工程实施过程中的作用，简述影响建设工程项目进度的因素，建设工程项目进度控制目标的确立与分析，建设工程项目进度控制计划的编制、跟踪检查与调整。

【关键词】　工程项目；进度控制；控制措施

工程项目进度管理控制是工程项目管理中投资、进度、质量三大控制要素中的主要控制因素，是对施工阶段的作业程序和作业时间进行规划、实施、检查、调查等一系列活动的总称，即在施工项目实施过程中，按照已经核准的工程进度计划，采用科学的方法定期追踪和检验项目的实际进度情况，参照项目先期进度计划，找出两者之间的偏差，并对产生偏差的各种因素及影响工期的程度进行分析与评估；随后组织、指导、协调和监督监理单位、承包商及相关单位三方，帮助其及时采取有效措施调整项目进度，使工期在计划执行中不断循环往复，直至该项目按合同约定的工期如期完工，或在保证工程质量和不增加原先预算的工程造价的条件下，使该项目提前完工并交付使用，因此施工阶段的进度控制是建设单位对施工现场管理的重要核心。

1　影响建设工程项目进度的因素

由于工程项目具有庞大、复杂、周期长、相关单位多等特点，长期以来，建设工程项目的进度控制管理工作由于自然环境因素、社会环境和工程相关单位等方面的制约性，面临着多重不可抗力，在施工中更是受到方方面面的影响。

（1）来源于设计单位的影响。由于原设计有问题需要修改，建设单位对工程建设提出了新的要求，设计单位根据建设单位要求重新设计，进而影响施工进度。特别是所谓的"三边工程"，即边设计、边施工、边投入使用的工程。

（2）来源于建设单位资金的影响。工程的顺利施工必须有足够的资金作为保障，由于建设单位没有及时给足工程预付款，或由于拖欠工程进度款，甚至要求承包商垫资的，这些都将影响承包单位流动资金的周转，进而严重影响施工进度。

（3）来源于施工条件的影响。在施工过程中遇到气候、水文、地质及周围环境等方面的不利因素的，由于处理突发性的地质条件变更、地下障碍、隐患和文物等，必然影响到施工进度。

（4）来源于施工单位本身管理水平的影响。在估计工程的特点及工程实现的条件时，过高估计了有利因素而忽略了不利因素；在建设工程项目实施时，相关参与者工作上的失误，忽略了不可预见事件的发生；施工现场的情况千变万化，如施工单位的施工方案不恰当，设计不周详，管理不完善，解决问题不及时等，都会影响建设工程项目的施工进度。

（5）其他风险因素包括政治、经济、技术及自然等方面的各种可预见或不可预见的因素，可预见或不可预见等因素都会对工期影响造成工期延误。

2 建设工程项目进度控制目标的确立分析和论证

建设工程项目进度控制的首要任务是确立明确的控制目标。根据建设工程项目的特点和任务要求，对工程建设项目进度控制目标进行分析论证。在工程项目设计、采购、施工等阶段中，对工程项目总进度中的设计前准备工作进度、设计工作进度、招投标工作进度、工程物资采购工作进度、施工前准备工作进度、工程施工进度、投产试运行工作进度、项目收尾进度等一系列工作进度实行科学的、动态化进度控制管理，为实现建设工程项目总进度控制目标打下良好的基础。

大型工程建设项目总进度控制目标分析论证的核心工作是通过编制总进度控制纲要，论证总进度控制目标实现的可能性。总进度控制纲要的主要内容一般包括：建设工程项目实施的总体部署、工程总体控制规划、工程项目各自系统进度控制规划、确定里程碑事件的进度控制目标、工程总进度控制目标实现的条件和应采取的措施等。

3 编制建设工程项目进度控制计划

项目总进度控制计划。典型的项目总进度控制计划是根据建设工程项目合同的要求，将整个建设项目的主要系统和单项，按设计、采购、施工和试运行等部分，用横道图表示其进度控制关系，以此协调各系统和单项的进度控制关系并约束以下各层的进度控制计划。

系统主进度控制计划。系统主进度控制计划的编制一般先分别编制初步的设计、采购、施工三项分进度控制计划，通常先编制初步的设计进度计划，然后编制初步的采购进度计划，最后编制初步的施工进度计划。分项进度控制计划。分别按设计、采购、施工和开车等部分单独编制工程项目进度控制，该进度控制计划必须与工程项目的工作分解结构相一致。

工程项目详细进度计划，是最基本的一层进度控制计划，也是详细工程项目进度管理、资源分配和执行效果测量的具体体现。该层控制计划达到能够进行资源分配的深度，以保证各个项目的任务都能够按工程项目进度控制的要求完成。

工程项目作业进度计划，其内容和形式与项目详细进度计划相似，列出该工作项目的起止时间，同样能达到进行资源分配的深度。上述各层进度控制计划之间是相互制约和彼此跟踪的。此外，在建设工程项目实施过程中，根据实际需要，还会编制另外一些类型的工程项目进度控制计划，如工程项目的年度进度控制计划，工程月控制计划，工程周控制计划等。

当施工进度计划编制完成并通过审批后，工程项目部应严格按照进度计划执行项目，把进度计划细化，编制出月（旬）作业计划和施工任务书，安排落实到位，调配好人力、物资和资金；同时在施工过程中还须及时检查、发现和记录影响进度的问题，掌握施工现场的实际情况，并采取适当的技术和组织措施，做好协调工作，排除施工中出现的矛盾，实现动态平衡，保证工程项目的施工工作严格按照进度进行。

4 建设工程项目进度控制计划的跟踪检查与调整

在建设工程项目进度控制的实际执行过程中，应及时跟踪检查进度控制计划的执行情况，出现进度偏差时要及时采取措施，进行必要的调整和动态控制。

建设项目进度控制管理中进度的调整一般是不可避免的，如果发现原有的进度计划已落后、不适应实际情况，为了确保工期，实现进度控制的目标，就必须对原有的计划进行调整，形成新的进度计划，作为进度控制的新依据。而调整工程进度计划的主要方法有两种：

（1）压缩关键工序的持续时间：不改变工作之间的顺序关系，通过缩短网络计划中关键线路上的持续时间来缩短已被拖长的工期。一般可以使用以下几种方法：采取增加工作面、延长每天的施工时间、增加施工资源等组织措施；改进施工工艺和施工技术以缩短工艺技术间歇时间、采取更先进的施工方法、更先进的施工机械以减少施工过程时间；实行包干奖励、提高奖金数额，调动施工人员的积极性以减少施工时间；改善外部配合条件、改善劳动条件等其他配套措施。在采取相应措施调整进度计划的同时，还应考虑费用优化问题，宜选择费用增加较少并能有效缩短工作时间的关键工序为压缩对象。

（2）组织搭接作业或平行作业：不改变工序的单位持续时间，只改变工作的开始时间和完成时间。这种调整情况有：对于大型工程项目，由于有多项的单位工程，而它们之间的制约又比较小，因此比较容易采用平行作业的方法来调整进度计划；对于单位工程项目，由于受工艺关系的限制，可调整的幅度较小，通常采用搭接作业的方法来调整施工进度计划。当工期拖延得太多，可调整的幅度又受到限制，或采取单独某种方法未能达到预期效果时，还可以同时用这两种方法来调整施工进度计划，以满足工期目标的要求。调整同时还需要注意到无论采取哪种方法，都必然会增加费用，故施工单位在进行施工进度控制时还应该考虑到投资控制的问题。

5 建设工程项目进度控制的常用管理工具

5.1 利用横道图计划检查施工进度

横道图（也称甘特图）在工程项目进度计划方面的应用已有约百年的历史。甘特图不仅在国内非常流行，国际上的应用也相当普遍。甘特图的特点是直观、易读、使用方便。因此，即使在网络计划技术出现以后，甘特图的生命力仍然相当顽强。

5.2 网络图计划检查施工进度

网络计划技术的两种基本形式是关键路径法（CPM）和计划评审技术（PERT），其核心内容包括绘制网络图、识别关键路径和基于关键路径的优化。网络计划技术最大优点是：逻辑关系明确；通过计算可得到各工序的最早开始时间（ES）、最早结束时间（EF）、最迟开始时间（LS）、最迟结束时间（LF）、工序的总时差（TF）和自由时差（FF）等时间参数。网络图法为工程项目进度的安排和控制带来方便。使工程项目的进度控制更具主动性，大大地减少了进度管理的盲目性，使工程项目的工期得到控制。但在工程实践中发现，推广网络计划技术的应用并非易事。其关键问题在于两方面：其一，编制网络计划图较复杂，且须具备网络计划技术的知识和能力；其二，网络图表示方法不如横道图简单清晰，读起来比较困难。

6 结束语

建设工程项目进度控制是一项复杂的系统工程，进度控制把工程计划、信息技术、项目管理等方面有机地结合起来，根据建设工程项目合同要求和工程项目自身的特点，制订科学合理的工程项目进度控制目标，编制切实可行的工程项目进度控制计划；定期对工程项目进度控制计划的执行情况跟踪检查与及时调整，进行系统、科学、合理的动态化管理，就能够取得节省建设工程投资、保证工程质量、缩短建设工期的良好效果，实现建设工程项目总进度控制目标。

长输管道工程项目成本管理浅析

中国石油天然气管道局第一工程分公司　韩　涛　李永春

【摘　要】 中缅管道工程是我国第四条能源通道，不仅关乎国计民生和国家能源安全，同时也为管道建设企业提供了广阔的市场和前所未有的发展机遇。本文以中缅管道工程建设项目为例，结合管道一公司长输管道工程项目管理经验，对长输管道项目的成本策划、目标测算、目标下达和分解过程、核算成本、分析成本、核查效益、评估考核等环节进行阐述，为长输管道项目成本管理工作提供借鉴。

【关键词】 中缅管道；成本管理；目标成本

长输油气管道是国家的基础设施，是保障国家能源安全、促进国民经济发展，调整能源结构、改善生态环境的前提。当前，我国长输油气管道正在大规模快速建设，中亚、中俄、海上、中缅四条国家能源建设通道已经初步建成。然而由于计划经济体制的影响，以及国有企业对政治责任的过分强调，导致企业在项目管理方面过分重视项目的工期、质量、安全，而在成本管理方面存在诸多不足，尤其在"献礼工程"、"工期提前"的情况下，导致项目不惜成本代价，甚至出现了许多"不创利项目"。如何加强长输油气管道项目的成本管理，成为摆在每一名项目管理者的重要命题。提升项目成本管理水平，不仅有利于提高企业的经济效益、增强竞争力，还有利于保证国家重大管道工程建设的顺利实施。

1　项目成本管理的基本概念

项目成本管理是在保证满足工程质量、工期等合同要求的前提下，对项目实施过程中所发生的费用，通过计划、组织、控制和协调等活动实现预定的成本目标，并尽可能地降低成本费用的一种科学的管理活动，它主要通过技术（如施工方案的制定比选）、经济（如核算）和管理（如施工组织管理、各项规章制度等）活动达到预定目标，实现盈利的目的。简而言之就是，确保项目实际发生的成本不超过项目预算而采取的管理活动。

项目成本管理一般包括项目资源计划、项目成本估算、项目成本预算、项目成本控制与预测四个方面。项目资源计划是指通过分析和识别，确定出项目投入的资源种类（人力、设备、材料、资金等）、资源数量、投入方式，从而生产项目产出物的一种项目管理活动。项目成本估算是指根据项目资源需求计划和项目需求资源的市场价格和预期价格信息，估算和确定出项目部各种活动成本和整个项目成本的项目成本管理工作。项目成本预算是指制定项目成本控制标准或项目总成本的项目成本管理工作。预算与估算的不同之处在于预算是可接受的估算。因此，预算比估算更具有科学依据更具有可实施性。项目成本控制与预测是指在项目实施过程中，努力将项目实际成本控制在项目成本预算范围之内，并且随着项目的进展，依据项目实际发生情况，不断预测项目成本的发展变化趋势，不断修订原先的项目成本估算，并对项目总成本进行合理预期的项目成本管理工作和过程。

项目成本管理的原则：

（1）分工协作原则：各部门、各岗位都必须有明确的任务和目标。同时，成本管理是一项涉及多部门的综合性工作，各部门之间必须分工协作。

（2）项目全过程成本控制的原则：施工项目在确定之后，要经历施工准备、工程施工、竣工验收、回访保修等几个阶段，每个阶段都有费用支出，因此，成本管理也要贯穿到项目实施的各个环节。

（3）实时性原则：成本管理的时段越短越好，最佳状态是实时控制。随着计算机和信息技术的发展，为成本管理提供了更加快捷的手段，也让成本管理的效率不断提升。

（4）责权利相结合的原则：将项目成本按照岗位设置情况逐项分解，将分解后的指标落实到每个人头上，防止人人有责、但是人人不管的现象出现。

（5）节约原则：一方面要控制支出；另一方面就是增收，做好签证索赔工作，加强项目经营管理，是项目增加项目收益、降低成本的有效途径。

2 中缅管道工程项目概况

蜀道哪有滇道难，大江湍急大山蛮。管道一公司主要承担中缅管道 2B 标段，管道线路共长 484.2km。管道采取三线并行，其中天然气管道工程管径 $\phi1016mm$、全长 197.2km，云南成品油管道工程管径 $\phi406mm$、全长 280.077km，中缅原油管道工程 II 期管径 $\phi610mm$、全长 6.84km，主要为 7 条隧道。三线同沟、并行段管沟开挖回填 73.21km。该段线路自云南省昆明市起，至云南与贵州交界处，管道沿线为滇东高原，"八山一水一分田"，81%都是起伏山区，且多为断岩绝壁；地质呈"三高四活跃"特点，断裂带密布，地震活动频繁。无论是地形还是地质条件，对于管道施工都是一个前所未有的挑战。该标段的主要特点是管道沿线山高路险地形起伏大、地质条件复杂，途经多处地震断裂带、沟谷河流，存在山体滑坡、泥石流、溶洞等地质灾害风险。管道穿越的工业厂区、矿区、风景区等地带，征地协调工作非常困难。

施工地形复杂、施工难度大、施工风险因素增加、征地协调不确定性……这些问题的解决，都将伴随着项目成本的增加。因此项目成本管理成为一项十分复杂的工作。

3 中缅管道工程项目成本管理举措

3.1 科学设置项目组织机构

组织机构是项目成本管理体系的基础。在施工项目成本管理体系中，首先要设立科学、完整的组织机构，用以保证项目成本管理活动有效实施。由于项目性质、管理方式等不同，项目的组织机构也不尽相同。管道一公司中缅项目组织机构的设计包括管理层次机构设置、职责范围、隶属关系、相互关系及工作接口等五个基本面。

该组织机构的设置一方面与企业的管理组织机构相衔接，另一方面又充分体现各管理层和各部门之间在成本管控中的职责和作用。在项目组织机构设置上，还要充分考虑到以下几个方面因素：指令的唯一性、有效性；信息及指令传递渠道要保持双向通畅；各部门的责任明确、工作界面清晰；项目组织机构在项目存续期间具有稳定性。

3.2 规范项目成本管理流程

2013年，管道一公司编制了经营管理模式、项目管理模式、机组管理模式。在管理模式中，将成本管理工作作为一项重要内容，对成本管理的流程、制度进行了全面梳理。内容包括施工项目成本管理办法、实施细则、工作手册、管理流程、信息载体及传递方式等。运行程序以成本管理文件的形式表达，表述控制施工成本的方法过程，使之制度化、规范化。用以指导企业施工项目成本管理，工作的开展程序设计要简洁明晰，确保流程的连续性、程序的可操作性。管道一公司中缅管道工程项目是公司管理模式运行以来首个试行项目，在项目成本管理中进行了多方面的创新和积极尝试。

管道一公司中缅项目采取的是目标成本管理方法。

3.2.1 目标成本管理职责

项目目标成本管理包括目标成本测算、下达、分解、控制和考核五个过程，在项目组建之初，由公司绩效考核委员会负责管理决策，主管部门为公司质量与管理部。中缅管道工程项目部根据与公司签订的绩效合同进行目标成本分解，对各参建机组进行考核兑现。目标成本管理流程图见图1。

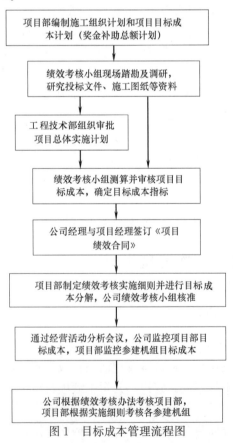

图1 目标成本管理流程图

3.2.2 项目目标成本的构成

管道一公司中缅管道工程项目部将项目目标成本分成材料费、人工费、机械使用费、临时设施费、调遣费用、施工协调及补偿费、QHSE费用、其他直接费（检验试验费、特殊工种培训费、劳动保护费、保险费等）、工程分包费用、税金、工资性附加等覆盖项目实施全过程成本。项目目标成本的测算、分析、考核都按照表1组成进行：

项目目标成本组成

表1

序号	目标成本分类	项目总成本具体包括成本范围			备注
		现场成本（已经进账）	预进成本（已发生未结算）	后方转入成本	
1	材料费	主要材料、辅助材料、消耗材料、手段用料	施工过程中已经耗用但未结算的材料费	在基地采购用于工程项目的材料物资、办公用品	
2	人工费	前线奖金、施工补助、伙食补助、劳务费	已经发生但未发放的人工费（包括奖金、补助、劳务费）	后方发放的基本工资以及工资附加、各项保险费、住房公积金	
3	机械使用费	外部设备租赁费、燃料费、修理保养费、过路过桥费	已经使用但未结算的外部设备租赁费和消耗燃料费	机组自有设备折旧费、内部机械设备租赁费	其中燃料费单列
4	临时设施费	房屋租金、营地建设费、食堂炊具餐具桌椅等			
5	调遣费用	人员、物资、设备调遣费用			
6	施工协调及补偿费	征地协调赔偿款、业务费及为维持与施工当地各种地方关系所发生的各项协调费用	施工过程中已经使用土地、道路青苗等承诺或达成协议但未支付的补偿费		
7	QHSE费用	为保证工程质量、人员设备安全和保护所在施工地的自然及人文环境所支出的各项费用			
8	工程分包费用	工程分包已经办理结算取得发票的现场成本	已经形成实际进度但未结算的分包成本		
9	其他费用	施工措施费、培训费、保险费等	已经发生但未结算的其他费用	在基地发生的为工程项目服务的由相关项目承担的其他费用	
10	税金	工程税金			

3.2.3 目标成本管理

项目目标成本管理通过科学合理的目标成本测算、分解，公正客观的考核、兑现，确保项目管理工作的促进和提升。

（1）目标成本测算

项目部在开工前编制完成项目执行计划、目标成本指标计划和奖金补助总额计划，报公司绩效考核委员会审批。

公司绩效考核委员会在收到项目部项目执行计划、目标成本指标计划和奖金补助总额计划10d内由质量与管理部牵头组织进行现场踏勘，勘察线路地形地貌、人文地理、社会依托、地面构筑物等，重点对项目施工难点和单出图部分详细踏勘。

工程技术部牵头组织对项目执行计划进行审核，主要包括设备和人员动态需求资源配置计划、工期计划、分部分项工程实施方案、进度计划、材料需求计划等。

经营计划部牵头组织对项目总体分包计划进行审核、批准，包括工程分包的内容、工程量、原因以及分包的预算价格，作为目标成本测算的组成部分。

质量与管理部牵头组织对项目目标成本指标计划和奖金补助总额计划进行审核，结合已经批准的项目执行计划和项目总体分包计划，以及内部施工工效定额、施工图纸和投标文件等文件，对项目人工费、材料费、机械使用费、工程分包费用、施工协调及补偿费等各项目标成本指标进行审核，确定项目目标成本指标和奖金补助总额。

目标成本测算过程中劳动组织和资源配置按照公司《管道工程处（含机组）和项目部标准化资源配置方案》进行，同时标准化资源配置方案为满负荷工作量的标准配置，实际施工过程中管道工程处（含机组）和项目部资源配置方案应根据实际需要配置，同时必须经过公司总调度室和人事部（党委组织部）审批。

（2）目标成本指标下达

质量与管理部牵头组织核定的目标成本指标计划和奖金补助总额计划经公司绩效考核小组最终审核通过，公司经理批准后执行。

公司绩效考核小组核定项目目标成本指标后，公司经理与项目经理签订《项目绩效合同》。绩效合同签订后，目标成本指标和奖金补助总额原则上不作调整。

（3）目标成本分解

项目部与公司签订项目绩效合同后，按照项目绩效考核实施细则将项目目标成本指标进行分解，报公司绩效考核小组，公司绩效考核小组（质量与管理部牵头组织）审核、批准。

项目目标成本分解原则：目标成本的分解是推行目标成本管理的关键环节，目的在于明确责任，确定目标。项目部必须将目标成本科学合理地进行分解，首先按照项目部管理成本、主体安装机组成本、辅助机组成本、工程分包成本等进行分解，主体安装机组根据不同地形条件再进行单公里具体分解。

（4）目标成本控制

公司通过月度视频经营汇报和季度、半年和年终经营活动分析会议，全面掌握公司项目部、基层单位经营状况，及时对公司经营活动进行总结分析，提出具体的评价意见和改进措施，部署下一步经营管理重点工作。项目部每月召开成本分析会，通过成本分析，找出项目总体和各施工机组成本偏差的原因，并提出解决措施。

（5）目标成本考核

目标成本考核实行分级管理、全员绩效考核的原则，公司考核项目、项目考核机组、机组考核个人，实现管理全覆盖、控制无漏洞的考核体系。通过科学合理的目标成本考核，公平公正的对公司项目部、基层单位和广大干部员工的工作绩效进行评估，同时将考核结果与绩效薪酬挂钩，对项目部、基层单位和广大干部员工的工作行为和工作业绩产生正面引导和激励，实现人人身上有指标，树立全员增收节支意识。

3.2.4 利润指标考核管理

项目实施过程中、项目关键工序节点和项目完成后，公司绩效考核委员会会同相关部门对目标成本情况进行考核。同时，项目部也根据项目目标成本计划执行情况，对项目各部门、施工机组进行考核，各部门、机组还将对职工考核，形成层层考核机制。

4 中缅管道项目成本管控的具体举措

长输管道工程的地形、管径、介质、业主等项目管理的特点是不可复制性，因此，在项目成本管理方面也有其独有的举措。

4.1 合理组织，以提工效来降施工成本

（1）加强外协，分片包干。外协是项目施工的"先遣军"。项目部选派了14名协调员负责协调工作。采取分片包干负责制，每人负责一个乡镇，与机组同住，遇到阻工时，确保第一时间进入现场，第一时间解决问题。同时，协调人员为每个机组开辟1～2个备用作业面，一旦阻工2d内无法解决，立即组织人员设备转场，减少窝工、停工现象。

（2）因地制宜，提高工效。大型、综合性施工机组机械化流水作业是管道一公司的施工优势之一。但是云贵高原多山地，而且地形变化频繁，流水作业施工的优势无法发挥。项目部改"阵地战"为"游击战"。将施工流水机组重新拆分，形成了"4+2+4"的山地施工"阵型"，即4名焊工、2名管工、4名机械操作手。2012年10月份至2013年1月份，4个月大干期间，管道一公司11个机组，共拆分为25个施工小组，平均月焊接26km以上，实现了山区焊接施工最高功效。机组单月焊接量提高40%。截至2013年2月份，共完成管线焊接200km，抢在春节之前实现线路主体完工。

（3）按季布兵，巧排顺序。"云南地区没有四季之分，但是旱、雨两季分明。施工就像是和雨季捉迷藏。"项目部结合工期与季节特点，采取了先易后难再易的纺锤形施工顺序。对施工段内的河谷、陡坡、隧道、道路、农田等进行全面统计，并进行分类，将隧道、河流、农田等受降雨影响较小的地段安排在雨季，将受降雨影响较大的河谷、陡坡等延后到旱季进行施工，2013年雨季进行场站、阀室施工，从而保证施工能够整体协调推进。

4.2 规范管理，以模式化管理来降低管理成本

管道一公司中缅项目创新实施模式化管理，是公司项目管理模式运行的试点项目。自项目跟踪、踏勘、投标、团队组建、项目运行，每一个过程都严格按照项目管理模式的规定进行组织和实施。项目管理模式成为推动中缅项目管理工作的规范化和高效化的"钥匙"。

中缅项目部按照项目管理模式要求，做好项目的劳资、设备、采办、合同、财务、施工、质量、安全、党建、文化、工团等各项基础管理工作。对各部门的管理职责重新明确。尤其是在项目与公司机关、项目与机组的职能范围进行划分，明确了各自的管理端口和界面。项目部梳理办事流程50多个，编制表格表单模板100多个，规范管理制度70多项，实现了管理流程、管理制度、表格表单的"三统一"。

4.3 防范风险，以预防管理减少项目运行风险

扁鹊三兄弟中，长兄于病视神，未有形而除之，故其医术最善。管理之道亦然，最优秀的管理是把问题消灭在萌芽之前。预防管理法就是在项目运行中，在信息资料的基础上，根据各要素发展的客观规律，预测运行中可能出现的状况，并且针对这些问题加以分析，达到避免或事先提供解决方案之目的，有备无患、防微杜渐、拾遗补阙。与问题管理相对比，预防管理具有管理成本更低，管理效能发挥更加充分的特点。中缅项目工期紧、风险高、施工难，预防管理的优势更为凸显。

每个月，项目部都会组织机组长、项目管理人员召开项目施工管理分析会。分析项目施工、管理中存在的风险点，提前做好预防措施。"一定要想在问题的前面！"成为每一位管理者的做事信条。

中缅项目部在自我"体检"的基础上，还定期邀请公司专家团对项目进行"会诊"。2013年5月，由公司领导、各专业部室负责、业务主管组成的"会诊团"进驻中缅项目部。"会诊团"成员都是企业管理工作的专家，他们对施工进度计划与控制、成本管控、工程结算、分包与分包商管理、签证索赔、工程款回收、物资管理、设备管理、安全管理、质量控制、管理模式运行等十一个方面工作进行全面"体检"。"会诊团"为该项目出具了20多页的评估报告，进行风险预警8项，提供风险规避方案5项，有效地规避了施工、经营风险的发生。

4.4 五指并拢，以责任制促动全员控本意识

成本管控是项目管理的核心环节之一，也是科学管理的重要议题，只有将成本控制好才能产生良好的效益。中缅项目部五指并拢控成本，建立了"三点一网"的成本管控机制，确保月实际发生成本均控制在目标成本之内。

所谓三点就是把握重点、严控难点、找出盲点。

(1) 把握住提高工效这个重点。堵住口子是为成本做减法，那么提高功效就是为成本做除法。提高功效的根本是要激发机组主动性。2013年1月份，两个标准化机组，一个机组完成管线焊接5km，而另一个机组完成10km，施工成本几乎差了一倍！自然职工收入也就出现了差距。成本包干让机组长拿起了算盘子。与此同时，项目部还通过奖励机制、劳动竞赛等激励制度，激励机组提高功效、严控成本。

(2) 油料控制是成本管控的难点。管道施工属野外施工作业，丢失、倒卖情况时有发生，给油料的管控带来很大难度。为此项目部建立"两锁三人"油料管理制度，每台设备邮箱上双锁，并且加油时由机手、管理员与分队长三人同时进行确认。每天的加油量根据当天施工量确定，减少每天邮箱内的剩油量，防止油品丢失、倒卖情况发生。同时建立单车油耗、机组油耗公示制度。

(3) 手段用料和劳保用品属消耗品且单价低，一直是成本管控的盲点。项目部采取限额领取制度，建立个人劳保用品和手段用料台账，并采取以旧换新的领取方法。对于节约的员工，机组按照个人节约额的比例进行奖励。节奖罚超制度也激发了员工的成本意识。

(4) 一网是通过建立公司对项目实行目标成本管理、项目部对机组采取内部承包机制、机组对职工实行限额管理，形成三级成本管控机制，从而形成横向到部门、纵向到机

96

组的控制网络。在中缅项目部共推出成本测算、成本分解、成本公示、成本核对、成本分析、成本预警、成本对比、成本节超奖罚兑现等八项成本管理新举措，实现了项目成本层层管控、人人有责。

5 关于长输管道工程项目成本管理的几点启示

结合管道一公司中缅长输管道项目成本管理举措和管理实际，本人在长输管道施工项目成本管理中得到以下四点启示。

5.1 项目成本管理环节向前延伸，做到提早介入

随着项目管理周期理论的发展，全项目管理周期的理论已经广泛应用。因此，项目成本管理工作也应该随着项目管理界面的拓展而延伸，将成本管理从项目准备阶段延伸至项目跟踪阶段。即从市场开发部门进行项目跟踪和前期踏勘调研，项目管理团队同时介入，共同参与投标报价等工作。这样可以使项目投标报价与项目实施工作无缝衔接，防止投标与项目实施脱节，也可以防止项目实施后市场开发部门与项目实施部门互相推诿责任。同时，项目管理团队提早介入，可以及时了解项目成本构成、制定项目成本控制有效措施，对于项目成本管控有着积极作用。

5.2 制定长输管道分包定额，固化分包价格

管道建设行业的快速发展，让分包成为推动企业专业化、高效化发展的重要方式。目前，长输管道分包主要包括土石方分包、安装分包。但是由于管道施工地形、地质、管径以及工程的不同，分包价格缺乏统一的标准，甚至出现了一个工程一个价、一个工程多个价的现象。分包成本也成了项目施工中相对不确定的一项成本，增加了项目成本管理工作的难度。因此，施工企业或项目部要编制出施工分包定额标准，根据定额确定分包价格，这样就可以将分包成本锁定在可控范围，为项目投标报价和成本测算提供可靠依据，使项目的施工成本更加科学、合理，再加上管理费、目标利润和一定的风险费就可以构成项目的报价底线。这样也为下一步施工机组承包制度的推行奠定基础。

5.3 建立固定、长期的合作关系，降低分包价格

大家都知道，批量生产可以降低产品的单个成本。分包施工成本也可以通过这种"批量"的方式降低下来。项目部可以选定有实力、信誉好的 20 家土石方分包商，作为长期合作伙伴，与他们签订 3～5 年的框架协议。这样，分包商的主要管理人员、主要施工设备就可以相对固定下来，分包商分摊单个工程上的成本也会降低，项目整体分包成本会得到下降，从而降低了项目整体成本。还可以使分包队伍向相对稳定，也可以避免转包现象，有效避免很多外界因素的干扰。

5.4 实施项目利润目标承包制度，强化项目经理职责

项目是单独的核算实体，是企业利润的直接创造着。结合国企管理特点，要大力推行项目经营责任制。在某些小型项目中可以尝试项目经营承包责任制，对于项目超指标创收

的利润部分，项目部与公司可以按照比例共同分享。对于未按照要求完成项目经营指标的，扣除项目风险抵押金。同时，在项目经营承包责任制中，要推行项目管理人员全员风险抵押金制度，提高每一名管理者的责任意识。要赋予项目经理对项目人员、资金、设备的管理权力，尤其是在薪酬分配方面要放开。公司按照项目经营管理责任指标实施严格监督即可。随着当前国家管道建设整体步伐放慢，大型管道建设市场逐步萎缩，投资额度小、单体造价低、合同价格低的城市燃气工程成了管道建设的主要市场。项目运营的风险尤其是经济风险不断加大，因此，实施项目经营承包责任制是国有管道企业积极有益的尝试，也是在市场逆境中寻求发展的必要途径。

管道建设行业建设的是国家经济、民生的"血管"，每一项长输管道工程都关乎一方百姓的生活和一方经济的振兴，甚至关乎国家的安全。因此，管道建设项目不仅仅有经济责任，还承担着政治责任和社会责任，要正确处理三者之间的关系，让企业在服务国家、服务社会的同时，取得长远的发展，用以推动国家能源建设的大发展。这就需要每一名项目管理者认真研修项目成本管理，将每一个管道建设项目做成精品工程、品牌工程、绿色工程的同时，更要建设成为盈利工程。

钢结构在中缅（国内段）管道罗细河跨越工程中的质量控制

中国石油天然气管道局第三工程分公司　马志敏　齐晋章　杨黎明

【摘　要】 本文结合中缅天然气管道工程国内段罗细河桁架跨越工程的实例，对钢结构施工过程中质量控制进行介绍，介绍了钢结构施工中质量控制要点及质量预防措施。

【关键词】 长输管道；跨越；钢结构

罗细河桁架跨越工程是中缅（国内段）管道工程中的控制性工程，涉及天然气（$\phi1016mm$）、原油（$\phi610mm$）和成品油（$\phi355.6mm$）三条管道。罗细河跨越采用桁架结构，河面宽度约 180m，采用 4 跨简支桁架梁结构，每跨 56m，总跨度为 224m。在河中布置 3 组双柱式桥墩，两岸布置 2 组双柱式桥墩，两岸设置管道固定墩。

本桁架梁采用梯形截面空间桁架，截面高度为 4.5m，上弦平面的宽度为 3.5m，下弦平面的宽度为 5.5m。桁架采用 Q345q-C 级钢管焊接而成，原油和天然气管道并排布置于桁架下弦平面上。桁架梁主要由上弦杆、下弦杆和腹杆组成，管道布置于下弦平面上。

桁架钢材选用 Q345q-C 级结构钢，桥面扶手和管道支座钢板均采用 Q235-C 级钢，技术指标符合《桥梁用结构钢》GB/T 714—2015 和《结构用无缝钢管》GB/T 8162—2018 相关要求。

跨越钢结构采用氟碳多层复合型结构防腐：底漆为环氧富锌，涂层干膜厚度应≥100μm，中间漆为环氧云铁，涂层干膜厚度应≥150μm，面漆为氟碳，涂层干膜厚度应≥80μm。涂层干膜总厚度应≥330μm。

1　质量控制要点及质量预防措施

1.1　钢结构安装质量控制

1) 材料、零部件堆放杂乱，不合格的材料零部件混入组装现场。

产生原因：①不对材料、零件、构件进行清理，没有交接手续。②不对上道工序半成品的质量进行检查，不清点材料、零件、构件的数量。③不将材料、零件、构件整齐堆放，边寻找边组装，装上去就算数。

防治措施：①对材料、零件、构件进行交接，仔细检查质量，清点数量，分门别类，堆放整齐。②用错的材料、零件、构件必须重新制作安装。③不合格的材料、零件、构件必须重新返修。④缺少的材料、零件、构件应制作补齐。

2) 焊接节点拼接偏差，坡口的形式、角度、间隙、错边及清根不符合工艺要求。

产生原因：①施工前未看清图纸，没有了解节点处焊接接头及坡口形式，匆促施工，是根本原因。②制作粗糙，坡口切割不准确，打磨又不精细，甚至根本不打磨，组装前未经过仔细检查和清理，马马虎虎组装。

防治措施：①强化施工前的技术交底，不盲目施工。②精细化坡口制作加工。③坡口制作和组装两个工序都强调自查与互查检验。

3）预拼装尺寸不合格，构件预拼装成整体后几何尺寸超差。

产生原因：①预拼装场地不平整，未垫实，拼装不在同一平面上，引起孔位偏差，构件间隙增大。②预拼装构件外形尺寸超过允许偏差，构件不合格或未经检验就进入预拼装。③预拼装放样和测量过程中，未能正确使用计量器具，引起尺寸变化。

防治措施：①预拼装场地应平整坚实，构件的支承点应有足够的承载力，保证预拼装构件的水平面不发生变形和位移。②进入预拼装的钢构件外形尺寸应检验合格，同规格同类型批量产品应能随机选用。③对外形尺寸不合格的钢构件应先休整处理，待再次检核合格后方能进入预拼。④整个预拼装的放样、胎膜水平测量和尺寸检验使用的计量器具应合格，并根据日照、气候等条件及时调整读数误差，正确使用计量器具。

1.2 钢结构吊装质量控制

1）地脚螺栓安装尺寸超差。

产生原因：①测量资料不准确。②安装时未详细核算图纸尺寸，或对螺栓尺寸缺乏了解。③螺栓螺纹保护不当引起安装不便和使用问题。

防治措施：①校正仪器，不使用计量检定过期或已经损坏的仪器。②施工前仔细核对设计图纸，特别是结构图与节点图的位置和图纸尺寸。③应对螺栓螺纹进行保护及使用前的试拧工作，以保证使用的可靠性。

2）构件安装质量缺陷，同一桁架表面高低差超过允许偏差。

产生原因：①测量资料不准确。②跨中稳定措施考虑不周，未设置缆风绳或用型钢拉撑。③拼装过程中杆件强迫就位而影响拼装精度。

防治措施：①校正仪器，不使用计量检定过期或已经损坏的仪器。②跨中的稳定措施应考虑周全，跨中的上弦和下弦需设置缆风绳或用型钢拉撑。③吊装时应控制施工等活荷载，严禁超过构件的承载能力，确定几何位置上的柱、钢架等构件，应先吊装在设计图纸规定的位置上，松开吊钩前应做初步校正并固牢。

1.3 钢结构焊接质量控制

1）焊接材料选用不当，焊材牌号与设计不符，焊材型号与钢材不匹配。

产生原因：①未认真审核图纸。②对规范不够熟悉。③对焊材性能未掌握。

防治措施：①认真审核图纸，了解设计对焊材牌号的要求。②学习规范，了解不同钢材对焊材的匹配要求。③对不匹配的焊条做撤场处理，防止以后用错。

2）焊接材料存放不妥、烘焙不良。

产生原因：①质量体系不健全；执行不严格；管理不到位。②焊材任意堆放，没有防潮措施。③没有烘焙设备。

防治措施：①加强管理，健全质保体系。②设置专门库房，且应保持良好的通风。

③严格按照规范要求烘焙和保温，并及时使用。

3）焊缝缺陷，裂纹、气孔、夹渣、未融合、未焊满、余高超高、焊缝超宽、焊瘤、飞溅物、咬边、电弧擦伤、焊缝高低不匀、焊缝宽窄不一、错边等。

产生原因：①焊工技术水平较差。②未能明确焊接工艺。③坡口及焊接部位附近打磨清理不到位。④下雨、刮风、大雾等不利天气未经保护进行焊接。

防治措施：①焊工须经过考试并取得合格证，合格证中应注明焊工的技术水平及所能担当的焊接工作。②针对工程采用的钢材、焊接材料、焊接方法、焊后热处理等，应进行焊接工艺评定，并根据评定报告确定焊接工艺。③坡口及焊接部位附近必须打磨清理到位，打磨与焊接两个工序进行自检与互检。④下雨、刮风、大雾等不利天气采用全面防护后才能进行焊接。

1.4 钢结构涂装质量控制

构件表面误涂、漏涂；涂层厚度达不到设计要求；涂层外观质量缺陷。

产生原因：①不了解构件表面涂装要求，或操作不当，误涂或漏涂漆料。②操作技能欠佳或涂装位置欠佳，引起涂层厚度不均，涂层厚度的检验方法不正确或干膜厚度仪未做校核计量读数有误。③构件表面除锈后未及时涂装，已处理的涂件表面或已涂装好的任何表面被灰尘、水滴、油脂、焊接飞溅或其他脏物粘附。

防治措施：①涂装开始前对涂装要求进行了解掌握，对不要涂装或涂装特殊要求的面进行隐蔽覆盖或其他妥善处理，对漏涂、误涂的及时补涂、修补。②正确掌握涂装操作技能，对易产生涂层厚度不足的边缘先做涂装处理。涂装厚度检测应在漆膜实干后进行，检验方法按规范规定要求检查。对超过干膜厚度允许偏差的涂层应补涂休整。③涂装环境应保持清洁和干燥，钢材表面进行处理达到清洁度后，应在 4h 内涂第一道底漆，若表面沾上油迹或污垢时，应用溶剂清洗后，方可涂装。

2 结束语

钢结构安装在中缅（国内段）管道工程罗细河桁架跨越工程上部结构的关键工序，在施工中应结合现场气候、桁架材料等特点，加强施工质量管理，建立明确的质量管理体系，严格按规范要求施工，针对施工工艺、材料特点，认真制定质量问题相应的处理措施，提高质量管理水平，保证施工质量。

HSE 体系推进在长输油气管道施工中的运用分析

中国石油天然气管道第二工程有限公司　闫定弘　张胜斌

【摘　要】 介绍了 HSE 体系推进在长输油气管道施工中的运用概况，在实践中取得了较好的运用效果。同时，结合 HSE 体系推进在长输油气管道施工中的特点，对实际运用过程中存在的问题进行了分析阐述，针对这些问题，分别从精简规章制度、突出体系推进三阶段、强化 HSE 绩效考核、加强基层培训沟通等方面提出了改进措施。

【关键词】 长输油管道；HSE 体系；杜邦安全管理

随着中国第四大能源通道-中缅油气管道、西气东输三线等长输管道的全面建设，预计 2015 年中国石油运营油气管道里程预计将达 10 万 km。长输管道施工在高速推进的同时，面临施工资源紧张，施工工艺复杂、大口径、长距离、地形复杂、山地陡坡、雨期施工、石方段爆破施工、沟下施工、在役管道、光缆穿越、地质灾害、野外长时间作业等各类施工风险，安全生产的形势加剧。为此，需要改变以往陈旧的 HSE 管理方式，引进国际先进的杜邦安全管理理念，并在施工一线全面推进顺应时代发展。管道局引入杜邦公司先进管理理念，以"23351"建设工程为抓手，在中缅油气管道等大型工程全面开展 HSE 体系推进，取得了良好的效果。同时，通过与现场施工的紧密结合，也发现在推进过程中存在的一些问题，通过对这些问题的深入分析，找到解决措施，为下一步长输油气管道施工中的 HSE 体系推进工作提供参考。

1　HSE 体系推进在油气管道施工中的运用特点

杜邦公司将安全文化建设分级为四个阶段：自然本能阶段、严格监督阶段、独立自主管理阶段、互助团队管理阶段。而目前中国的企业基本都还停留在严格监督阶段，不仅增加企业的管理成本，同时也不利于企业的本质安全管理。HSE 体系推进工作重点内容包括以下几方面：杜邦公司 HSE 理念、安全经验分享、有感领导、直线责任、属地管理、目视化管理、工作前安全分析、作业许可管理、安全观察与沟通等，通过对这些理论的深入培训及现场实践，促进安全生产人人参与、人人有责，转变以往一提安全就是安全管理人员的事，真正实现"管生产必须管安全"，"我的属地我负责"的管理理念，全面提高全体企业员工的安全意识。

HSE 体系推进需要实现三大目标：即转变观念、养成习惯、提高能力。需要通过统一理念、培育文化、强化培训等方式实现。HSE 体系推进在长输管道中的运用存在以下特点：（1）线路长，作业环境复杂，需要培训的对象分布广。这与杜邦公司特定的作业环境不同，需要机动的培训时间和培训方式。（2）风险点多面广。长输管道经过的地形地貌复杂，水网、山地、沙漠以及平原等不同的地形地貌风险点各不相同，需采取的消减措施也不尽相同。（3）长输管道施工，人员变动频繁，培训工作存在断续性。项目部人员属于临时组建的团体，项目结束大部分人员将重新进行组合。接受的 HSE 培训连续性、承接性差。（4）长输管道施工任务重，工期紧张，需要利用雨休或夜间等时间对员工进行培训。这较一般的固定工作环境开展 HSE 推进工作难度增大。

2 在长输油气管道项目开展 HSE 体系推进过程中存在的问题

HSE 体系推进的每一项内容都切中安全管理的要害，推进的深入与否关系到其实施效果。通过中缅管道工程、西二线等大型项目 HSE 体系推进的现场实践，发现在推进过程中还存在以下问题：（1）由于杜邦公司与长输管道施工企业性质的不同，完全照搬相关的工作方法，没有结合企业自身特点，在实际运用中会大打折扣。长输油气管道施工 HSE 规章制度、作业文件繁杂，操作性不强。（2）大多数员工传统的 HSE 管理理念根深蒂固，对于新的管理理念存在抵触，安全工作不具透明性和广泛性，缺失细节管理，把 HSE 管理难题单纯的归咎于工期紧、线路长等外部原因。（3）HSE 体系推进过程三阶段（培训-辅导-验收）走过场，流于形式，没有真正发挥其效用。（4）员工自身管理素质高低不平，对安全工作的重视程度参差不齐，层级推进存在偏差，同级间的推进效果差异性也较大。（5）针对 HSE 体系推进取得的成果存在拿来主义，与自身实际结合不紧密，HSE 体系推进工具不能灵活运用，存在生搬硬套或全盘复制。

3 改进措施

（1）HSE 体系推进以风险管理为核心，长输油气管道施工企业编制的各项管理制度应紧密结合施工现场 HSE 管理实际，尽量做到言简意赅、条文清晰，避免繁复，最主要是要方便施工现场实际操作。这就要求企业将各类规章制度、体系文件进行统一整理修订，去掉冗余部分，留下精华部分，使之能得到基层员工的认同并能更好的得到宣贯和执行。

（2）就目前的中国市场，长输油气管道施工工期紧、任务重是不争的事实，这与其他国家十二五重点建设项目一样，在面临挑战的同时，也是发挥国人聪明才智、写下人生辉煌篇章的重要历程。如何安安全全的完成使命更是我们应该考虑的问题。杜邦公司能创造如此优良的安全业绩必定有其精妙之处，这就需要企业员工首先从理念上加以转变，从细节入手，倡导精细化管理，以开放的心态接受新的理念并使之发挥作用。

（3）HSE 体系推进三阶段（培训-辅导-验收）是关系到员工是否真正理解 HSE 体系推进实质内涵的关键环节。因此，需要领导自上而下加以重视，特别是基层领导，每天与员工同吃同住同工作，要以身作则，以自身良好的 HSE 示范行为带头组织基层员工开展 HSE 体系推进工作。通过加强培训，使员工对 HSE 体系推进知识有基本的构架；通过现场辅导，为员工解答推进过程中存在的问题；通过考核验收，找到 HSE 体系推进产生的效果和继续改进的方向。任何工作都不是一蹴而就，需要参与推进的所有人员耐心、细心，制定合理的推进计划，充分保证培训、辅导、验收的时间和效果。

（4）在 HSE 体系推进的效果反馈中，存在差异性。这种差异性与推进的直接领导素质有很大的关系。注重日常细节管理，将 HSE 管理作为企业日常管理重要的一环，较之毫无管理可言、HSE 管理意识淡薄的领导，其 HSE 体系推进的效果可见一斑。因此，强化 HSE 绩效考核，将 HSE 岗位履职作为领导干部任命的重要参考，将是对 HSE 体系推进工作的极大促进。

（5）长输油气管道施工中的 HSE 体系推进工作取得了一定的成绩，但以点带面进行全面的推广还存在挑战。针对推进实践中的拿来主义，如 HSE 体系推进中的"安全经验分享"，有的企业老是照搬他人已有的安全经验进行分享，与自身施工结合不紧密，员工收益也不大。这就需要企业摒弃拿来主义，从自身的管理出发，多从作业过程中进行总结，使之更切合自身的管理。

（6）针对长输油气管道项目施工人员变动问题，加强项目间的沟通交流，建立企业员工的 HSE 培训档案，对员工开展有针对性的 HSE 体系推进培训，使 HSE 体系推进工作持续性更强。培训方式可采取培训班、会议、展板、报刊、竞赛等多种形式；同时，也需要公司、项目部有序组织引导，班组强化培训落实等方式相结合。通过各方的有效沟通，使 HSE 体系推进工作持之以恒的往前发展，不随着项目的结束而终止。

4 结论

本文主要结合 HSE 体系推进在中缅油气管道工程的实际运用进行分析概括。HSE 体系推进工作正在长输油气管道施工中不断发挥其效用，直视现存的问题，积极采取改进措施，将使其发挥更大的效用，对培育企业良好的安全文化，实现经济效益大有裨益。

VBA 程序在油气管道数字化管理中的研究与应用

中国石油天然气管道第二工程有限公司　杨美菲

【摘　要】　中国石油天然气管道第二工程公司承建的中缅管道第二合同项 500km 施工任务。施工高峰期焊接、土石方等辅助施工机组达 60 个以上，对数字化管理工作进行了严峻的考验，如何保证在施工过程中针对填报数据进行审核确定，二公司专业人员利用 VBA 程序在管道施工行业首家自行开发编制了适用于油气管道工程的数字化录入系统，包括数据录入模块、数据核对模块和系统数据生成模块三大功能模块，减少核对工作量 80%，有效缩短了工作时间；为以后油气管道工程项目数字化管理提供了宝贵的经验借鉴。

【关键词】　中缅油气管道；数字化；VBA 程序

引言

中国石油天然气管道第二工程公司在云南楚雄承建了中缅油气管道工程部分施工任务，其中：管道天然气管线 229km（Φ1016mm）、原油管线 136km（Φ813mm）、成品油管道 136km（Φ406mm 和 Φ323mm）。施工高峰期各施工机组合计达 60 个以上，对数字化管理工作（测量放线、管沟开挖、焊接、防腐、竣工测量、冷弯管、回填、穿跨越记录等 20 多种表格的整理、填报）进行了严峻的考验。

根据业主要求，数字化专职管理人员要求每 50km 配备 1 人，按此计算中缅项目部需要配备至少 10 名数字化专职管理人员方可满足业主管理要求。管道二公司中缅项目部配备数字化专职管理人员 1 名，负责全线约 500km 管线的数字化管理，为确保数字化资料填报的准确性，利用 VBA 程序，在管道施工行业首家自行开发编制了适用于油气管道工程的"数字化录入系统"，减少核对工作量 80%，有效缩短了工作时间，出色地完成了数字化管理工作，多次在 EPC、监理、业主的检查中获得好评，效果突出，为以后油气管道工程项目数字化管理提供了宝贵的经验借鉴。

1　VBA 数字化管理系统介绍

二公司专业数字化工程师利用 VBA 程序自行开发编制了适用于油气管道工程的数字化录入系统，包括数据录入模块、数据核对模块和系统数据生成模块三大功能模块。具体功能及操作要点如下：

1.1　系统功能及流程介绍

油气管道数字化录入系统主要包括三大模块：数据录入模块、数据核对模块、系统数据生成模块。

（1）数据录入模块：主要是基础数据的选择以及维护。基础数据包含管线编号、工程编号、机组代号、管库管号、管库管长、管材规格、防腐等级等信息。录入模块里面的桩号，工程编号根据桩号直接关联。

（2）数据核对模块：主要是数据核对功能，对输入的数据与管库信息进行核对，有问题的会直接提醒报错（该模块内嵌于主操作界面内）。

（3）系统数据生成模块：对于录入的基础数据进行组合，按照相应要求导入 Excel 表格生成相应的数据（该模块内嵌于主操作界面内）。

1.2 油气管道数字化录入系统操作流程图（图1）：

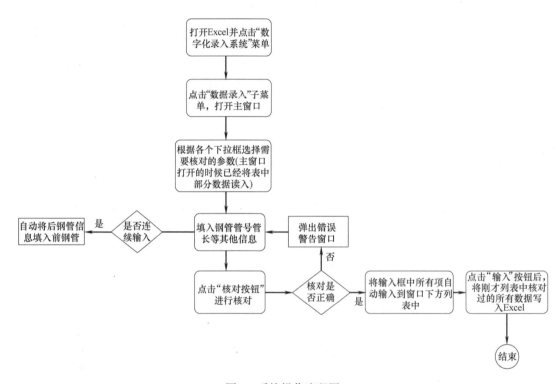

图1 系统操作流程图

1.3 系统操作要点介绍

1.3.1 启动加载界面（图2）

利用 VBA 编制的油气管道数字化录入系统单独存放，每次需要录入数据前要先行加载程序，加载程序后会在 Excel 文件中出现图2所示界面。

1.3.2 "录入数据"模块

点击菜单栏上的"数字化录入系统--录入数据"，系统会自动加载到如图3所示界面，以供操作人员进行资料录入。

模块内包含了数字化记录中的主要元素，焊接日期、管线编号、机组代码、桩号、工程编号、气流方向、焊口号、焊口类型等信息均可以从系统中选择，而前后钢管管号、管

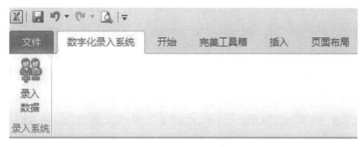

图 2　程序加载界面

长、管材规格、防腐等级等重要信息则需要手动录入后由系统进行核对。

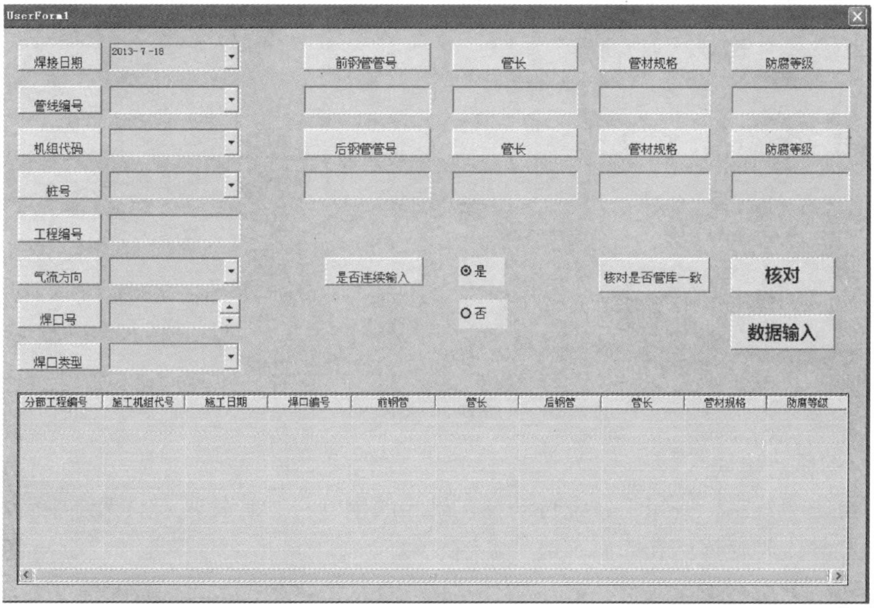

图 3　录入数据模块初始界面

在图 3 所示的界面中，依次完成各参数的选择：

（1）焊接日期——若是录入当天的施工记录，系统默认生成当天日期；若是录入其他日期的施工记录，系统提供选择项；

（2）管线编号——手动选择录入记录的介质，包括 ZMQ、ZMY、CAB、CAQ 共计 4 种介质选项；

（3）机组代码——从系统提供的下拉菜单（所有参建机组代码编号）中，手动选择所属机组代码；

（4）桩号——手动选择所要录入的施工记录的桩号区间。桩号与管线编号是关联的，一旦管线编号确定了，桩号自动关联；

（5）工程编号——与桩号关联，选定桩号后，系统将自动导入工程编号；

（6）气流方向——手动选择，系统提供"＋""－"两个选择，根据施工流向选择；

（7）焊口号——录入第一条信息时需要手动输入起始焊口号，以三位数表示，如：001、002……，后续焊口号通过系统手动增减；

（8）焊口类型——系统内提供本工程焊口编号规则中明确的所有可能出现的焊口编号类型，录入时只需手动选择实际焊口类型即可；

（9）前（后）钢管管号、管长——根据现场实际抄写的管号、管长信息手动录入系统；

（10）管材规格、防腐等级——由系统根据管号查询管材数据库后自行导入。各基础参数选择、录入完毕后的界面如图4所示。

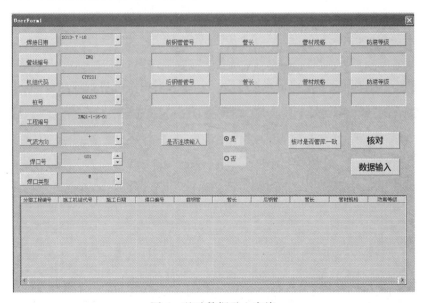

图4　基础数据录入完毕

1.3.3　数据核对模块

此时点击"核对"按钮，系统自动核实录入的钢管号、管长，若与系统中管材库数据一致则自动导入管材规格和防腐等级（见图5）。

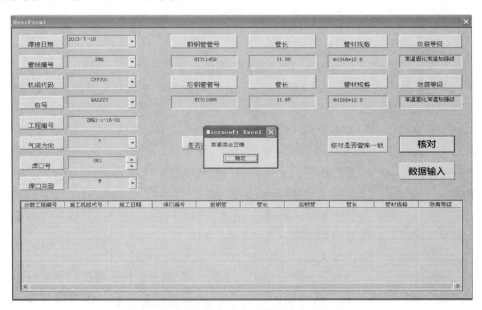

图5　系统核对管材信息（与管库信息一致）

若核对过程中出现录入管材信息与管材库不一致，则提醒录入者进行操作并核实（见图6），由录入人员根据现场实际情况核实录入信息是否为真，并进行确认（见图7），当管材信息确认完毕后，系统会自动生成一条记录（见图7）。

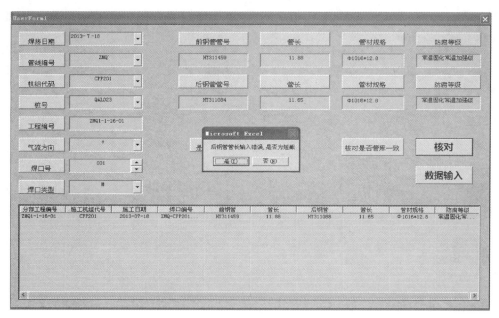

图6　系统核对管材信息（与管库信息不一致）

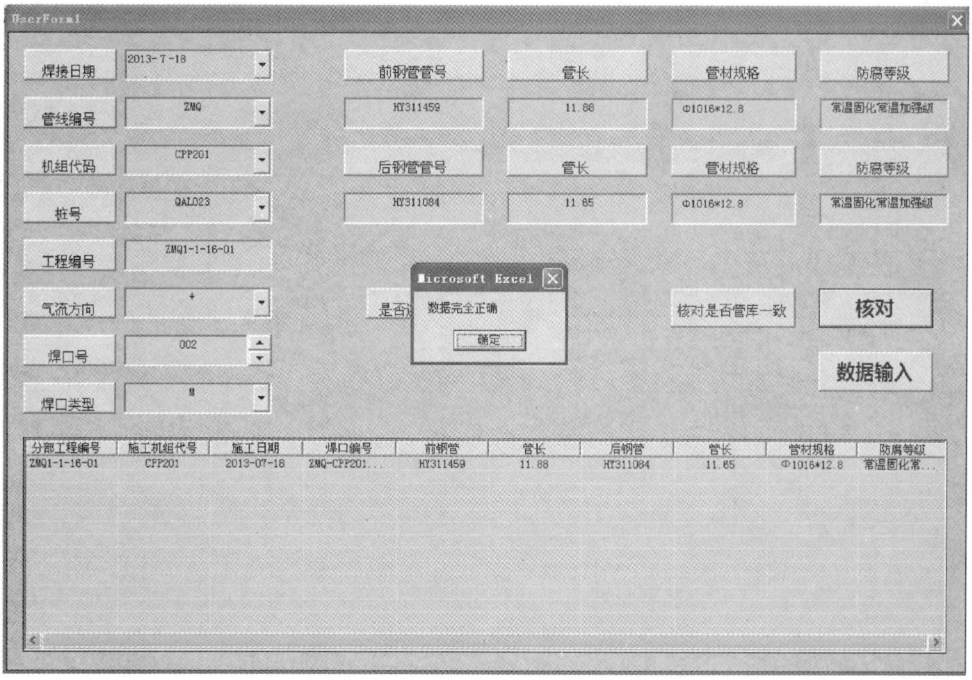

图7　系统核对管材信息（手动确认）

至此，首条记录录入、生成完毕，接下来继续录入连续安装记录。首先将"是否连续输入"选择"否"（见图8），然后再点选"是"，此时第一条记录的后钢管号将自动跳转成第二条记录的前钢管号（见图9），最后重复首条记录录入流程完成当天连续施工记录的录入及核对。

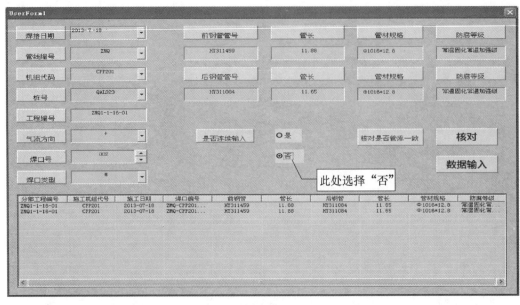

图8　数据连续录入界面

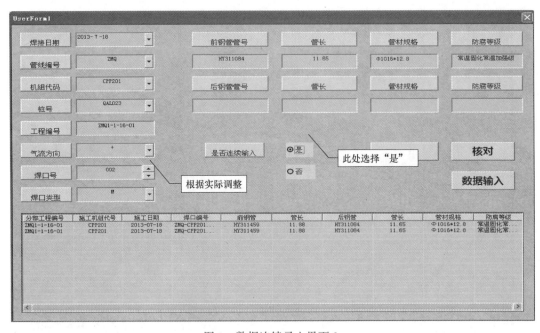

图9　数据连续录入界面2

1.3.4　系统数据生成模块

当完成了当天所有施工记录的录入后，点击"数据输入"按钮（见图10），系统会自动将记录输出到指定的 Excel 文件中（见图11）。

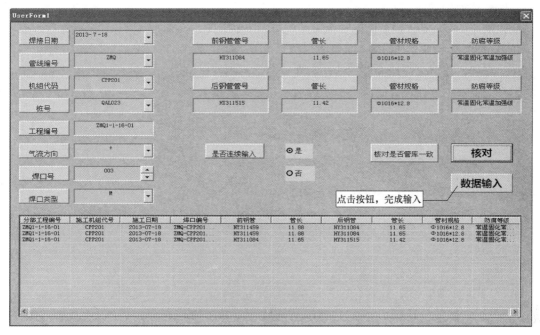

图 10 数据输出

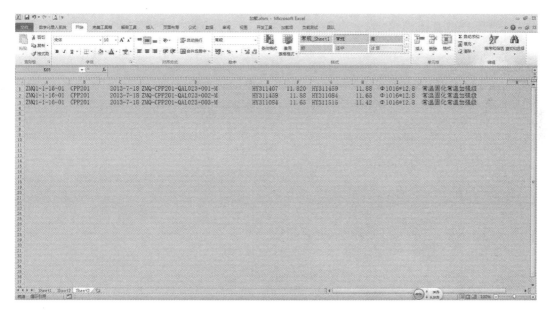

图 11 指定 Excel 文件中查看记录

2 结束语

按照业主管理要求，每天需要上传施工数据到 PCM 系统平台，尤其是焊接施工记录，因为其涉及的信息量大，极易在统计过程中出现错误，如：管号错误、管长错误、防腐等级错误、前后钢管逻辑错误等一系列的统计错误，按照传统方式进行焊接数字化资料采集的工作量繁重。

利用 VBA 程序编制了适用于中缅油气管道工程的数字化管理软件，有效解决各焊接作业面在进行数字化资料统计过程中出现的各种错误，减少了二次返工复核资料的工作量，并降低了数字化管理人员的劳动强度。通过对软件应用情况进行总结优化，形成相应的数字化管理小软件，为以后类似工程数字化管理提供借鉴经验。

文控信息管理在管道建设项目中的重要作用

中国石油天然气管道局第一工程分公司　王晓龙

【摘　要】　就目前管道工程项目管理现状来看，对文控信息管理工作重要性的认识依然不足。因此本文主要就文控信息在管道建设项目中的重要性进行论述，以期提高大家对文控信息管理工作的重视程度，更希望能为有关文控信息管理岗位人员提供有益的借鉴。

【关键词】　文控信息管理；管道工程项目；重要性

随着国家能源战略实施的不断深入，石油及天然气管网、地上地下石油储罐建设已经进入一个蓬勃发展的新时期，尤其随着西气东输、漠大线、中缅线、陕京线等一大批大型油气管道的相继建成，如何优质、高效的做好项目管理工作逐渐引起各方的重视，作为项目管理的一项重要组成部分，文控信息管理工作也逐渐引起了各方的重视，尤其在中缅项目当中文控信息管理受到了各方的重视。目前所采用的石油天然气管道工程项目管理主要包括：质量目标管理、进度目标管理 、投资目标管理，三个目标管理都离不开文控信息的管理，但是就管道工程项目管理现状来看，无论是业主、监理、还是施工承包商对文控信息管理的重要性认识不足，能将其真正做好的更是寥寥无几。因此，本文主要就目前文控信息在管道工程建设项目管理中的重要性展开论述，以期提高大家对文控信息管理的重视程度，更希望能为有关文控信息管理人员提供有益的借鉴。

1　文件与文件控制

所谓文件，就是载有各种信息表达人们思想和记录人们活动的物品，它对企业的生产和产品质量至关重要。适宜的文件对达到所要求的产品质量、评价质量体系以及质量持续改进是必不可少的。文件是企业科研、生产和经营活动中指导人们行为的依据。

文件控制是指对文件的编制、审核、批准、发放、流转、使用、更改、标识、回收和作废等全过程活动的管理，目的是确保获得有关文件的适用版本，防止使用作废文件。

2　文控信息管理在管道建设工程项目管理中的重要性

文控信息管理在管道建设工程项目管理当中具有十分重要的作用，其重要性主要表现在以下方面：

（1）文控信息管理部门是项目的信息中枢，它决定了整个项目信息资源的时效性和准确性。

一般的，在管道建设项目实施过程中各单位组织机构当中均独立设置文控信息部，并安排具有丰富文控信息管理经验的人员履行文控信息岗位职责，中缅项目也不例外。文控部作为整个项目的神经中枢，所有信息的接收和传递都是由文控在第一时间获得并按照既定规则进行流转，文控信息处理及信息传递的及时性和准确性决定了整个项目信息资源的质量，信息一旦错误处理或没有按照既定时间进行传递，将对信息价值大打折扣，影响信息传递的意义，如果现场执行了错误的信息或信息延期将会对工程进度、质量、安全等带来不可挽回的影响和损失。因此文控信息管理工作就显得尤为重要，需要很高的专业素质和协调应变能力。

（2）文控信息管理在管道建设工程项目管理当中的重要性也是由管道建设工程项目自身特点所决定的。

任何一个建设工程项目通常都是一次性的工作，按照项目进展的不同阶段，具有一系列不同的既定目标和结果。因此它将被分解为诸多子任务和目标，只有完成了这些任务，项目的目标才能最终顺利实现。在这种几位复杂的项目管理中，对项目的要求、执行过程变化、建设方思路的实现等等，每一个环节、步骤都是通过文件信息管理来实现的。通过对文件信息的控制和管理，可以使项目执行的整个过程具有可控性、连续性和可追溯性。它为管理者对整个项目的宏观了解、掌握、控制以及跟踪、解决、处理提供了最广泛、最准确、最精确、最具有说服力的依据，是项目管理过程最基本、又是最关键的一个管理机制。随着国内国际油气管道建设工程投资规模的逐步加大，工程管理水平要求在不断提高，大量新技术、新材料、新设备也在不断用于工程，工程技术也在迅速发展，因此工程控制中的文控信息管理也要与时俱进，不断提高文控信息管理的水平。

（3）做好文控信息管理工作可以现场质量管理，提高建设质量。

石油天然气管道线路长、压力大、运行时限长，且线路经过区域多为人口相对稀少、社会依托差的地区，地形地貌及自然环境恶劣。中缅项目更是如此，线路全长782多千米，途径地区地形起伏较大，多次经过地震断裂带，而且缅北地区为军事动荡区，武装冲突不断，凡此种种均决定了对工程建设质量的高要求，即在建设过程中，其质量必须满足设计及相关规范要求，否则就可能导致严重质量、安全事故，后果不堪设想。即使不出现恶性事故，一旦投产，再次进行维修的成本也非常高。这就要求，一方面，通过建立高效的质量保证体系，加强对工程质量的控制管理；另一方面，由于确保工程质量是一项系统性很强的工作，需要多方面的支撑和配合，其中高效的文控信息管理是必不可少的重要一环。从一定意义上说，工程建设管理中的质量管理，就是文控信息管理效力的体现。其中，前期的文控信息管理是基础，施工阶段的文控信息管理是主导，竣工验收阶段的文控信息管理是关键。工程项目建设质量管理贯穿于整个项目的全过程，而质量管理功能的实现必须借助于文件信息的运行及其所具有的约束控制和管理效力。由此可知，只有实施完善合理的文控信息管理，才能确保工程项目建设的顺利开展，才有可能从根本上保证项目建设质量。

（4）做好文控信息管理工作可以很好地促进合同管理，保障合法权益。

文控信息管理的一项重要任务就是合同文件的控制管理。由于管道工程建设复杂，且建设管理难度大，在合同文件控制管理时容易出现漏洞，导致索赔困难，损害企业利益。当前我国的管道建设正面临着一个大发展时期，很多企业都纷纷涌入国内和国际管道工程建设市场，不可避免地会引起各种利益纠纷。这就要求各个管道项目建设、施工及管理单位要高度重视合同文件的控制管理，以此为契机搞好文控信息管理，充分保障自己的合法权益。

（5）做好文控信息管理工作是加强工程项目管理，提高国际竞争力的需要。

伴随着国民经济的快速持续发展，我国石油天然气消费已经进入了快速增长期。随着我国建设四大能源通道、调整能源结构等能源战略的逐步实施，大量的石油及天然气管网、地上地下石油储罐建设已经进入一个新的历史时期。同时，能源需求与能源储量之间的矛盾客观上要求企业面临日趋激烈的跨国竞争，而管道工程标准化则是首当其冲的一项重要的基础性工作，这其中也包括在管道工程项目管理中推广文控信息管理的标准化。因此，势必要加强对项目管理的文控信息管理，做好文控信息管理工作。

3　结束语

综上所述，就目前建设工程项目管理的实际情况来看，大多数石油天然气建设工程施工及管理企业尚未认识到文控信息管理工作对工程项目管理的重要性。因此，今后在工作实践当中应进一步加强对文控信息管理工作重要性的普及和宣传，任重而道远。

山区段施工中的标准化机组分解

中国石油天然气管道局第三工程分公司　杨　廷　兰国霖

【摘　要】　目前，中国的油气管道建设已经进入到一个快速发展的阶段，全国各地的管网建设正在如火如荼地进行，而随着经济的发展，以及各地区对能源的需求，中国的管道建设重心正在慢慢地从沙漠转移到山区，这其中不乏很多沼泽、高山、河流等特殊地形。如何在这些特殊区域内合理的组织施工，提高施工效率就成为一个不容忽视的问题。本文结合中缅天然气管道（国内段）工程分析了山区段小机组施工的优势，提出了合理的配置模式以及需要注意的问题。

【关键词】　山区段管线施工；小机组作业

引言

中缅天然气管道工程（国内段）2010 年 9 月在云南省昆明市开工，历时两年，于 2012 年 9 月全线贯通。管道干线经过云贵高原、喀斯特地区等复杂地貌单元，山高谷深、地形破碎，是一条地形相当复杂的管道，且沿线平坦的地带大多被城镇和村庄占据，管线多在山区沟谷敷设，这对于参建机组是极大的考验。笔者结合在中缅天然气管道（国内段）的施工经验，分析了小机组在山区作业的优势。在河流、陡崖、沼泽地等特殊点的施工过程中，相比较于传统固定模式的大机组，小机组具有更加灵活、机动性强、对设备人员的利用率高等优势。同时，笔者提出了可以保证一个小机组正常作业的人员设备配置以及采用小机组施工过程中需要注意的问题。

1　小机组作业模式的优势

1.1　小机组作业具有更高的效率

在沙漠戈壁和平原地区，长输管道一般采用流水作业的施工方法，根焊、热焊、填充、盖面均有固定的焊工焊接，这种方式因为质量好、效率高而得到广泛的推广和应用。而在山区，大机组流水作业受限于地形无法正常开展，即使能够实行，其效果也大打折扣，存在人员设备利用率低、施工效率差等问题。小机组作业是将传统标准化机组的人员、设备进行再次分配整合，组建成一个个可以单独作业的班组，各自在不同区域进行施工。一般来说，各班组以桩号、高山或者其他自然屏障为分界线，每个班组承担一定的长度。因此小机组作业具有作业灵活的特点，不必拘束于大机组流水施工固定的作业面。不光在山区，在某些存在征地问题的地方也具有一定的优势，可以避免因为某一地区无法完成征地而导致整个机组全部停工，采用小机组作业，即使一个作业面因为特殊原因停工，还可以保证其他的作业面可以正常施工。

2011年10月份，管道三公司CPP309机组在中缅管道（国内段）QBM061号桩施工，因为补偿款没有到位等问题，当地居民将该班组的施工设备阻挡在作业带内不允许移动，阻工长达一个月，幸亏在此之前，第三管道工程处将CPP309机组分成两个小机组，在阻工期间，另一个班组可以正常作业，保证了施工进度。

1.2　小机组作业具有更强的机动性

在山区进行油气管道施工，经常会因为各种情况需要进行设备搬迁转场至其他作业区域，大机组由于人员设备众多，在转场过程中需要耗费大量的人力、财力，一次转场时间长，且存在一定的安全隐患。在需要频繁转场的山区，小机组由于设备少、人员精简，所以在完成一处作业面施工后，可以迅速转场至下一个作业面，并很快投入施工。这种情况在整个中缅管道（国内段）的施工过程中非常普遍，由于陡崖、河流等地理条件的限制，在一段时间之内土石方机组无法完成扫线工作，致使焊接机组的作业区域不连续，这个时候小机组机动性强的优势就凸显出来：可以迅速转场，绕过不具备施工条件的地点，将容易施工的区域在最短的时间内完成，然后再调动小机组进行难点施工。

1.3　小机组的设备使用率和施工效率更高

以中缅天然气管道工程为例，由于山区段无法使用内对口器，使用外对口器进行组对作业耗时较长，平均一次组对作业（包括清管、清口）需要20min左右，中缅天然气管道采用的是52U打底的焊接技术，根焊时间长，熟练的电焊工一道焊口需要也40min，剩下的热焊、填充和盖面加起来60min才可以完成，组对作业耗时和根焊耗时之和与热焊、填充、盖面所用时间之和基本相当，所以两台移动电站（四台焊机）和四名电焊工（两名根焊人员，两名热焊、填充、盖面人员）就完全可以满足一个作业机组的焊接需要。如果采用传统的大机组作业，将根焊、热焊、填充和盖面分开，那么每一道焊口的热焊、填充、盖面操作人员都会在一段时间等待上一工序完成才能继续作业的情况，相应的移动电站就会处于停工状态，极大地降低了设备的使用率。可以根据工程实际需要，适当增加电焊工数量，比如配置三、四名根焊人员，允许人员进行轮流休息而设备不停，达到"人歇设备不停"，这样就极大地提高了设备的利用率和施工效率。此外，将一个标准化机组分配成若干小班组作业，再通过适当的引导，可以激发各个班组之间的竞争意识，提高工人的工作积极性，避免了因为吃"大锅饭"而出现的消极怠工现象。

2　常见的小机组作业模式

2.1　人员设备相当模式

人员设备相当模式是指一个施工班组内没有多余的设备或人员，一个萝卜一个坑，在正常施工中不会出现人员和设备闲置停工的状态，比如四名电焊配置两台移动电站，除了组对作业时间以外，电焊工和设备都不会停止工作。这种模式多用于主体焊接阶段，工期紧张、可供施工的作业面多。

2.2 人员多于设备模式

设备不够用就会产生部分"待业"人员，无法有效的利用生产力量，这对于工期紧张的油气管道施工来说是极大的浪费。上文提及的 CPP309 机组在去年 10 月份由于阻工导致一个施工班组的设备无法使用，从而产生了一整个班组的"待业"人员，而 10 月份正好又是劳动竞赛阶段，工程处将"待业"班组调整为夜战机组，两个班组利用一套设备，通过白天、黑夜两班倒的形式保证了施工进度。这种模式在工程后期比较常见，主体焊接已经完成，仅存在部分区域的难点，连头作业，这个时候就可以充分发挥小机组灵活机动的特点，将各个小机组分成不同的班次，充分利用一套设备进行施工。在中缅管道（国内段）后期，第三管道工程处承担了十、十二两个标段最后难点的施工任务。在惠贵高速公路穿越以及银子洞隧道引出段的施工中，就是采用这种模式，均在最短的时间内完成施工，确保了工程按期完工。

2.3 设备多于人员模式

设备多、人员少，这种情况在工程后期也比较常见，尤其是连金口阶段。往往为了一道焊口设备要翻山越岭几公里有的甚至十几公里。在今年 9 月份中缅管道后期，CPP310 机组在试压工作完成之前就在连头地点做好了准备工作，由于设备进场较难，CPP310 机组在每个"金口"连头点都放有挖掘机及移动电站，一处金口连接完毕后，留下 2～3 人进行设备转场，其他人员立即去下一个连头点，保证每一个连头点都有设备，可以随时施工，不会因为设备不到位而耽误施工，通过这种方式，CPP310 机组曾创下五天连接四道金口的记录，极大提高了工作效率。

3 小组机的配置、管理以及存在的问题

3.1 合理的小机组配置模式

在实际工程中，需要根据管材的壁厚以及所采用的焊接工艺等对施工小组进行合理配置，一个基本的作业班组在人员方面上至少需要管工 2 名，电焊 4 名，机械手 2 名、以及2～3 名职能人员（安全员、质量员、技术员）；设备方面需要吊管机 1 台，挖掘机 1 台，移动电站 2 台（配 4 台焊机）。一个标准化机组在工程前期理想的分配方式是：两个主体焊接机组，一个连头、返修机组，在工程后期可以根据需要对小机组进行再次整合。

3.2 小机组的管理

人员管理方面，由于一个机组的作业者素质、技术水平有一定差距，将标准化机组拆分成小班组的时候要重点考虑技术骨干的分配，同时，因为人员精简，小机组在一些岗位的配置上没有备用人员，这就会影响到整个小机组团队的效率，所以从长远考虑，如何提高小机组成员的素质和技能水平是提高施工效率，满足工程对人才需要的一项重要工作。在中缅管道施工过程中，第三管道工程处采取"一帮一""师带徒"等形式，很好地解决

了这个问题，在完成施工任务的同时也培养了一大批年轻的技术骨干。在施行小机组作业的同时也要考虑到一些特殊岗位的资源共享问题，譬如电工、机修等。

施工管理方面，虽然小机组在山区作业具有灵活性高、机动性强的特点，但是在工程后期会有比较多的连头作业。可以在进行主体焊接的同时设立一个连头机组，或者对小机组作业区域进行合理的安排布置，尽量避免留头。

安全管理方面，采用小机组作业势必会增加机组人员的流动性，有的时候还需要在机组营地之外再设置临时居住点，这就存在一定的安全隐患。同时，小机组作业模式存在着大机组长与各个小机组班长之间的协调和交叉管理工作，如在劳动纪律、员工行为规范和人员考核等方面，需要相互配合好，才能使各层次的管理有效运行。

4 结束语

中国石油天然气管道局第三管道分公司第三工程处在中缅天然气管道施工过程中，通过采用小机组作业的模式，取得了很好的效果，三个标准化机组在 17 个月时间里总共焊接 6800 余道口，焊接长度达 75km。相信通过不断地总结各方面的经验，在以后的山区施工中，小机组作业模式会得到更广泛的推广和应用。

论临时党组织在项目工程中的建设

中国石油天然气管道工程有限公司　张文峰　王　麒　沈茂丁

【摘　要】　在工程建设中的党建工作具有一定的特殊性，要求在开展工作时，一方面要强化组织建设，另一方面要有创新精神和拓展工作思路，为项目建设的顺利完成提供思想和组织上的保障。本文根据中缅油气管道工程工作实际，论述了工程项目中开展党建工作的方法。

【关键词】　工程项目建设；党组织

1　充分认识加强项目党建的重要性

加强项目党建，是夯实党建工作的基础。工程项目是企业实现效益的基地、对外交流的前哨、展示企业形象的前沿窗口、传播企业文化的阵地，项目工程工作的好坏，直接关系到工程项目信誉。项目党组织的政治优势首先体现为在项目中的政治核心地位，确保项目工作始终保持正确的政治方向；其次，体现在发挥战斗堡垒作用和党员的先锋模范作用。

2　针对在建项目的特点，把握工作重心

鉴于油气管道工程具有工程量大、施工时间长等特点，要做到顺利完成项目的建设任务，需要项目部党组织把握工作重心，有针对性地开展党组织工作。以中缅管道工程为例，整个项目的工程量很大，因此，要高质量地完成项目的各节点目标，不但从设计技术方面要严格要求，更重要的是要使员工在思想上有决心、有毅力去完成在建项目的任务。党组织作为政治核心力量，在思想上要做出表率，并要起到先锋模范作用；针对施工时间长的特点，党组织要从管理方的角度着手，以高效率作为标准，力争在保证质量的前提下，督促各专业负责人更快地完成在建项目的工程任务。就中缅管道项目为例，目前，项目书记除了完成在建项目任务本身还要负责党建、思想政治工作，另外还要负责对员工生活后勤和对外协调等事务，在这些问题上，要敢于创新管理思路，简化过于烦琐的程序，明晰工作任务抓住关键性节点，把精力集中到顺利完成在建项目任务本身及政治教育方面上来，从而保持党组织的工作效率。

针对在建项目长期在外等特点，项目党组织要从思想上让全体工作人员树立"克服困难、保证完成任务"的意识，而介于中缅项目多为露天作业，工作人员较为辛苦的实际情况，项目党组织要长期做好思想工作，起到先锋表率作用。同时，要做好思想交流工作，坚持召开月度例会，通过会议总结经验、表彰典型、激励员工的工作激情和热情。

3 发挥党组织优势　激发设计人员工作能动性

工程项目是公司企业的发展源头，要确保项目建设优质安全，党组织必须发挥教育引导优势，打牢干好项目的工作基础。

（1）要针对项目特点，把建设优质工程、树立项目形象、培养过硬队伍作为发展和深化党建工作的重要目标，通过工作部署、工作分解、落实项目任务和工作要求，引导党员牢固确立干好项目的思想观念；引导党员以良好的精神状态和进取精神带动、团结群众、凝聚意志，为项目建设创造形成合力的良好条件。

（2）要落实党员定期培训、思想政治工作任务，科学制定交流会等活动，积极执行上级党组织的决议和工作部署。特别是在高海拔、人烟稀少等地区的管道工程，地理环境差，人员身体、心理素质要求高，教育安抚工作就显为重要。

4 拓展工作思路，丰富党建工作内涵

项目党组织要结合实际，依据任务的需要，在严格履行职责的基础上，不断拓展工作思路，围绕设计、施工管理的关键问题，丰富党建工作的内涵。具体可以从以下几个方面做起：

4.1 从现场管理到岗位关怀

设计工作脱离不了现场，因此施工现场是党建工作的一线阵地，施工现场具有一定的特殊性，比如工作环境艰苦、生活环境相对较差等，针对这些特点，党建工作要结合实际情况开展思想政治教育工作，思想政治教育工作的内容要贴近现场人员的切身体验，要把工作做细、做透，让员工在艰苦的环境中始终有一个强大的精神支柱，这样不但可以保障项目的顺利完成，还能帮助员工解决思想上的疑难，让他们在工作中能够坚定信念，克服困难。中缅项目是一个庞大的工程，需要各个岗位相互配合，共同努力去完成既定的目标和任务。因此，如何使项目的各个岗位能够默契配合是党建工作的一个重点。中缅管道项目党组织主要通过对各个岗位的关怀，让每位在岗人员体会党组织的温暖，使他们在精神上鼓足干劲，积极主动地投身到建设中去。同时，不断强化员工爱岗敬业的意识，让他们把党组织的关怀化作动力，为工程的顺利完成贡献自己的力量。

4.2 从生产领域向生活领域

党建工作的重心主要放在工程建设上，但也不能忽视在建项目人员的生活。工作人员的生活条件较为艰苦，要做好他们的思想政治工作，帮助他们排除生活中的困难，使他们能够没有后顾之忧，从而将自己的力量贡献到项目建设中，这是党建工作的重要内容之一。职工生活领域的党建工作是生产领域党建工作的重要保证，在员工生活领域开展党建工作，要注重个性化问题，切忌运用千篇一律的方法。

5 通过教育引导开展一些党建活动，增强工程项目队伍的凝聚力

中缅管道工程建设项目具有工程量大、人员多、流动性大的特点，要顺利地完成既定的项目任务，必须建设一支具有较强战斗力和凝聚力的队伍，这就需要通过教育和开展一系列的党建活动来塑造一支这样的队伍。教育引导具有很强的可操作性和现实性，例如中缅项目中开展的希望小学"阳光助学"活动，参观革命烈士纪念碑等主题教育活动，有效地提高了大家的奉献意识、责任意识、服务意识，使党员真正成为牢记宗旨、心系群众的先进分子。全体人员通过共同学习交流，从而相互沟通，从思想上保持更强的凝聚力，为项目建设贡献自己的力量。

6 结论

总之，临时工程项目的党建工作具有一定的特殊性，一方面要求项目临时党组织从思想上认识在建项目的重要性，在工程管理的进度、质量、安全方面严格把关，通过制度化将各项要求落实下去，同时要注重在工作中努力创新、开拓进取，真在起到党员先锋模范的作用。另一方面。要拓展工作思路，丰富组织工作的内涵，通过具体的举措给予项目员工关怀，强化他们的敬业精神和奉献精神，使得全体人员通过共同努力保质、保量地完成项目建设任务。

浅谈女子测量队在中缅油气管道测量中的作用

中国石油天然气管道工程有限公司　刘　明　陈　微

【摘　要】 中缅油气管道工程女子测量队的成员们在完成部门各项生产任务的同时，在业务知识上也是肯钻研、积极学习，不断地进行技术创新，研究新方法和对策，在新技术应用上狠下功夫，彰显巾帼美丽风采。

【关键词】 女子测量；转型发展；巾帼风采

21世纪是科技迅猛发展、人才辈出的年代，科学技术作为第一生产力作用从来没像今天这样突出，知识成为创造财富的直接动力及社会经济发展的主要资源和资本，给人们的工作、学习、生活方式、思想观念、思维方式等带来了一系列变化，也对女性成才的环境产生了重大而深远的影响，这不仅是社会变革对女性发展的挑战，同时也是女性自我不断成长的过程。勘察事业部女子测量队自成立以来，凭着一股女性特有的耐心、细心和韧劲，刻苦钻研、顽强拼搏、不断创新，以饱满的工作热情和吃苦耐劳的精神投入到工作中，在进取中塑造自身的形象，看似默默无闻，实则任劳任怨，自觉地肩负着事业、家庭双重责任，与企业同甘共苦，风雨同舟，撑起了企业发展和振兴的半边天，表现出中国女性坚韧不拔、不屈不挠的优秀品质。实践证明，她们已经成为企业发展中不可缺少的一支伟大的力量。

中缅油气管道工程为管道发展和建设带来了新的机遇和挑战。作为置身于管道建设中的女子测量队，她们又在这滚滚大潮中占据了怎样的地位呢？

1　倡导终身学习，推动技术长足进步

管道建设中，女子只有通过不懈的努力和学习，积累经验，具备与男性相当的能力，才能拥有与他们同等的竞争机会和成功概率。女子测量队的成员们在完成部门各项生产任务的同时，在业务知识上也是肯钻研、积极学习，不断地进行技术创新，在新技术应用上狠下功夫。比如公司科研课题《机载激光雷达测量在管道测量中的应用》的研究任务，她们放弃休息时间，加班加点，不断地摸索、实验，同心协力攻克了一个又一个难关，最后实现了将该技术应用到中缅油气管道（缅甸段）测量上，实现了理论与实践的完美结合。可以说，她们所在的航遥办公室是先进技术应用的源头。

2　参与转型发展，积极作为彰显巾帼风采

掌握更先进的测量技术，是管道建设发展的要求，也是女子测量队成员生存和发展的

需要。因此，她们在做好做精本职工作的同时，时刻保持着一种紧迫感和超前意识，通过开展"创先争优""百日攻坚"等活动，掀起比技术、比业务的热潮。中缅油气管道工程（缅甸段）采用机载激光雷达测量工作，作为内业数据处理的主要技术人员，女子测量队依据工作量和时间周期，统筹兼顾的制作了科学合理的工作计划。为了提高效率，她们共同研究新方法和对策，顺利完成了缅甸段270km的机载LiDAR测量内业数据处理任务，完成线路地形图、纵断面图及单出图的生产工作。与此同时，她们用一双双巧手绘制出了中缅油气管道工程（国内段）站场区域位置图的生产，隧道地形图及纵断面图等数百张图纸，见图1。

图1　工作场景之一

3　实施巾帼建功奉献行动，在参与创新驱动转型发展中成就美丽事业

爱因斯坦曾说过："机遇只偏爱有准备的头脑"。在过去的几年里，女子测量队的成员们积极参与到各项管道测量工作中，积累了大量的经验，正因为如此，她们才能有机会、有能力投入到中缅油气管道建设的大潮中。2010年至2012年间，女子测量队先后参加了中缅油气管道工程国内段及缅甸段的外业测量工作，完成了数条大型河流的穿跨越测量、站场阀室地形图测量及多个控制性隧道穿越测量任务。"哪里需要我们，我们就去哪里，不分环境，不讲条件"，"工作的过程，就是体现自身价值的过程，所以我们什么都不怕"。在面对深不见底的河面上，在海拔2000m以上的深山里，在宗教信仰浓厚而社会治安较差的异国，面对种种困难和挑战，舍小家为大家，发扬"自尊、自信、自主、自强"的精神，积极响应"巾帼建功立业"活动，在拼搏中实现自我的价值，是她们倔强而不服输的性格成就了美丽的事业，见图2。

图2　工作场景之二

4　用行动倡导奉献，推进企业文化建设

目前，女子测量队已经成立有六年之久，六年之中他们先后参与了中亚管道、西气东输三线、西气东输四线、中缅油气管道等多项重点工程建设，成为在管道局范围内家喻户晓的一支优秀的团队，先后获得了女职工建功立业工程"巾帼标兵岗"、"三八红旗手"等荣誉。正是有了这样一支队伍，激励着一批又一批的热血男儿奋勇向前，"女孩子都能完成的工作，我们怎么可以落后！"越来越多的青年员工投入到急、难、险、重的任务中去，

越来越多的技术人员投入到技术攻关中去，他们和她们在暗中"较劲"，正是这种无形的力量，大力推进了勘察事业部内部的企业文化建设，形成合力一致、和谐向上的力量，保证了中缅油气管道工程测量工作的顺利完成，同时也推动着勘察事业部的各项工作积极向前开展。

"三合一"体系激活党建新活力
"四步走"流程变革党建新格局

中国石油天然气管道局第三工程分公司　张云彩

【摘　要】　党的十七大和十七届四中全会提出"以党的基层组织建设带动其他各类基层组织建设"的要求，强调扩大组织覆盖，改进工作方式，强化组织功能，是实现"五个好"的必备条件。在中缅油气管道（国内段）工程建设中，严峻的工程限期、极其险要的地形地势、复杂多变的人际关系等客观条件都是制约施工稳健步伐的不良因素，为此加强党组织的战斗堡垒作用，发挥党员传帮带的良好工作作风凸显重要和必要。本文结合管道建设工作实际，对在党建带团建促工建的体系下，执行"四步走"工作流程意义进行了细致剖析，以实践指导工作。

【关键词】　中缅管道；党建工作；团建工作；工会工作；四步走

1 "四步走"流程产生的背景

随着市场经济的发展，诸多管道建设单位将主要精力过多地投入在生产经营和市场竞争中去，对于党组织建设、团组织生活，工会工作还没有引起足够的重视和利用。先锋模范作用发挥的少了，青年突击队的力量没有得以更好地彰显，广大员工抱团共破难关的信心逐渐降低。导致工作连续性不强，闭环工作难于紧凑，工作进度与计划制度严重脱节。那么，如何使党建、团建、工会工作迈出盲区，团结一切可以团结的力量和智慧，切实起到促进工程加速实施、优质建设，促进企业良性可持续发展呢？这一课题的研究与探索，成了三公司党委考虑最多、关注最热的问题。

2012年上旬，中缅油气管道（国内段）工程打火开焊，正式启动建设。三公司党委狠抓契机，拟定模板工程，以"党建带团建促工建"的三合一组织体系构建，较好地将与施工生产结合一事，提上了重要日程。结合项目山地、水网等施工地形，冻雨、潮湿等气候天气，对党建文化工作的基本内容和方法进行了规范。依据实际规律制定了"四步走"新格局战略，为公司参建中缅工程建设的各施工单位、各施工机组提供了组织工作指导，为三公司中缅管道建设按计划节点完成各项工作任务、攻克各大施工难点、在全线最难标段创出最佳业绩提供了坚强的政治基础和思想保证。

2 "四步走"工作方法的基本内容

"四步走"工作方法，是将党建工作、团建工作和工会工作串联在一起的引线，旨在更好地促进"党建带团建促工建"三合一体系构建牢稳，各项活动开展扎实，工作进展顺利。即：第一步是在"聚"的过程中，探索营地建设"家"模式；第二步是在"合"的活动期，培育管道战队"欣"风貌；第三步是在"争"的氛围里，亮出科技创新"彩"效果；第四步是在"爱"的牵动下，铸造企地鱼水"心"和谐。

3 采用"四步走"流程的必要性和紧迫性

（1）开展"四步走"流程是顺应以人为本、群众路线等人本管理理念的企业可持续发展形势，用党员、团员、青年员工能够接受的新方式、新方法、新手段，宣传爱企、爱工作整体的思想，改变了传统党建工作的局限性和教条性，为博得员工对企业的认同感打下坚实工作基础。

（2）开展"四步走"流程是适应项目变革、促进党员干部与群众关系更加密切的重要手段，提升党员拥护党的纲领、执行党的章程的主动性，加强上进团员、青年员工加入先进性党组织的积极性。更加维护了党组织的稳定，同时又为组织培养了出色的后备力量。

（3）开展"四步走"流程是提高党建工作层次与水平的重要途径。三合一体系作为抓好党建、团建、工建工作相结合的重要平台，对于传统党建工作而言，是一种新超越；四步走流程为同时促进三个组织、落实好具体工作任务、实施属地职责，提供了辅助效果。二者结合的目的就在于引进先进党建文化管理模式，以全面推动各项重点工程建设。

4 "四步走"工作方法的实践应用

一步：在"聚"的过程中，探索营地建设"家"模式

先进性组织的成立，就是为了更好地鼓舞员工士气、激发员工斗志，以整合提炼凝聚力，提升增进战斗力，来有效推动工程项目良性发展。着眼这一关键，三公司党委在中缅管道（国内段）汇入员聚组织之时，就首先要求项目着手基层营地建设"家"模式。项目部认真贯彻执行"让员工吃好、睡好、洗上热水澡"的基本要求，让长期在野外施工的管道人感受到家的温暖与劳动的尊严。使每名员工抵达工程就有一种扑面而来的新鲜感与管道大家庭的归属感。标准化机组的营地按办公、生活、住宿、材料四个区域进行布置。办公区架起卫星小站，通电话、有网络，配备桌椅、电脑、文件柜等现代化办公机具。住宿与生活区不仅被褥、床单、枕头统一配发，餐厅、厨房、贮藏间、洗漱室、浴室也都有统一的要求，而材料区也一样要按规定布置，实施分类存放、分类管理、出入库账目有明细。按着舒适、温馨、安全、惬意的要求，为员工搭建起一个家。

二步：在"合"的活动期，培育管道战队"欣"风貌

三公司中缅管道（国内段）400km工作量、百十余处难险点、若干个控制性项目，完成是基础，完成好并做到问心无愧才是真正目标。通过内容丰富、理念走俏、驱动性强的新颖活动，不断锤炼了队伍的作风、培育了团队的精神，彰显出独特的魅力。

施工期间，项目党、团、工组织先后组织了全线向张丽莉、沈星同志深入学习活动，以学先进、树新风的热潮，努力形成在工程建设中实践社会主义核心价值体系的浓厚氛

围；开展"多读书、读好书、寻觅文字美食、尽享智慧人生"为主题的读书活动，建立专属读书屋、扩充书架图书量、成立 18 个读书小组，养成千名员工坚持读书、自觉学习的良好习惯；本着"尊重关注记录事实"的原则，组织图片展活动，以全面展示模范员工的先进作为、广大参建将士战山斗水的可歌事迹，鼓舞整体斗志和士气；同时，还面向全线党员干部、青年群众推出"先锋哨兵"争创活动，鞭策激励支部领导、成员以安全文明施工为保障，争当一线"安全先锋哨兵"；以控制工程质量为目标，争当阵地"质量先锋哨兵"；以绿色环保作业为中心，争当全程"环保先锋哨兵"；以打造精品工程为动力，争当前线"责任先锋哨兵"；以工期投产计划为推力，争当战地"使命先锋哨兵"；以筑牢拒腐防线为根本，争当国脉"廉洁先锋哨兵"。

在活动的引领下，各基层组织"比、学、赶、帮、超"。广大员工也增强了责任心和使命感，事事想在前、时时抢在前、处处干在前，将困难看作机遇、压力转为动力，用辛勤的汗水浇铸钢龙翻越高山、涉过沼泽。

三步：在"争"的氛围里，亮出科技创新"彩"效果

为激发广大参建员工积极参与以创新为基础、创效为目的的"五小"活动，项目党总支、团总支特别申请了专项奖励基金，对每月表现突出的创新能手进行表彰奖励。在政策的激励下，员工们主动参与科研的意识更高了，争做创新型人才的欲望更强了。工程施工 9 月有余，安全对口牵引带、防塌箱逃生天窗、焊接工程车防滑掩木卷扬装置、坡地施工防雨设施等十项"五小"创新成果，就已孕育成熟，投入使用在一线各作业点。集思广益、容积智慧的成果，保证着参建员工的安全、提高着中缅建设的工效。

员工王建勋研制的小发明——钢管外防腐层剥离器。材料也就两根 50cm 长圆钢、一根直径 5cm 的钢管如此简单。可组装起来，两名工人轻易上手，20min 就完成了钢管一周防腐层剥离，且没有残留，大大降低了人工耗费和工时耗费。为此，这项方便带、实用性强的小发明，被管道局团委收录在《创新源于实践——百项"五小"创新集锦》一书中，以供借鉴分享。此外，防塌箱逃生天窗、坡地施工防雨设施两项成果，也在不断研制、不断革新中，得到中缅 EPC 项目部的充分认可，推广至全线使用。

四步：在"爱"的牵动下，铸造企地鱼水"心"和谐

按照贴近一线、服务一线的工作原则，项目党、团、工干部面对面帮员工办实事、解难题。孙彭富 10 岁的小女儿身患生殖细胞瘤重症时，一纸倡议就先后募集到 30000 余元善款，向孙彭富伸出了援助之手。秉承"建一方工程、造福一方百姓"的企地和谐理念，党员、团员、青年主动为沿线老乡收稻子、畅水渠，向贫困村、贫困乡民办学校学生购买、捐赠书桌和新校服。

不仅如此，项目团总支还主动与贵阳市团委接洽，将地方百姓拉入管道施工现场体验生活。13 名招募而来的志愿者通过身临管道建设工地、体验工人生活，将感受到的吃苦耐劳、真情奉献社会的管道人精神，借助多家媒体公众市民，极大地促进了双方的感情和谐与工作和谐。同时，更加坚定了参建员工把中缅建设成为民生工程、民心工程的必胜信心。

2012 年 4 月 27 日，由贵定县铁厂乡党政办公室签发的第 52 期《铁厂信息》简报上，一篇名为《中缅油气管道铁厂段施工顺利》的文章引人入胜，内容详细介绍了三公司中缅管线通过该乡时，广大群众和参建员工互相关心、互相帮助，相处较为和谐。无一例阻挠、上访事件发生，为保障管道安全顺利通过奠定了良好基础。

5 结束语

党建带团建促工建是党、团、工组织共同发展提高的内在要求。三公司中缅管道（国内段）在公司党委的帮助和引导下，坚持党建带团建促工建，使相互配套联动，形成了以党组织抓基层建设的良好环境和氛围，促使三大组织相互促进，共同发展。为员工安心施工、处理好管道人与百姓的关系，至此推动工程创收创效埋下铺垫，取得了良好效果。

项目文化引领目视化的可行性研究

中国石油天然气管道局第一工程分公司　肖迪舰　陈萨萨

【摘　要】 如何能够切实改变机组员工的工作态度，真正让企业文化在机组生根开花，一直都是管道一公司"三基"建设研究的重要课题。以往项目上的文化引领工作主要使用展板的形式，而展板的内容多是公司的各项规章制度和管理条例，形式枯燥、内容单一，在职工的文化引领上发挥的作用比较有限。管道一公司中缅项目部推行一公司自主研究的"项目管理模式"、"机组管理模式"，结合中缅项目实际情况，在文化引领上开发新途径，收获了喜人的效果。

【关键词】 中缅管道；文化引领；文化引领障碍；文化引领目视化

为全面践行管道局"突出核心业务、发展高端业务、夯实基础业务、退出低端业务"发展思路，实现"建设行业驰名和科学持续发展的管道工程第一公司"目标，管道一公司与时俱进的开创和更新现有生产经营管理模式，自主研究总结了《管道一公司四大管理模式》。管道一公司中缅项目部作为推行四大管理模式的试点项目，以其中的项目管理模式和机组管理模式为蓝本，结合项目实际情况，摸索了一套文化引领的管理思路。

1　文化引领的作用

要想弄清楚文化引领的作用，那么首先必须先搞清楚"文化"是什么，"文化"又能引领什么？纵观人类历史，文化的大发展大繁荣往往能够带来社会发展的突飞猛进。例如，我国春秋战国时期的百家争鸣不但带来了人们思想观念和学识的全面更新，而且推动了各诸侯国的变法改革，促进了新的生产方式、生活方式和新的社会秩序形成；13世纪末在意大利兴起、16世纪在欧洲盛行的文艺复兴运动不仅推动"人性"战胜"神性"、"人权"战胜"神权"，而且引领欧洲从黑暗、落后的中世纪走向更高形态的资本主义，催生了比封建制度进步得多的资本主义制度。

那么对于企业来讲，文化就是我们的企业精神，是一个企业的灵魂，无论是时代变迁还是企业发展，这种精神都不会变。这就好比我们的"八三精神""铁人精神"，虽然经历了数十年的历史变迁，仍然是我们倡导的企业精神。企业有了文化，我们才能知道该如何教育我们的职工，才能让所有的职工明白自己所承担的企业使命和社会使命。

2　文化引领工作中的障碍

在我们传统的营地建设方式中，往往对职工进行文化引领的是那一张张挂在墙上的宣传栏和厂务公开栏，其内容不是企业的规章制度，就是新下发的公司文件。而笔者又把这些内容大致分为两类，一类是像"六条禁令"、"金规铁律"这样规章制度要求牢记的，职工不得不去学习；另一类是公司的企业愿景和会议精神，需要员工理解并自发地去执行。前者由于是硬性规定，员工不得不学；而后者包含着浓厚的企业文化与管理思路，并且需要员工主动的学习贯通。由于员工文化程度的影响和对上级管理理念理解的局限性，后者很难说能被员工真正消化吸收多少。项目党支部在和机组传达公司的各项文件要求时，经常会遇到理解上的偏差阻力，而感到头疼。

因此笔者将项目文化引领工作中的这种矛盾归结为职工的文化素质与文件精神的抽象性之间的矛盾。这种矛盾不仅是在机组中存在，即使是在项目部中也十分常见。可是作为文化引领的一项重要工作，我们不得不想办法解决这种矛盾。笔者认为要想解决这种矛盾，最重要的一点就是找到一个媒介，这个媒介可以将文件精神转化为可以满足员工的普遍理解能力。

3 让文化引领目视化

说到"铁人精神"，大家脑海中第一印象是什么？我想很少会有人想起那些要求我们学习大庆精神的文件，相反，大多数人首先会想到的是那张铁人用身体搅动钻井泥浆时的照片。为什么呢？笔者也就此问题请教过知名的中石油心理辅导专家檀培芳老师。谭老师给出的答案是，在一般人的诸多感官中，最容易在大脑中造成反射的就是视觉，也正因为如此，在 HSE 管理中，我们特别强调目视化管理。那么目视化管理能否运用到文化引领的工作领域中呢？为了进一步考证文化引领目视化的可行性，管道一公司中缅项目部决定先在机组进行试验。首先，与项目部相比较机组的文化水平和理解力略低；其次，机组的文化生态对引领需求更迫切。正是经过这样的思考，项目党支部决心设计一套适合机组的文化展板，将一直以来在机组管理中所强调的安全、质量、团队建设、员工素质等多元素都包含进去。并且为了提高对员工的吸引力，还特别邀请员工本人担任展板模特，让大伙都能参与到展板的设计之中。

展板一贴出去，立刻受到了机组员工欢迎。展板中的许多话，渐渐变成了员工们的口头禅，例如"闲下来的时候，不要忘记给家里打个电话"、"清除凌乱，注意形象"都成了大家相互提醒的常用语。很多员工反映，当他们工作中遇到困难的时候，脑中第一时间反射出来的往往是展板中的画面，似乎那些画面能够给他们注入力量，让他们有勇气挑战自己，让他们为集体争光，让他们在建设国家能源通道中建功立业。

4 推广文化引领目视化的范围

当通过展板进行文化引领目视化的试验取得一定成绩后，管道一公司中缅项目部决定拓展文化引领目视化的范围。

理念一：不是刻意做给你看，而是在你刻意看的地方做。

文化引领并不是一个强制性的工作，而是员工自发性的工作。本着这样的理念，管道一公司中缅项目部在员工的床头印上了一句温馨提示"回来了，记得发短信给家里报平安"；在大门口树立了告示牌，出发时员工会看到"出发了，你武装到牙齿了吗?"；在着装镜上贴上了责任提示"当你穿上工装时，你左胸前的名字比你的名字更重要"等。

理念二：内容要有激情，不枯燥。

展板的数量是有限的，可是要传达给员工的文化理念是无限的。展板的边界是有限的，可是要传达给员工的思想空间是无限的。那么一公司中缅项目部又是如何利用有限的展板和固定的主题，来展示无限的内容呢？一公司中缅项目部用了一个字来回答—爱。用家人的爱来凝视员工的安全；用对梦想的爱来追求质量；用兄弟的爱来诠释团队；用对生活的爱来彰显素质……而这一切，都通过一幅幅饱含着感情的图片，成了打开员工心扉的钥匙。

理念三：形式要不断更新。

随着管道局三基工作内容的不断细化，"万人读书"活动的深入开展，对项目的文化引领工作也提出了更高的要求，因此项目文化引领工作必须让形式更加多样化。除了按照文件要求鼓励员工读书外，管道一公司中缅项目部建立了自己的读书博客，为读书爱好者创立网络交流平台。此外还有由项目党支部指导员工组建的自己爱好的协会，例如电影协会、书法协会、读书协会等。通过形式的多样化，为员工提供更多适合自己的文化平台，同时也能够保证这些协会活动的开展在项目党支部的控制范围内。

从管道一公司中缅项目部一年来试运行的效果看，文化引领目视化的效果是显著的。这样不仅能够推动公司管理模式在项目上的运行，同时更能有效提高员工的整体素质，并且让员工的学习态度从被动向主动转化。企业文化是企业发展的基石，是企业可持续发展的力量源泉。但是只有好的文化，缺乏引领，就如同鲜花得不到阳光。优秀的文化引领工作是一项综合性的系统工程，它需要企业有意识、有组织地进行长期总结、提炼、倡导和强化。在现代企业文化体系构建过程中，建立先进的、健康的、体现时代精神的文化引领工作是实现科学管理、高效管理的有效途径，是提升企业凝聚力和向心力的重要保障。

浅析长输管道项目如何做好宣传思想工作

中国石油天然气管道局第一工程分公司　张玲玲

【摘　要】　中缅管道工程是组成我国能源供应网络的第四条能源通道。在中缅管道建设中，一方面要为国家建设优质、安全、高效、绿色的长输管道，同时，也建设了一批优秀的项目文化。管道一公司中缅管道工程二标段项目部党总支部创新"四有"宣传思想工作模式，积极做好项目的对内宣教引导和对外宣传工作，以项目宣传思想工作打造高效项目团队，营造和谐向上的范围，打造公司品牌。本文以管道一公司中缅管道工程二标段项目部宣传思想工作为例，分析了其宣传思想工作的方式和方法创新，及其在项目建设中发挥的积极作用。

【关键词】　宣传思想工作；宣传策划；宣传主题

引言

宣传思想工作要把围绕中心、服务大局作为基本职责，胸怀大局、把握大势、着眼大事，找准工作切入点和着力点；坚持团结稳定鼓劲、正面宣传为主，巩固壮大主流思想舆论；坚持来之不易的宝贵经验，抓好理念创新、手段创新、基层工作创新；宣传阐释好中国特色，讲好中国故事，传播好中国声音。宣传思想工作是项目文化建设的一个重要方面，尤其是在长输管道项目，由于其具有建设周期长、项目团队人员较多、流动性强、施工任务艰巨等特点，因此项目的宣传思想工作起到了振奋精神、凝聚人心、鼓舞士气、激发斗志、宣传典型、传播思想、推广经验的积极作用，有效地激发了项目团队的正能量，为项目高效、安全、优质运行提供了智力支持和思想保障。

管道一公司中缅项目部党总支以项目"五个一"文化载体为抓手，（"五个一"即：一部电视专题片、一本宣传报道集、一部技术管理论文集、一本工程画册、一次事迹宣讲会），以强烈的品牌意识、政治意识和责任意识，脚踏实地地、认认真真地做好宣传思想工作。项目部党总支部结合中缅管道工程及项目组织特点，逐步探索并形成了项目"四有"宣传工作模式，充分地发挥了宣传报道工作"鼓"与"呼"的作用，较好地展示了企业形象，树立了企业品牌。

1　策划宣传有主题　特点与亮点结合

项目的宣传主题是项目宣传工作的灵魂，一个好的主题不仅对整个项目宣传工作有导向作用，而且也是项目宣传出精品的重要保证。如果没有主题，再多的宣传也好像是一盘散沙，而把主题策划好就能聚沙成塔。

在项目部宣传工作中，首先要策划、提炼项目的宣传主题。宣传主题的确定不是凭空想象，也不是人云亦云，而是要充分体现项目施工的特点和管理工作的亮点。那么项目宣传主题应该如何策划呢？

1.1 项目宣传主题要与项目特色相结合

在多年来的长输管道项目宣传工作中，管道一公司积累了丰富的项目文化建设成果，较好地提出了一批响亮的项目文化品牌。综合分析近几年来较好的项目宣传主题，其首要因素是充分体现了项目的特色。例如：在中亚管道工程中，管道一公司项目部提出"一公司速度"作为宣传主题。当时多个国家的多家施工单位参建中亚管道，各个单位都想利用中亚工程这个平台展示自己的实力和形象。我们首先对各个项目特点进行分析：二公司社会依托比较差，三公司施工地形较为复杂，四公司精细管理是特色。

结合管道一公司中亚项目部施工特点，将宣传点定位在"一公司速度"。第一，当时中亚管道签订的是照付不议价合同，所以，保工期是大前提。第二，速度提升是以技术、管理、工艺为基础的，能够展现项目的整体形象。第三，速度是效益。施工速度加快会带动施工成本的节约，这是项目根本。围绕"一公司速度"这一主题，管道一公司中亚项目部在管道报刊发表了250篇报道，在中国石油报刊发表了80篇报道，管道电视台刊发40条新闻，"一公司速度"也在集团公司和局内叫响。

中缅管道工程作为我国的第四条能源动脉，对我国能源结构调整、改变能源供应格局、构建国家能源安全网都有十分积极的意义和作用。同时，对于西南地区经济发展、改善当地民生、弥补西南能源缺口等也发挥着重要的作用。可以说这是一项国家、地方、民众三方受益的工程。但是，该工程途径地区地形、地貌、地质条件非常复杂。管道沿线断裂带密布，地震活动频繁，而且多为喀斯特地貌，具有"高地震烈度、高地应力、高地热"和"活跃的新构造运动、活跃的地热水环境、活跃的外动力地质条件、活跃的岸坡再造过程"等"三高四活跃"特点。同时，该项目采取的是照付不议价合同模式，工期成为一个重要的指标。因此，管道一公司中缅项目党总支在选择宣传主题时，将"管道人的责任与担当"作为第一主题。

1.2 项目宣传主题要集结项目团队的智慧

项目宣传工作是为项目服务的，因此项目的宣传主题不是由项目经理或者项目宣传员决定的。它是由项目团队所有成员共同缔造的，是全体项目团队共同的行为结果。因此，在宣传主题选择时要善于把握和提炼，项目可以通过广泛开展讨论和深入论证，由项目领导班子集体商讨，然后请项目团队广泛征求意见，从而确保宣传主题的鲜明性。只有在对项目全面深入了解，对项目管理精确把握的基础上，提炼出来的主题才能够真实、准确地反映项目特点，才能获取到广泛的认同，从而真正发挥出项目宣传思想工作的作用。

1.3 项目宣传主题还要与国家、企业的宣传导向相符合

在我国社会深刻变革和对外开放不断扩大的条件下，宣传思想工作发生了很大变化，但其根本任务没有变，也不能变。这就是要巩固马克思主义在意识形态领域的指导地位，巩固全党全国人民团结奋斗的共同思想基础。这是宣传思想工作的立足点、聚焦点、着力

点。因此，项目宣传主题的确定还要充分考虑到国家、企业的宣传导向，看是否符合马克思主义唯物理论、是否与企业的发展主题和宣传主旋律同频共振。

在肯尼亚扩容工程中，管道一公司肯尼亚项目部实施海外绿色施工品牌宣传。首先，肯尼亚被称为动物天堂，优越的自然环境是其得天独厚的优势，国家高度重视环境保护和野生动保护；其次，环保是当今世界的主题，受到各国关注；最后，绿色施工体现了中国石油"奉献能源、创造和谐"的企业宗旨。肯尼亚项目部的"绿色施工"品牌也成功地走上央视媒体和肯尼亚国家电视台，还被很多国家网站转载，向国内外展示了中国管道企业的良好形象，为管道局赢得了肯尼亚绿色 CPP 品牌。

2 强化管理有制度 规范与激励并举

从 2004 年，管道一公司就制定了《管道一公司宣传报道管理制度》，经过 8 年的运行实践和修改、补充，该制度已经非常完善。以此为基础，在中缅项目宣传工作中制定《项目宣传报道管理制度》，让宣传报道工作有任务、有计划、有重点、有考核、有奖惩，与技术、安全、质量、成本控制等一样进行制度化、规范化管理。

下达任务： 项目部给每个部门、机组都下达刊稿任务指标。规定在项目简报、一公司人报、石油管道报三个媒体的刊稿量，以季度为单位。各部部长、机组长是第一责任人。

制定计划： 结合项目宣传主题和项目进展情况，制定详细的宣传报道计划，明确责任和分工。由项目书记、专职记者撰写全面的、综合的、深入的纪实报道，项目部人员负责项目施工组织、安全、质量、成本控制等管理专业消息的撰写，机组技术员负责现场消息、施工故事、一线人物的撰写，保证宣传工作全面开花，整体推进。

部署重点： 围绕项目宣传主题，结合石油管道报、中国石油报版面和栏目特点，项目书记每月下达宣传报道工作重点，指导通讯员围绕重点开展宣传工作，确保宣传报道工作始终围绕项目部宣传主题展开。

严格考核： 定期检查各单位宣传报道小组的组织机构，投稿记录，刊稿记录，通讯报道小组组织开展学习活动情况，刊稿指标完成情况，并按照管理制度规定进行评分。这个评分占各单位年终绩效考核评分 5%，直接与绩效考核挂钩。

实施奖惩： 对于完成刊稿指标的单位和个人，按照刊稿数量、质量给予奖励。在海外项目一般都实行四重奖励机制，首先是局项目部奖励，其次是公司项目部奖励，然后是公司奖励，最后是基层单位的奖励。对于没有完成刊稿指标的单位，采取一票否定权，取消其参评先进的资格。

3 宣传队伍有热情 培训与培养同步

宣传工作的顺利开展与广大通讯员的热情与支持是分不开的。管道一公司在中缅项目全面加强通讯员队伍建设，做到建一个工程项目、推出一批精品报道、培养一批优秀通讯员，逐步形成了梯队培养方式。

首先是普遍培训，让宣传报道工作有"传染性"。开展宣传报道知识培训，针对全体职工给他们讲基本写作知识、摄影知识、报纸版面、投稿方式等等，激发职工参与宣传报道工作的热情，营造人人关注、人人参与的良好氛围。

其次是择优选拔，让通讯员队伍具有"成长性"。在中缅项目部选择5～10名有热情、有功底的职工作为培养对象，将他们引入通讯员队伍，给他们找新闻点"命题作文"，鼓励他们自己寻找新闻点"发挥作文"，提高通讯员的宣传报道工作水平。仅在中缅项目部，就培养了8名通讯员。

重点培养，让宣传报道有"成瘾性"。对于文字功底扎实、新闻敏感性强的职工，采取师带徒的方式，与项目的专职宣传人员、项目书记结成师徒对子，给他们下任务，让他们参与到项目的宣传工作和各项活动中来。特别优秀的通讯员还可以送到企业文化部、石油管道报接受轮训。重点培养的骨干通讯员，将长期从事兼职新闻报道工作，成为项目宣传的主要力量。

管道一公司中缅项目党总支在中国石油报、石油管道报、现代班组、管道电视台等媒体上共发表各类报道120余篇，其中2000字以上的纪实通讯19篇，宣传出了钢七班、106机组、卫广松、韩涛、王宇等一批先进集体和典型人物。

4 具体实施有抓手　内宣与外宣兼修

由于长输管道工程项目点多、线长人员分散，管道一公司在中缅项目宣传工作的具体实施中，对内注重搭建三个平台，对外积极"抓好五点"，使宣传报道工作领导高度重视、通讯员积极、参与职工广泛关注，内鼓士气，外树品牌，较好地助推了海外项目宣传报道工作的开展。

第一层平台是建立项目简报。在印度中缅管道工程中创办工程简报，电子版本与纸质版本同时发行，还在简报上开辟了施工龙虎榜、海外安全提示、一封家书、一线采风、机组生活等小栏目，内容贴近职工、贴近一线、贴近基层职工的所见所闻、真实情感等等，职工喜闻乐见，而且，为通讯员提供练笔的机会。很多通讯员都是从简报成长起来的。第二层平台是建立项目QQ群。一公司每个项目都有一个QQ群，项目充分利用这个网络交流平台，开展通联工作。把本项目部人员刊登的稿件，及时地在群内进行公布，增加通讯员的积极性和写作热情；开展"每周一评"活动，每周推荐一篇文章或图片上传群里，让大家对文章进行品评，不仅要指出文章的优点，同时也发现文章的不足，在讨论中提升通讯员的写作水平，讨论活动也提高了员工对于新闻写作工作的关注度。第三层平台是编印书籍画册。每个项目结束后都会印制一套画册和书籍，既是对工程施工的一种总结和记录，同时也是对通讯员工作的肯定和鼓舞，是对他们工作的认可。很多通讯员将有自己作品的书籍珍藏起来。

在宣传工作的具体实施过程中，我们注重把握"五点"：

第一把节点准备好。紧紧抓住工程开工、主体完工等工程节点，从组织上、形式上、内容上进行策划。9月21日线路全线贯通时，项目部策划了"三维"立体报道模式，即在管道报头版发布贯通消息，在二版的连续报道开栏、四版同时发表了中缅管道工程的专版。整张报纸成了公司中缅管道项目的专刊。三维立体宣传攻势使中缅管道的宣传工作达到一个高潮，引起了广泛关注，也扩大了公司的影响力。

第二把重点组织好。围绕集团公司、管道局的工作重点，密切结合施工项目实际开展宣传。紧紧围绕集团公司"中缅国脉万里行"等主题开展宣传工作。

第三是把特点把握好，把握与众不同之处。在中缅管道工程中对王宇机组、张洪文机组，宣传时就充分抓住了各个机组管理、施工特点，不仅展示了机组的风采，也在管道局树立了标杆。

第四是把热点捕捉好，并结合这些事件对项目进行宣传。云南地区旱灾、昆明暴雨、环境保护等热点关注事件与施工之间都有着千丝万缕的联系，紧紧围绕这些热点事件进行项目宣传工作，展示在特殊事件中，管道企业的担当和作为。

第五是把亮点提炼好。一是提炼施工管理亮点，张洪文的智拼七巧板、速穿华容道、智解九连环等施工方法，以及王宇机组陡坡施工法等，都是在日常的报道中提炼出来的；二是先进典型的报道，发挥宣传报道工作在"树"典型中的作用，以他们的精神、品质引领广大职工，先后涌现出了青年文明号、局优秀机组等国家级、集团公司级先进典型。

5 结束语

项目工程建设是施工企业的前沿阵地，是展示企业形象的窗口。项目文化作为项目管理的重要组成部分，体现企业核心文化价值，代表着施工企业的软实力。作为项目文化建设的重要载体，宣传思想工作有着对内宣教引导、对外树立品牌的双重作用。国内外的优秀项目团队也越来越重视项目的宣传思想工作，国有施工企业要把项目管理引入新的发展层面和发展水平，全面提升市场竞争力，需要重视项目宣传思想工作，在方式、方法上不断创新，推动项目团队更加团结高效，项目管理水平持续提升，从而推动企业持续、健康发展。

夯实项目党建工作推动项目平稳高效运行

——纵论项目党建工作的创新与实践

中国石油天然气管道局第一工程分公司　张玲玲

【摘　要】　工程项目是施工企业的管理基础、效益源头，也是企业党建工作的重要阵地和舞台。但是工程项目具有流动性、分散性、一次性等特征，这一特征为项目党建工作因时、因地、有的放矢地开展工作带来了难题。本文以中缅管道项目党总支项目党建工作为例，重点分析了长输管道工程项目党建工作的方式、方法的创新及经验做法。就如何围绕项目施工生产开展党建工作，增强党的凝聚力和战斗力，促进项目快速发展提供了有益的借鉴。

【关键词】　项目党建；队伍竞争力；队伍创造力；队伍战斗力；队伍凝聚力

对于项目党建工作的重要性，作为全国最早从事管道建设的专业化队伍，管道一公司认识尤为深刻。从"八三"会战到陕京一线，从西气东输到忠武管道，从中亚管道到中缅管道，从苏丹管道工程到伊拉克管道工程，无论是艰苦创业时期，还是快速发展时期，无论是国内能源通道建设项目，还是国际工程项目，项目党建工作与时俱进不断发展，一直发挥政治保障和智力支持的积极作用。在中缅管道工程建设中，管道一公司中缅管道工程项目部为确保优质、高效、安全、绿色地建设国家能源通道工程，在项目运行期间，大力开展项目党建工作，从方式方法、党建内容上不断创新，以党建促施工，以党建促安全，以党建促高效，确保了我国第四条能源通道建设的顺利完成。

管道一公司承担的中缅管道 2B 标段"两油一气"总长 484.2km，设昆明东分输站、曲靖分输站及阀室 7 座。该施工段位于云贵交界地区，81％都是起伏山区，且多为断岩绝壁，坡度大于 20°的陡坡就有 12 处，合计约 10km，还有 7 条隧道贯穿其中；11％为"V"形深谷，23km 蟒蛇河谷段落差达 276m。在陡峭的山岭和沟谷间铺设管道，单千米弯头弯管用量最高达 36 个，管线就像是"心电图"。同时，管道沿线断裂带密布，地震活动频繁，而且多为喀斯特地貌，具有"高地震烈度、高地应力、高地热"和"活跃的新构造运动、活跃的地热水环境、活跃的外动力地质条件、活跃的岸坡再造过程"等"三高四活跃"特点。无论是地形还是地质条件，对于管道施工都是一个前所未有的挑战。

该项目共有 2 个项目管理部，设有 11 个营地，共投入 11 个施工机组，并行施工点最多时达 25 个，施工高峰期施工人员达 1500 余人，党员近 200 名。2012 年项目组建的同时，就成立了中缅管道工程项目临时党总支，健全了党总支组织机构，配备了专职的党总支书记，并由项目经理任党总支副书记，做到一岗双职，便于项目施工管理与党建工作的组织开展。

在中缅管道工程建设过程中，项目部党总支密切结合项目施工难度大、人员多、施工分散的特点，在项目党建中着重做好"四抓"，切实提升"四种力"。

1 抓执行，提升队伍竞争力

执行，是把企业的战略部署转化为效益、成果的关键。一公司项目部党总支以"四化"为目标，调整组织机构，完善规章制度，理顺业务流程，基层队伍竞争力显著提升。

机构科学化。根据项目生产经营实际情况，项目部超前部署，坚决执行，创造性地调整设置了标准化项目部，优化了机组和项目部的人员、机构设置，并做到五个同步：党组织与行政组织同步设立、干部同步配备、制度同步建立、考核同步进行。在项目上党总是全面探索"标准化支部"管理模式，组建了项目党总支及各支部，明确临时党总支与支部之间的管理流程。同时，在标准化机组均成立了党支部，消除了无党员机组，确保党组织在机组的全面覆盖。对项目部岗位职责标准化，通过对各岗位职责进行梳理和完善，做到事事有人主管、事事责任到位。

工作制度化。制度和流程是队伍持续有序发展的基础和保障，建章立制、梳理流程是企业重要的基础工作。2012年管道一公司出台了经营、项目、机组、科研四大管理模式，并出版了管理模式汇编。管道一公司中缅项目部作为首个进行项目管理模式的试点，全面推行模式化管理。大到合同签订，小到车辆租赁，都有严格、明确、清晰的条款和流程支持、指导，基层工作人员只要按此认真执行，既方便快捷，又准确到位，真正实现了基层各项工作制度化、规范化、流程化、标准化。

形象标准化。项目部从施工现场、机组营地、个人形象入手，严格实施《企业形象建设标准》、《公司标准化机组考核细则》、《机组文化建设标准》。走进一公司中缅管道的施工现场，旗帜飘扬、标识鲜明，入场须知、条幅标语等目视化字样、字体、字号整齐一致；营地采取半军事化管理，被褥由公司统一配置，物品整齐统一、摆放有序，每日的重要事项公开上墙；员工挂牌上岗、形象统一，整体风貌积极向上。

管理民主化。项目部坚持全员参与企业管理。对于项目的重大政策出台前广泛征集员工意见；坚持厂务公开，每个机组都做到"四表"（公司给各项目部审批的奖金总额汇总表、项目部给所辖机组的奖金总额分配表、机组给每名员工的奖金发放明细表和国内项目每个机组当月奖金明细表）上墙，增强企业管理的透明度；对于员工提出的合理化建议，项目部做到件件有回复，事事有回音；创造性的推行了"三级互评"考核方式，增强民众对领导干部的监督，切实使公司的管理公开化、公平化、民主化。

2 抓学习，提升队伍创造力

学习，是一支队伍保持生存和发展的唯一方法。项目部将学习融入员工的日常工作和生活中，以"三学"为手段，大力倡导学习之风，提升队伍创造力。

向老师学。按照"短中长"期培养计划，结合4支队伍和7个层级人才成长通道，项目部党总支科学制定培养计划，全面实施素质培训工程，建立起技术课堂等长效培训机制，保证每年对所有干部和员工轮训一次。此外，为做好老中青三代之间的"传、帮、带"工作，项目通过采取"师带徒"的方式，确定了 20 对师徒关系，增强了员工学习的主动性、积极性，为创建学习型组织、打造学习型团队奠定了坚实基础。

向书本学。项目部积极开展书香进机组活动，为项目部和每个机组都配备了流动书箱，并为员工配发了《公司的力量》《员工突击》《工作赢在心态》等图书，积极开展创先争优、学习《管理人员培训教材》《公司管理规章制度汇编》《四大管理模式》《长输管道施工典型技术方案》《管道施工风险识别指南》及《安全经验分享》。其中，《长输管道施工典型技术方案》《管道施工风险识别指南》《四大管理模式》及《安全经验分享》均由公司相关专业人员组织编写，对一线施工具有很强的指导性、实用性和可操作性。

向典型学。在项目建设的过程中，涌现出王宇机组、张洪文机组等先进典型，项目通过"三报两网"（《中国石油报》《石油管道报》《一公司人报》、管道局门户网、一公司网站）广泛宣传他们的先进事迹，使其成为员工学习的榜样，在队伍营造"比、学、赶、帮、超"的浓厚氛围。同时，项目党委坚持实行党员先锋岗挂牌、所有党员亮身份佩戴党徽上岗，开展我是共产党员我带头、"六个一"标准化党支部创建、"创先争优"、红色教育等活动，在队伍中形成了正确的舆论导向，形成了"人人争当先进、人人争作楷模"的局面。

3 抓作风，提升队伍战斗力

作风，是一支队伍风清气正、和谐稳定的重要保障。项目部党总支坚持把握班子作风建设和员工作风建设这两条生命线，着力转变思想观念，倡导形成埋头苦干的务实之风、心系群众的爱民之风、企业至上的服务之风、团结共事的和谐之风。

以"六个力，六个心"为标准，提升项目领导班子整体素质。领导班子建设是核心，抓作风建设必须从领导干部做起。按照公司党委提出的"六个力、六个心"（思维敏捷，有魄力；真抓实干，有能力；懂经善管，有实力；贯彻规定，有执行力；思想发动，有感召力；个人形象，有魅力。树立必胜，有恒心；永不言败，有决心；完成目标，有信心；维护利益，有公心；关爱员工，有真心；廉洁从业，有良心）领导干部履职标准，要求每名领导干部按照这一标准来要求自己，确保基层班子廉洁高效、运转协调、行为规范、执行有力。

以"三树"活动为抓手，提升员工队伍精神风貌。员工队伍建设是保障，抓作风建设必须实现全员参与。"树新风、树正气、树形象"主题教育活动是一公司的一大特色和亮点，已经连续开展四年。中缅项目党总支把该项活动在项目上不断向纵深推进，通过宣讲会、报告会、演讲会、辩论会等丰富多彩、形式各样的载体，"三树"活动不断走向深入、步入高潮。通过活动，员工队伍的整体精神风貌有明显改善，队伍气正风清、员工乐业安居、内部友善和谐、外部交口赞誉、企业形象良好的氛围基本形成。

4 抓文化，提升队伍凝聚力

项目文化，是建立项目高效管理的有力武器。中缅项目部党总支坚持以"三个文化"

为引领，不断提升队伍的凝聚力。

落实"五个一"，弘扬安全文化。安全是生命，是企业永恒的主题。中缅管道工程建设沿线地形复杂多变，施工难度极大，再加上施工工期异常紧张，以及协作化机组的引入，导致各种风险因素叠加，施工风险显著加大。项目部党总支将安全与 HSE 体系推进和"两全"工作结合起来，落实在"每天一条安全短信、每周一次经验分享和安全通报、每月一次安全汇报、每季一次安全总结、每年一次安全分析"的具体做法上，形成了内容具体、做法务实、形式多样的"五个一"安全文化，安全意识和安全理念深入人心，项目部内部形成了自我约束、自主管理和团队管理的安全文化氛围。

把握"三个方向"，构建团队文化。团队精神是组织文化的一部分。在构建团队文化方面，项目部把握三个方向，形成了"以上带下、以下促上、上下联动"的生动局面。一是"提上来"，项目部注重文化活动质量的提升，除歌唱比赛、知识竞赛、乒乓球、排球等传统活动，积极开展团队拓展、诗歌朗诵、辩论会等特色团队活动，加速了团队文化的形成；二是"沉下去"，充分发挥基层组织贴近职工、贴近一线、群众参与性强的优势，让基层支部、团委、社团成为文化活动主体，激发职工的参与热情；三是"连成网"，项目部构建了上下畅通的宣传立体网络，通过"两刊一报"及项目部自办电子简报，弘扬正气、宣传先进、营造氛围，引导员工形成为实现各自人生价值和企业共同愿景而奋斗的团队文化。

把好"四道关"，体现"家"文化。项目部将关爱体现在细节中，潜移默化引导每名员工感恩之心，像经营自己的家一样经营自己的岗位，像对待自己的兄弟姐妹一样对待同事和员工，项目部的"家"文化也在"四道关"中悄然形成。第一关：关注热点焦点。对于员工群众普遍反映的热点问题，比如奖金按月发放、劳保用品发放、成本管理等问题，项目都做到及时、公正、公开，切实将实惠落到员工身上。第二关：关心员工成长。项目部党总支对员工都制定了培养计划，关心其成长。安排新员工到艰苦岗位锻炼，锻炼其才能；提拔有能力的市场化员工任项目职能部门部长等关键职务，挖掘其潜能。第三关：关爱员工生活。项目部党总支将关爱体现在生活小事上，每逢项目上有员工过生日，食堂加做一菜，并为其煮长寿面。第四关：关怀困难家庭。项目部党总支将关怀融入解决员工困难中，比如对贫困的员工家庭，对于遇到升学、婚丧嫁娶、父母患病等情况的职工，项目部党总支坚持走访慰问。设立职工探亲房，建立反探亲制度，施工期间，共有近 500 名职工家属来一线探亲。

在充分利用外部媒体的同时，公司还积极开拓《一公司人报》、管道一公司内网两个内部宣传媒体。2010 年，《一公司人报》共出版 8 期，初步形成了要闻、工程建设、党建安全、文化园地（或专题）四个版面，并在上半年完成了报纸编辑软件的换代升级，使《一公司人报》实现了电子版和纸质版的双向发行，尤其是电子版可以通过邮箱、网站及时发送到每一个支部、每一名职工，解决了一线职工读报难的问题。一公司网站与企业文化部实现了新闻信息同步共享，做到网站信息实时更新，并增加了管理制度、政策法规、办公平台等窗口，已经成为一线员工的重要信息窗口，点击率稳步提升。《一公司人报》、管道一公司内网发挥了企业内部媒体积极引导、树立正气、振奋人心、鼓舞士气、凝神聚力的积极作用。

在摸索中，管道一公司项目党总支四点经验：一是项目党建要从队伍建设抓起，这是项目党建取得成效的根本所在；二是项目党建必须发动全员参与，这是党建工作扎实推进的坚实基础；三是项目党建工作须重心下移，这是将党建工作落到实处、发挥实效的本质要求；四是党建工作必须选树典型、以点带面，这是项目党建工作成功实施的有效方法。

5 结束语

项目党建工作是项目管理的一个重要方面，对于项目文化建设起着重要的推动作用。尤其是在施工条件艰苦、施工周期长、施工流动性强、施工队伍分散、施工人员众多的长输管道项目建设中，党建工作成为项目建设的润滑剂和助力器，对于提升队伍士气和正能量有着积极的作用。在管道企业成立的 40 多年里，项目党建工作已经而且正在发挥着积极的推动作用。在新时期、新形势下，必须不断创新工作方式和方法，让项目党建工作与时俱进，更好地服务施工、推动施工，让项目党建工作保持旺盛的活力。

以人为本　协作创新

中油管道物资装备总公司　刘春新

【摘　要】　公司党委在中缅工程（国内段）坚持以人为本的原则，积极发挥党组织的战斗堡垒作用，发挥党员的先锋模范作用，带动和感召员工；在加强党群建设的同时，增强员工们的团队意识、创新意识，提高员工的工作能力，提升专业岗位职业技能，最终形成与项目共赢的局面，保证了项目的和谐发展。

【关键词】　战斗堡垒；党群建设；转作风；抓创新；员工培训

中缅天然气、原油、成品油管道工程是我国实施能源战略的重点项目之一，工程量大、标准高、难度多，公司党委给予了高度重视，坚持以人为本的原则，积极发挥党组织的战斗堡垒作用，发挥党员的先锋模范作用，带动和感召员工；在加强党群建设的同时，增强员工们的团队意识、创新意识，提高员工的工作能力，提升专业岗位职业技能，最终形成与项目共赢的局面，保证了项目的和谐发展。

1　发挥党组织的战斗堡垒作用，发挥党员先锋模范作用

在中缅项目中，积极发挥党组织的战斗堡垒作用，积极发挥党员的先锋模范作用是圆满完成一个项目的关键。公司党委高度重视中缅项目，为了高效发挥党组织在项目中的战斗堡垒作用，公司党支部特意选派了工作经验丰富、勤勤恳恳、任劳任怨的老党员担任项目主任和项目经理，把能吃苦耐劳、积极向上的年轻业务骨干安排在工作一线，从而确保项目的顺利进行。

同时，为了发挥党员的先锋模范作用，以老党员为标杆，以先进党员为样板，感召大家，引领大家，努力工作，共创佳绩。积极典型选树，激发工作潜能，带动思想、业务工作整体开展，使工工作积极性进一步加强，员工队伍的凝聚力和战斗力不断提升。

2　加强党群建设，增强团队意识

加强党群建设，增强员工的团队意识，是干好一个项目的关键。

公司采办在EPC项目中的特点是结合好设计和施工部门的要求、需求，除自身的专业业务外，还要进行大量的协调工作，所以采办业务应该以现场的实际需要为着力点。为了保证采办工作到位，增进公司与项目部的融洽关系，公司党委、工会全力支持。

首先，通过文娱活动，增强团队意识。公司积极组织和参与项目部工会活动，积极发挥特长和影响力，营造阳光、健康、和谐的工作、生活氛围，让身在他乡的员工们远离寂

寞、疲惫，减弱他们对家庭的思念之苦。利用工作之余，公司组织员工因地制宜开展小娱乐、小活动，缓解工作疲劳。在双休日和节假日组织爬山、参观活动，与业主、监理、各分部间开展棋牌赛、羽毛球赛、乒乓球赛、篮球赛等。

其次，通过相互扶助，增强团队意识。让每个员工树立主人翁意识，让助人为乐变成一种习惯。公司员工会帮助其他部门搬资料、帮食堂打扫卫生、帮局会议做会务、帮工程部统计资料、帮设计部找寻设计漏项、帮合同部整理台账、帮文控部起草文件…员工们的坚持和共同努力，使采办团队成了项目上最受欢迎的团队。每个员工以团队为荣、以团队为家。现在项目上的任何部门一旦有需要帮忙的事，首先想到的一定是路大旭、刘伟、陈云鹏、田丽杰…他们都是采办部的人，都是物装公司的年轻人。

3 转作风抓创新，提升队伍素质

转变员工的工作作风，提升员工的工作能力是体现我们服务单位服务意识的重要内容。针对员工的工作作风、工作能力，我们的做法是：发现要早、分析要实、措施可行。在中转站业务中，以往一些不和谐的声音和因素时有出现，为此，公司党组织深入调查、反复研究，认真查找症结所在。公司首先抓中转站的标准化建设，针对检查发现的十几项问题，逐一设定标准，并限时整改。在中转站设置了《顾客满意度调查表》，定期交由施工、运输单位打分评价。由于管理到位、措施得当，再在月度会或平时交流中，公司听到都是相关单位的赞誉。昆明站，在业主全部标段中，成了中转站的标杆。很多兄弟单位纷纷前来学习、观摩，就连审计单位来了也是赞不绝口。

在党群建设中，提升党群干部的创新意识，不断提升队伍素质是企业长期发展、经久不衰的重要任务。

一是遵纪守法。提高创新意识、提升队伍素质的前提是遵纪守法。有了这个基本点，才谈得上提高和提升。为此，公司不定期组织员工学习国家的相关政策法规；分析其他项目中出现的各类问题，检查分析原因，避免重蹈覆辙。

二是创新求变。所谓创新，就是打破常规，围绕项目做好经营和高效服务，有了创新的理念，在创新工程中，队伍素质自然有大的提高。如为实现项目剩余物资的良好管控，公司率先推出了具体措施控制剩余物资的形成，即实行50%、80%两个控制点，从目前情况看，跟以往项目相比，剩余物所占比例小于其1/3。再如"查漏补缺"提前，在EPC项目实施中，充分发挥采办管理的能量，在经常发生漏缺现象的站场、阀室施工中，采办部提前介入，派专人去站场、阀室，逐一核对材料设备，跨越了施工单位施工分包管理中可能的漏洞，高效地将现场的漏缺问题反馈给EPC项目部和公司，并加速解决。在经历了这些问题的处理后，员工的素质自然得到提高。

4 加强员工培训，提高职业技能

公司考虑到项目现场的采办人员普遍年轻，有的甚至刚刚参加工作或从未接触项目，所以特别重视员工的基本职业技能教育和培训。在以多种形式地普及基本知识后，公司本着"一专多能、信任放权"的考虑，推出了简单易解的教育内容，即"一个控制、两个协调、三个意识"。

一个控制即控制进度，在目前国内项目的管理模式下，公司把工作重心放在对采办进度控制上。公司制定了"EPC采办动态一览表"，对设计请购文件提交的时间、采办过程文件上报及批复、合同签订及执行、订单与到货等一系列内容进行点对点监控记录，分颜色标记，对问题环节的风险进行及时预警，明晰时间概念，做好进度跟踪与推进工作。同时，在分专业配备采办包责任人外，增加了督办人督办工序，以确保不会因人员的临时变更影响进度管控。

采办作为项目管理工作的中间环节，起的就是连接设计与施工的纽带作用：与设计沟通，保障物资供应的及时性与准确性；与施工结合，是为避免盲目采购，做到心中有数。为了更好地发挥纽带作用，公司提出了"两个协调"的管理理念。首先就是协调设计，公司要求设计部对提交的数据单和请购文件进行审核，并对即将到达数据单计划提交时间的物资向设计部提出预警及催交请求。其次是协调施工，公司通过工程控制部反馈各施工分部的实际使用情况，做好对物资采购数量的控制工作，避免项目最后形成剩余物资。

公司要求采办部要有三个意识：大局意识、换位意识、服务意识。

第一，大局意识，"观大局、识大体"。公司要求采办部要站在项目的角度"观大局"，从项目利益的角度"识大体"。为了实现项目的既定目标必须认真分解自己的任务。大局意识，还表现在公司积极引进国外的管理经验，在实现"国内第一"的同时，不忘"国际一流"的目标。

第二，换位意识，"牢骚太盛防肠断，风物长宜放眼量"。管理的精髓是"复杂的问题简单化，易执行"，而"简单化"的实现靠的是彼此沟通的顺畅。公司明白只有换位思维才能实现更好的沟通，做到想业主之所想、急业主之所急。

第三，服务意识，采办工作究其实质就是服务，及时、保质保量地为现场提供产品和服务。为此，公司在中转站设置了《顾客满意度调查表》，定期交由施工、运输单位打分评价；在项目部，公司也要求采办人员时刻带着这种服务意识，为项目部各部尽可能提供方便与帮助。良好的服务能够赢得领导与同事认可的同时，也促进了项目各部成员之间的"和谐"，反过来推进采办工作能够得到更多的支持和帮助。

工程技术篇

不良工程地质勘察方法的创新

中国石油天然气管道工程有限公司　王成雷

【摘　要】 中缅管道进入我国西南地区后，干线和支线全长达 2000 多千米，横穿云南、贵州、重庆和广西四省，管道沿线地质灾害类型多样，做好沿线地质灾害类型的调查工作，对确定的重点地灾点运用多种方法开展勘察工作，做好施工期的施工勘察，对已完成治理的地灾点开展多方面的监测预警，积极应用勘察新技术、新方法，将勘察工作拓展到管道建设的全生命周期，强化地质勘查在中缅管道建设过程中的重要性。

【关键词】 中缅管道；地质灾害；勘察方法；监测预警；创新；全生命周期

1　区域地质背景

中缅管道经过了滨太平洋构造带与冈瓦纳-喜马拉雅构造带的复合部位，由云南瑞丽入境后，穿越了冈瓦纳板块、怒江深大断裂和由澜沧江深大断裂构成的板块缝合线，之后进入了华南板块，其间穿越了横断山系的东南余脉、无量山、哀牢山北端，穿越云贵高原后天然气管道向东南进入江南丘陵地区，终点位于防城港附近；原油管道向北穿越大娄山后进入四川盆地，终点位于重庆市长寿区境内。中缅管道穿越的地震带主要有腾冲-澜沧地震带、滇西、滇东等地震带，穿越的主要流域有伊洛瓦底江、怒江、澜沧江、元江-红河、珠江、长江等六大水系。沿线属于"三高四活跃"的不良地质发育地区（高地震烈度、高地应力、高地热，活跃的新构造运动、活跃的地热水环境、活跃的外动力地质条件、活跃的岸坡再造过程）。有资料表明，1976 年以来，包括唐山大地震和汶川大地震在内，全国发生 6 级以上大地震约 56 次，中缅管道穿越的云南地区就有 15 次，超过全国总数的 1/5。由于管道途经沿线特殊的地形地貌和地质构造特点，这里山高谷深、地形陡峻，地震及活动断裂发育，滑坡、崩塌、泥石流、岩溶塌陷等地质灾害密布。

2　地质灾害调查

2.1　调查范围

调查范围原则上为管线两侧各 1km，其中管线及附属设施两侧及两端各 200m 范围内应重点调查，对于潜在重要地质灾害隐患点调查遵循以下原则：

(1) 崩塌、滑坡调查范围为滑坡外壁至第一分水岭；

(2) 泥石流沟调查范围为沟谷至第一分水岭及物源区；

(3) 岩溶区调查应考虑岩溶塌陷致灾因素，沿线两侧各不宜小于 1km；

(4) 矿层采空区调查至移动盆地的边缘，沿线两侧各不小于 1km。

2.2 调查内容

主要调查管道沿线已发生的崩塌、滑坡、泥石流、岩溶塌陷、采空塌陷、地热害等地质灾害的形成条件、发育特征、已造成的损失和危害程度；对潜在的地质灾害，主要调查地质灾害的复活性、危险性和潜在危害的威胁程度，特别要描述清楚上述各类地质灾害与管道的空间位置关系，对活动断裂及地震等地质灾害要通过收集已有资料，开展必要调研，了解其总体分布规律和特点。

2.3 调查方法

（1）应全面收集地质灾害形成条件与诱发因素资料，地质灾害现状与防治资料，有关社会、经济资料，管道沿线有关部门制定的地质灾害防治法规规划和群策群防体系等减灾防灾资料等。

（2）遥感调查应采用近期高精度遥感影像资料，解译地质灾害点，对解译出的地质灾害点进行实地复核调查。

（3）管线沿线的地质灾害实地调查原则上不布置钻探工作量，全线按 1：10000 精度、重点地段按 1：1000～1：2000 的精度开展调查，查明管道沿线地质环境条件，各类地质灾害点的分布规模、变形活动特征，引发因素及形成机制，评价其稳定性、危险性和危害程度，并圈定影响范围和危险区。对于重要地段或重大隐患，必要时开展比例尺为 1：1000～1：2000 的工程地质测绘，布设适当的勘察及测试工作量。如确需专项勘察的，提出勘察建议。尽可能将先进技术应用于调查工作之中，如采用 3S 技术（RS、GPS、GIS）、无人机航拍、三维激光扫描等方法。

野外调查记录必须按地质灾害类型填写野外调查表，要用野外调查记录本作沿途观察记录，并附示意性图件（平面图、剖面图、素描图等）和影像资料等，对危及中缅管线的地质灾害点应实测代表性剖面，并进行拍照、录像或绘制素描图。做到目的明确、内容全面、重点突出、数据无误、词语准确、字迹工整清楚。

2.4 意义

开展野外地质灾害调查，可以全面了解和掌握管道沿线地质灾害类型及其空间分布规律，划分地质灾害危险性分区，确定重点地质灾害分布区段，为项目建设前期管道路由优化提供有利的佐证，对于无法避让的地质灾害点，全面掌握其形成条件、发育特征、已造成的损失和危害程度；对潜在的地质灾害，了解其复活性、危险性和潜在危害的威胁程度，特别要描述清楚上述各类地质灾害与管道的空间位置关系。

3 重点地灾点勘察评价

3.1 常规勘察方法

（1）地质测绘

对于威胁管道设施且稳定性较差的地质灾害点，进行大比例尺工程地质测绘。地形测绘据现场情况，平面图测绘比例尺在 1：500～1：2000 之间，剖面图测绘比例尺在 1：50～1：1000 之间。基本查明地质灾害点的形成地质条件、特征和诱发因素，了解其危害和成灾情况。灾害测绘根据其规模、危害程度以及稳定程度采用了不同的精度。

（2）工程地质勘探

对于管道无法避让的重要地灾点，开展专项勘察工作，通过地质钻探、取样试验及原位测试等工作查明地灾点的地形地貌、气象与水文、岩体工程地质、土体工程地质、地质构造、水文地质、岩石风化、植被、人类经济活动等条件，取得岩土体物理力学参数，对地质灾害进行定性和定量评价。

3.2 三维激光扫描测量

三维激光扫描技术的出现是以三维激光扫描仪的诞生为代表。三维激光扫描技术是一种先进的全自动高精度立体扫描技术，又称为"实景复制技术"，是继 GPS 空间定位技术后的又一项测绘技术革新，将使测绘数据的获取方法、服务能力与水平、数据处理方法等进入新的发展阶段。三维激光扫描仪的主要构造是一台高速精确的激光测距仪，配上一组可以引导激光并以均匀角速度扫描的反射棱镜。激光测距仪主动发射激光，同时接受由自然物表面反射的信号从而可以进行测距，针对每一个扫描点可测得测站至扫描点的斜距，再配合扫描的水平和垂直方向角，可以得到每一扫描点与测站的空间相对坐标。如果测站的空间坐标是已知的，那么则可以求得每一个扫描点的三维坐标。

在中缅管道控制性跨越工程—澜沧江跨越中，徕卡 HDS-4400 三维激光扫描仪发挥了重要作用。澜沧江跨越地处云贵高原西缘，横断山脉南段的滇西纵谷地带，山体高耸挺拔，地势险峻，河谷深切，水流湍急，河谷多呈"V"形，为典型的高原构造剥蚀高中山峡谷地貌。为人工调查两岸高陡岩质边坡带来了极大的困难，三维激光扫描技术的应用，提高了工作效率，降低了工作风险。图1～图4分别为澜沧江跨越左右岸实景与扫描结果的对比图，通过扫描结果云数据的解译（图5、图6），对结构面进行分组、整理，并获取典型结构面产状。同时采用该软件切剖面的功能对跨越轴线剖面地形线进行了校核，根据已知的全球坐标点，非常精确地将三维裂隙网络投放到了跨越区工程地质平面图上，这对研究岩体稳定具有重要的作用。

图 1　左岸边坡全貌图

图 2　左岸三维点云数据图

图 3　右岸边坡全貌图

图 4　右岸三维点云数据图

图 5　左岸边坡点云数据解译图

图 6　右岸边坡点云数据解译图

3.3　地质雷达

地质雷达是利用高频电磁波（工作频率 10MHz～2GHz）以宽频带短脉冲形式，由地面通过发射天线送入地下，经地层或目的物反射后返回地面，为另一接收天线所接收。电磁波在介质中传播时，其路径、电磁波强度与波形将随所通过介质的电性质及几何形态而变化。因此，根据接收到的波的旅行时间（亦称双程走时）、幅度与波形资料，通过图像处理和分析，可确定地下地层界面或目标体的空间位置和结构。

利用地质雷达来确定地下介质的分布情况，关键是要获取真实、直观的地质雷达图像资料，以便于正确地解释，而获取有效信号的根本是数据采集。因此，在进行地质雷达的数据采集阶段，应尽量选取适当的测量参数，以使所要了解的地下目标体或地层能在地质雷达图像上有一个直观、清晰的显示。

地质雷达主要应用在管道沿线岩溶、采空区等地灾点的调查勘察方面，尤其是贵州安顺地区多分布煤矿采空区，在资料搜集不能满足设计要求时，多次应用地质雷达进行地下采空区规模、埋深、延伸方向、顶板厚度及地层特性进行探查，为管道建设期特别是运营期管道的安全建设和运营提供保障；中缅管道贵州段多喀斯特地貌发育，施工期管沟开挖揭露了多处隐伏岩溶发育地灾点，应用地质雷达查明隐伏岩溶发育的特性，以便有针对性的选取治理措施。

3.4 地质 CT

地质 CT 技术是利用井间透射电磁波测量数据，依照一定的物理和数学关系通过计算机技术揭示物体内部物理量的分布，最后以图像的形式表现结果。电磁波实际测量的是波动过程沿射线路径对介质吸收系数的积分结果，当同一平面内密集的平行射线簇对研究区域进行了全方位扫描后，便可把所有的投影函数依 Radon 反变换的关系组成方程组，经反演计算重建出介质吸收系数的二维分布图像。

电磁波 CT 容易实现特定工作频率的发射和接收，野外观测方便，成本低廉，适用于对精细构造和电阻率差异大的目标体探测。电磁波 CT 以其分辨率高、反演结果可靠性强等优点，在中缅管道 QAP076 岩溶地灾点等浅部地质灾害和 QAP105 小江断裂带等地质构造探查中得到了应用，用来确定断层的准确位置、断层的走向、倾向、倾角等性质，确定断层面的特点、断层的破碎程度及断层内部充填物质的松散程度。

3.5 无人机遥感

无人驾驶飞机简称无人机，是一种有动力、可控制、能携带多种设备、执行多种任务，并能重复使用的无人驾驶航空器。无人机与遥感技术结合，即无人机遥感，是利用先进的无人驾行器技术、遥感传感器技术、遥测遥控技术、通信技术、GPS 差分定位技术和遥感应用技术，具有自动化、智能化、专题化快速获取国土、资源、环境等空间遥感信息，完成遥感数据处理、建模和应用分析能力的应用技术。

考虑到地质灾害作为一种特殊的不良地质现象，无论是滑坡、崩塌、泥石流等灾害个体，还是由它们组合形成的灾害群体，在遥感图像上呈现的形态、色调、影纹结构等均与周围背景存在一定的区别。由此，通过对遥感图像进行地质灾害解译，可以对目标区域内已经发生的地质灾害点和地质灾害隐患点进行系统全面的调查，查明其分布、规模、形成原因、发育特点、发展趋势以及危害性和影响因素，在此基础上指导后期的地质灾害防治工作。

4 施工勘察

中缅管道所途径的云南省，构造运动活跃，沿线属于"三高四活跃"的不良地质发育地区，区域性大断裂密布，山体较为破碎，隧道施工时，经常会遇到断层、节理密集带、褶皱轴等影响岩体完整性的构造发育，造成围岩失稳及涌水突泥，威胁施工安全，严重时造成施工中断；贵州省喀斯特地貌发育，隐伏岩溶及岩溶地下水及其发育，尤其是岩溶地下水对正常施工造成影响，因此有必要针对隧道施工开展地质超前预报工作。

管道隧道施工超前预报在分析既有地质资料的基础上，采用地质调查、物探、超前地质钻探、超前导洞等手段，对隧道开挖工作面前方的工程地质与水文地质条件及不良地质体的工程性质、位置、产状、规模等进行探测、分析判释及预报，并提出技术措施建议。

隧道施工超前地质预报可根据前方预报长度的区别，采用地质调查法、地震波反射法、电磁波反射法、红外探测及超前地质钻探等方法。

通过超前地质预报，提前了解和掌握施工掌子面前方的工程地质、水文地质及构造等发育情况，及时调整设计和施工方案，应用信息化施工。

5　地灾点监测

目前，国内油气管道地质灾害监测主要是针对现役管道，监测的方式以人工看护和专业监测为主。监测方法以宏观地质调查、地表大地变形监测、地表裂缝监测等方法为主。

在借鉴了国内外地质灾害监测预警的先进经验的基础上，结合中缅管道自身的地质条件和建设特点，提出了"四个体系建设"的核心检测理念，四个体系建设指的是：群测群防监测体系、专业监测体系、气象预警预报体系及突发地质灾害应急响应体系。

群测群防体系指的是充分发挥和调动中缅管道施工各参与方的积极性，建立起工程自有的群测群防监测体系，核心是确立责任制度和签订责任状；基础是通过专业技术人员对管道沿线地质灾害排查，区分出的地质灾害点及隐患点；重点是管道建设期间可能引发的灾害。

专业检测体系指的是通过在各重要地灾点设置监测仪器，间断或不间断的获得地质灾害体和管道不同时刻的活动状态数据，判断地质灾害体和管道的安全状态，并预测其未来一段时间的活动趋势，为下一步防治决策提供依据。

气象预警预报体系的基础是降雨量、降雨强度与地质灾害的关系，一段时间内实时雨量数据库中的日降雨量分别乘以有效系数加和得到有效降雨量。有效降雨量的确定采用了幂指数形式 $R_c=R_0+\alpha R_1+\alpha_2 R_2+\cdots+\alpha_n R_n$，式中 R_c 为有效雨量；R_0 为当日降雨量；R_n 为 n 日前降雨量；α 为有效系数；n 为经过的天数。取 $\alpha=0.7$ 作为有效系数，n 的取值自前次降雨结束（连续 15d 无降雨）开始计算。

通过对研究区的降雨资料和历史滑坡相关资料统计分析，并参考经验值，得到研究区的滑坡发生的降雨临界值，进而可以将降雨量危险性等级划分为 3 个等级，即低危险性、中危险性和高危险性，分别对应两个阈值，结果如表 1 所列。

研究区滑坡发生降雨量阀值及危险性等级　　　　　　　　表 1

项目	低危险性	中危险性	高危险性
有效降雨量(mm)	0～50	50～120	≥120

6　结论

中缅管道不良地质和地质灾害勘察工作充分应用综合勘察手段，积极应用遥感技术、三维激光扫描、地质雷达等新技术，有效查清了不良地质条件，并提出了防治措施，降低了地质条件复杂地段工作的风险，提高了工作效率。

参考文献

[1] 胡玉禄，张景康，付恩光. 山东省地质灾害危险性分区及其意义 [J]. 科技信息（科学教

研），2007.

［2］ 刘江波. 建设项目地质灾害危险性评估分区定量方法研究［D］. 昆明：昆明理工大学，2006：38-41.

［3］ 梁伟，高德彬，周义. 某输油管道线路工程地质问题及其防治［J］. 山西建筑，2005，31（4）：59-60.

［4］ 张晓光，何子文. 危岩体稳定性评价方法在管道建设中的应用［J］. 天然气与石油，2010，28（6）：62-65.

［5］ 费祥俊，舒安平. 泥石流运动机理与灾害防治［M］. 北京：清华大学出版社，2004：248-267.

［6］ 李海荣. 管道穿越泥石流沟设计方法［J］. 石油规划设计，2006.

［7］ 雷明堂，李瑜，蒋小珍等. 岩溶塌陷灾害监测预报技术与方法初步研究［J］. 中国地质灾害与防治学报，2004年增刊：142-145.

［8］ 刘传正. 地质灾害预警工程体系探讨［J］. 水文地质工程地质，2000，第4期.

［9］ 刘艳辉，唐灿，李铁锋，温铭生，连建发. 地质灾害与降雨雨型的关系研究［J］. 工程地质学报，2009（05）.

风洞试验在管道斜拉索跨越中的应用

中国石油天然气管道工程有限公司　左雷彬　李国辉

西南交通大学　王　凯　马存明　李志国

东南亚管道工程有限公司　杨雪枫

【摘　要】　通过风洞试验说明斜拉索跨越结构具有良好的抗风性能，测定了管道斜拉索跨越的三分力系数，为今后类似工程的抗风计算提供了相关的参数；为今后管道斜拉索跨越抗风设计提供了方法，有效保证结构安全。

【关键词】　管道斜拉索跨越；风洞试验

1　管道斜拉索跨越概述

管道斜拉索跨越是目前长输管道常用的跨越方式之一，也称为管道斜拉桥，这种结构形式具有结构轻、刚度小的特点，桥面的宽跨比大于 1/40，在自然风的作用下，易发生的风致振动现象包括颤振、涡激振动、抖振、静力失稳等，颤振和静力失稳关系到桥梁的施工和运营安全，抖振和涡激振动关系到油气管道的正常运营。虽然斜拉索跨越经常采用抗风性能较好的钢桁梁，但由于缺少相关的研究和规范，对其结构抗风稳定性需要进行风洞试验进行验证。

2　风速参数

风速参数确定一般根据《公路桥梁抗风设计规范》JTG/T 3360—01—2018 进行确定，由于桥址处位于大峡谷风场区，需要获取当地的气象资料或相关工程的监测资料，必要时需要进行长期的观测获取当地的风速参数。在综合考虑海拔修正和山谷风效应的基础上，得出桥面高度处的设计风速，$U_d = 29.90\text{m/s}$，桥梁的颤振检验风速为 $[U_{cr}] = 1.2\mu_f U_d$。

3　节段模型试验

3.1　静力节段模型风洞试验

考虑到管道斜拉索跨越桥面较窄，主梁节段模型采用 1∶10 的几何缩尺比，模型长 $L = 2.095\text{m}$，宽 $B = 0.30\text{m}$，高 $H = 0.24\text{m}$。模型主桁架及各种横竖杆件用红松木制作，石油、天然气管道用塑料管道制作，栏杆按图纸尺寸采用塑料板整体雕刻制作。试验在均匀流条件下进行，试验攻角为：$\Delta\alpha = -12° \sim +12°$，$\Delta\alpha = 1°$。对管道斜拉跨越主跨标准梁段在成桥状态和施工状态时进行试验，测试整体主梁在不同攻角下的三分力系数，测试风速分别为 10m/s 和 15m/s。

3.2 主梁节段模型颤振稳定性试验

针对成桥阶段主梁标准断面分别进行阻尼比为 0.5，攻角为 $\alpha = 0°$，$\pm 6°$ 三种情况下的试验，来流为均匀流。从试验结果可以看出：对于成桥状态，在三个攻角下，主梁颤振临界风速均大于颤振检验风速，并且有较大的安全储备。试验结果见表 1。

试验结果　　　　　　　　　　　　　　　　　　　　　表 1

断面形态	攻角	测试风速(m/s)	检验风速(m/s)	安全评价
成桥状态 阻尼比 5%	−6°	>80	51.67m/s	安全
	−0°	>80	51.67m/s	安全
	6°	>80	51.67m/s	安全

3.3 主梁节段模型涡激振动试验

试验在均匀流场中进行。成桥态试验风速为 $0 \sim 15m/s$，控制风速步长 0.2m/s，试验中采用激光位移传感器测试桥面边缘处的位移响应，试验结果按不同的风速比换算到实桥，试验结果表明，对于成桥状态，各攻角都没有发现明显的竖向和扭转涡激振动。

4 全桥气动弹性模型风洞试验

全桥气弹模型试验（图 1）分别在均匀流场和模拟大气边界层的紊流流场中进行，均匀流场试验主要考查桥梁的静风稳定性、颤振及涡激振动特性，紊流流场试验主要考查桥梁的抖振响应（图 2）。考虑到实际桥梁可能承受不同方向的来风，试验设置了 2 种不同来流风偏角 β（来流风向与横桥向的夹角）及两种风攻角 α（来流风向与主流平面的夹角）。

图 1　全桥气弹模型

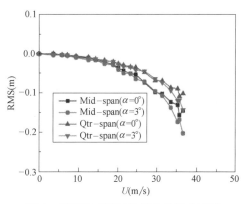

图 2　运营状态下结构横向位移响应值

5 斜拉索风雨振试验

斜拉索节段模型动力试验（即风雨振动试验）即在风洞的射流段进行，在该段装配了雨振试验模型悬挂系统及模拟降雨装置，悬挂系统可方便地调节出试验所需的模型竖直倾角及水平偏角。在进行雨振试验时，均将斜拉索模型的竖向倾角 α 固定为 30°在 β 分别为 30°、35°、40°及 45°的四种风向偏角下进行试验，经过试验发现，在各种风偏角试验工况下，均没有出现斜拉索雨振，斜拉索具有较好抵抗风雨振动性能。

6 结论

(1) 通过主梁 1:10 节段模型风洞试验研究发现，此形式斜拉跨越结构成桥状态和施工状态的颤振临界风速在不同攻角下均明显高于相应的颤振检验风速，也未发现驰振等振幅发散的气动失稳现象，该桥的气动稳定性具有足够的安全度；

(2) 通过风洞试验测定了管道斜拉索跨越的三分力系数，为今后类似工程的抗风计算提供了相关的参数；

(3) 通过 1:20 全桥气弹模型试验表明，来流为均匀流和紊流时气弹模型在各种工况下，在试验风速范围内，均未发生颤振、驰振、静风失稳等振幅发散的气动失稳现象，说明斜拉索跨越结构具有良好的抗风性能；

(4) 斜拉索风雨振试验表明，模型在各种工况下，均没有出现振动，斜拉索不会发生风雨振现场；

(5) 风洞试验为今后管道斜拉索跨越抗风设计提供了方法，有效保证结构安全。

参考文献

[1] 王若林，张金武. 大跨管道悬索桥抗风特性分析 [J]. 武汉大学学报. 2003，36 (5)：98-100.
[2] 王世圣，张宏. 大跨度悬索式管桥风振响应分析 [J]. 油气储运，2003，22 (1)：27-29.

高压直流输电线路接地极的直流杂散
电流干扰防护设计

中国石油天然气管道工程有限公司　廖煜焙　李建军　郑安升　龚　亮　郭娟丽　丁　杰　付　伟　窦宏强

【摘　要】　随着油气管道与高压直流输电（HVDC）系统公共走廊带的逐渐形成，HVDC系统换流站的接地极对埋地钢质管道产生杂散电流干扰引起了油气管道行业的重视。本文分析了 HVDC 系统换流站的接地极对埋地钢质管道杂散电流干扰原理、特性和影响干扰程度的因素，并对干扰评判准则进行了比较；结合中缅油气管道工程，论述了 HVDC 系统接地极杂散电流干扰防护设计方案，并对今后研究工作提出了建议。

【关键词】　HVDC 系统；接地极；换流站

引言

随着我国长输油气管网和长距离高压/特高压直流输电（HVDC/UHVDC）系统的建立，管道与电网公共走廊带逐渐形成。当 HVDC 系统采用单极-大地返回方式运行时，直流工作电流或不平衡电流通过换流站的接地极泄入大地，巨大的直流接地极入地电流会对接地极址区域内的埋地油气管道产生杂散电流腐蚀。在 HVDC 系统换流站的接地极入地电流对埋地钢质管道的腐蚀影响方面，国内电力行业开展了理论计算和研究，得出了一些重要结论。尽管油气管道行业已经认识到这类杂散电流腐蚀危害，但是关于这方面研究工作尚未得出明确的结论，研究成果鲜有报道。

本文旨在分析 HVDC 系统接地极入地电流对埋地钢质管道的杂散电流干扰影响原理、特性和影响干扰程度的因素，并以中缅油气管道工程为例，论述直流接地极入地电流干扰防护设计原则和设计方案。

1　高压直流输电系统

1.1　概述

高压直流输电（HVDC）是 20 世纪 50 年代发展起来输电技术，以直流电方式实现远距离大容量电能输送。根据我国西电东送/全国联网战略规划，在未来几年，南方电网及华东电网都将建成 7 条直流输电线路，华中电网将运行近 10 条直流输电线路。

HVDC 直流输电线路采用双极两线两地接地方式，采用单极大地回线、单极金属回线、双极大地回线和双极金属回线等四种运行方式。当前国内 HVDC 系统均采用前三种方式。

（1）单极大地回线方式：运行时，接地极入地电流（即通过接地极流经大地的电流）即为直流输电系统的运行电流。

（2）单极金属回线方式：运行时，大地中无电流流过。

（3）双极大地回线方式：正常运行时，直流电流流经正负两根导线，实际上相当于两个独立运行的单极大地回线系统，正负两极在回路中的电流方向相反，大地中电流为两极电流之差值。

（4）双击金属回线方式：运行时，大地中无电流流过。

1.2　HVDC 系统接地极对埋地钢质管道杂散电流影响

（1）杂散电流干扰源及大小

对于埋地钢质管道而言，杂散电流即为 HVDC 系统接地极入地电流，也就是流经大地的电流。

HVDC 系统采用大地回线运行方式时，在不同情况下，直流接地极入地电流不同，见表1。

1）当采用单极大地回线方式运行时，如在建设初期和计划停运时期，直流运行电流只能通过大地返回。大地中电流等于系统额定直流电流（I_N），且在运行周期内，电流大小维持在 I_N。

2）当采用双极大地回线方式运行时：

① 若双极对称运行，正负两极电流相等，大地中无电流流过。但实际运行中，由于换流变压器阻抗和触发角的偏差，两极的电流并非绝对相等，因而有不平衡电流流过接地极。通常最大不平衡电流小于系统额定直流电流（I）的 1%。

② 若双极不对称运行，正负两极电流不相等，接地极入地电流为两极电流之差值。当两极中的电流大小关系发生变化时，接地极入地电流的方向随之改变。

③ 当任意一极输电线路或换流阀发生故障时，另一极输电线路利用大地回线继续运行，大地回路中的故障电流与故障极上的电流相同。

不同运行方式下接地极入地电流　　　　　　　　　　　　　　　表 1

运行方式	运行时间	接地极入地电流
单极大地回线(建设初期)	0.5a	I_N
单极大地回线(强迫停运)	使用寿命的 0.5%	I_N
单极大地回线(计划停运)	使用寿命的 0.5%	I_N
双极运行(正常运行)	使用寿命	不平衡电流(取 $0.1\% I_N$)

（2）HVDC 系统接地极杂散电流干扰原理

HVDC 系统对埋地钢质管道的杂散电流干扰原理与其他杂散电流源，诸如直流电气化铁路，直流电镀/电解/电焊设备，阴极保护系统等的干扰原理是一样的。HVDC 系统的直流电流经接地极流入大地，会在极址土壤中形成一个恒定的直流电流场，并利用各种导电通路传导电流。此时，若极址附近存在埋地钢质管道，由于埋地钢质管道的电导性优于周围土壤的电导性，可能为大地电流提供比土壤更为良好的通道，一部分大地电流将选择沿着并通过管道流向远方。由于管道的集流效应，管道吸取杂散电流的区域形成阴极区，阴极区的管道虽不会发生腐蚀，但是会使管地电位发生负向偏移，当负向偏移过大超出防腐层的析氢电位，将产生过保护或发生涂层剥离；而管道释放杂散电流的区域形成阳极区，阳极区的管道会发生电腐蚀。

（3）HVDC系统接地极杂散电流干扰特点

与常规的杂散电流干扰源相比，HVDC系统对埋地钢质管道的杂散电流干扰更为复杂，主要表现在：

1）HVDC系统的接地极占地外缘尺寸（直径）一般在500～800m，经接地极流入大地的电流巨大，如云广特高压直流输电工程的额定电流为3125A，贵广二回高压直流输电工程的额定电流为3000A，接地极入地电流的影响范围非常广。由于接地极一旦确定，意味着大地电流对环境的影响就确定了，因此，《高压直流输电大地返回系统技术规范》DL/T 5224—2014要求，在选择接地极址时，至少应收集极址50km范围内现有和规划的地下金属管线等设施资料，并通过计算进行技术评估。这也表明，很难像常规的杂散电流干扰一样可以通过跨接的方式将干扰电流导回干扰源。赵杰等人认为，当HVDC系统以大地回线方式运行时，在接地极附近50km以内电位将迅速下降，且距离接地极200km内的地方电位仍然比较高。

2）HVDC系统的接地极入地电流是一种稳态流动的电流，能够持续几分钟甚至几天，因此，在管道释放电流的部位，管道会发生严重损伤。

3）由于HVDC的接地极具有极性，分为阳极和阴极。根据运行工况的需要，接地极极性可能发生变化，即接地极可能以正极方式工作，也可能以负极方式工作，或者由于不平衡电流的波动，这都将导致杂散电流方向发生变化，使得管道上的阴极区和阳极区发生变化。对于涂层剥离来说，如果杂散电流的极性不变，则涂层剥离并不是严重的问题；但是当杂散电流的极性发生变化，则阴极剥离区变成了阳极区。而在此后没有杂散电流的时候，这些阴极剥离区的管地电位可能在一段时期内发现不了，除非对管线进行频繁测试。而当发现这个问题时，管道可能已经发生了严重的腐蚀。

（4）影响HVDC系统接地极杂散电流干扰程度的因素

HVDC系统杂散电流影响的程度取决因素很多，相互之间紧密联系，主要包括：

1）HVDC接地极（阳极和阴极）之间的距离。当增大HVDC接地极之间距离时，将使管地电位增大。这是由于阳极和阴极距离增大，导致地表处的电场失真。距离越大，对管道的影响越大。

2）HVDC接地极入地电流（不平衡电流或单极回路电流）的大小和运行时间长短。接地极入地电流越大，对管道的影响越大。接地极运行时间越长，随着故障可能性的增大、计划停产时间的增多，对管道的影响越大。

3）埋地管道与HVDC单个接地极之间的距离，以及与HVDC两个接地极的相对位置。这是影响杂散电流干扰的关键因素之一。管道距离接地极越近，干扰影响越明显。当管道与两个接地极的相对位置发生变化时，由于管道受接地极入地电流形成的电场影响发生了变化，干扰影响情况将发生变化。

4）大地特性参数

海洋对接地极地表电位的影响最大，湖泊和山脉影响次之，河流影响最小。

5）埋地管道参数，诸如管径、长度、涂层电导率管径越大，接地极入地电流对管道的影响越大。这是由于不同的管径，单位长度的纵向电阻率不一样。在其他条件不变情况下，管道越长，干扰影响越严重。但模拟计算发现，一般情况下，当管道与接地极的距离大于 10km 或者管道长度/管道与接地极的距离比值小于 1 时，管道（相对于自然腐蚀）几乎不受电腐蚀影响。管道表面的涂层电阻越大，则泄露电流密度和管道上传导的电流越低，但管地电位越高。

6）埋地管道周围的土壤电阻率

对于涂层质量良好的管道来说，管道周围的土壤电阻率对干扰影响轻微；但是对于涂层质量较差的管道来说，则影响较大。

（5）HVDC 系统对埋地钢质管道杂散电流干扰判定准则

石油天然气行业和电力行业对于 HVDC 系统对埋地钢质管道杂散电流干扰判定准则是不一致的。石油天然气行业采用电位偏移准则或者土壤电位梯度，而电力行业主要采用泄露电流密度、累积腐蚀量和管地电位。

直流干扰判定准则为：

处于直流干扰源附近的管道，任意点上的管地电位较自然电位偏移 20mV 或管道土壤中直流电位梯度大于 0.5mV/m 时，可确定管道存在交流干扰。且当管地电位较自然电位正向偏移 100mV 时或者管道土壤中直流电位梯度大于 2.5mV/m 时，应采取防护措施。

根据电力行业标准《高压直流输电大地返回系统技术规范》DL/T 5224—2014：

1）对于非绝缘的地下金属管道，在正常额定电流下，如泄露电流密度大于 $1\mu A/cm^2$，或者累积腐蚀量（厚度）影响其安全运行，应采取保护措施。即应同时考虑泄露电流密度和金属的累计腐蚀厚度，以确保金属构件安全运行。

2）对用水泥或沥青包裹绝缘的地下金属管道，在正常额定电流下，如管道对周边土壤（相对 $Cu/CuSO_4$ 电池）的电压超出 $-1.5V \sim -0.85V$ 范围，应采取保护措施。

该标准援引了 CIGRE 导则的观点：如泄露电流密度大于 $1\mu A/cm^2$，每年铁材料的腐蚀厚度约 0.174mm，认为是可以接受的。该标准认为，按一般接地极实际运行时间计算，每个接地极以额定电流运行的有效时间大约是 2～3 年，当泄露电流密度大于 $1\mu A/cm^2$，前半年腐蚀厚度约 0.087mm，以后累计腐蚀厚度大约是 0.35～0.52mm，对于大多数金属构件是可以接受的。

虽然《埋地钢质管道直流排流保护技术标准》（SY/T 0017）已全面归纳总结了国内杂散电流干扰情况，所定义的干扰源包括了"直流输电线路"和"直流供电所"，但标准以直流电气化铁路为主。结合《埋地钢质管道直流排流保护技术标准》（SY/T 0017）和《高压直流输电大地返回系统设计技术规定》（DL/T 5224）两部标准编制实施的时间点，考虑到我国 HVDC/UHVDC 系统建设起步较晚但发展迅速，且 HVDC/UHVDC 系统采用单极大地回线运行方式的时间较短，而接地极的电腐蚀影响又需要长期监测，因此，受技术发展和工程实践影响，（SY/T 0017）编制时，可能没有考虑到 HVDC/UHVDC 系统接地极干扰问题。

尽管存在不同的判定准则，且影响杂散电流的因素很多，因此，有研究者认为没有所谓的"最小"或者"可接受"的管道与 HVDC 接地极之间的距离。但是对于埋地钢质管道，土壤直流电位梯度、阴极保护电位偏移量和泄露电流密度、腐蚀速率均可以通过相关公式进行估算。

①土壤直流电位梯度计算

$$E_R = \rho I_d / (2\pi d^2)$$

其中：E_R 为相对接地极距离 d 的土壤电位梯度，V/m；ρ 为土壤电阻率，$\Omega \cdot m$ 为接地极入地电流，A；d 相对接地极的距离，m。

②阴极保护电位偏移量

$$E = \rho I_d / (2\pi d)$$

其中，E 为地表电位偏移量，V；ρ 为土壤电阻率，$\Omega \cdot m$；I_d 为接地极入地电流，A；d 相对接地极的距离，m。

③管道表面防腐层破损处的电流密度

$$J = 8\Delta U / \rho \pi D$$

其中，J 防腐层破损处的电流密度，A/m^2；ΔU 为电位偏移，ρ 为土壤电阻率，$\Omega \cdot m$，D 为防腐层破损直径，m。

④管道腐蚀质量的计算

对于接地极附近对地绝缘的钢质管道，在接地极的整个运行期间内，第 n 个防腐层破损处的电腐蚀质量为

$$W(x_n) = Z I_2(x_n) F_y / (8760 I)$$

其中：$W(x_n)$ 第 n 个防腐层破损处电腐蚀质量，kg；$I_2(x_n)$ 为第 n 个防腐层破损处泄露到大地的电流，A；F_y 为接地极在整个运行寿命期间的安时数，$A \cdot h$。

2 中缅油气管道工程 HVDC 系统接地极的杂散电流干扰防护设计

2.1 工程概况

中缅油气管道工程（国内段）干线从云南省瑞丽市入境，经德宏州、保山市、大理州、楚雄州、昆明市、曲靖市，在贵州安顺市油气管道分离，天然气管道干线向南经贵阳市、都匀市、广西河池市、柳州市，最后到达贵港市，全长 1726.8km，管径 1016mm。原油管道向北经贵阳市、遵义市，到达重庆市，全场 1631.1km，管径 813mm/610mm。

云广特高压直流输电工程西起云南禄丰县楚雄换流站，东至广东增城市惠东换流站，输电距离 1373km，额定电压 ±800kV，额定容量 500 万 kW，额定电流 3125A，由楚雄换流站、惠东换流站、直流线路、两侧接地极和接地极线路五大部分组成。2009 年 6 月单极投产，2010 年 6 月双极投产。

贵广二回高压直流输电工程，西气贵州黔西南州兴仁换流站，东至关东深圳换流站，线路全长 1194km，额定电压 ±500kV，额定容量 500 万 kW，额定电流 3000A。2007 年 6 月单极投产，2007 年 12 月双极投产。

这两项直流输电工程的受端换流站（惠东换流站和深圳换流站）共用一个接地极体，极址在广东清远飞来峡区江口镇鱼龙岭。

根据调研，中缅天然气管道（国内段）所经区域的直流换流站主要包括：云南境内的楚雄换流站，距天然气管道干线线路的垂直距离大约 3km，垂直交叉点大约位于禄丰分输

清管站与 23 号气阀室之间。在贵州省境内，有两座换流站，其中安顺换流站距天然气管道干线线路的垂直距离大约 1km，垂直交叉点大约位于 39 号气阀室与安顺分输清管站之间；兴仁换流站距天然气管道干线线路的垂直距离大约 40km，垂直交叉点大约位于 34 号和 35 号气阀室之间。即中缅油气管道可能受云广特高压直流输电工程和贵广二回高压直流输电工程接地极的杂散电流影响。

2.2 干扰防护设计原则和方案

在设计阶段，由于中缅天然气管道尚未施工，而 HVDC 系统接地极入地电流的电腐蚀影响需要长期监测，因此，一般需通过分析可能产生的影响来预测管道发生腐蚀的可能性，并采取预设计理念，设计防护措施。干扰防护设计如下：

（1）调研 HVDC 系统资料，包括换流站位置，接地极极址位置，接地极参数，系统额定直流电流，最大允许运行电流和最大短时注入电流，单极投产日期和双极投产日期。

（2）管道与 HVDC 系统的相对位置信息。

（3）测量接地极极址和管道沿线土壤电阻率值。

（4）根据 1.2 节所列公式，估算土壤直流电位梯度、阴极保护电位偏移量、管道表面防腐层破损处的电流密度和管道腐蚀质量。根据计算结果，结合 1.2 节的判定准则，预测杂散电流的干扰程度。

（5）干扰防护方案

1）管道线路应以尽量避让干扰源为原则，在可能的情况，尽量远离接地极址，使管道远离接地极影响范围。

2）由于 HVDC 系统接地极入地电流巨大，影响范围很广，远离接地极址以及接地极影响范围可能不现实，则应在技术评估后，采取防护措施，包括：

① 位于接地极影响范围内的管道采用加强防腐层等级，并确保防腐层完整性；

② 安装绝缘接头，分段隔离，使位于接地极影响范围内的管道设置独立的阴极保护系统，并增大阴极保护恒电位仪的额定输出功率。

3）在管道建成后，应进行实际的测试，对于干扰明显的地段可根据其干扰形式（阳极干扰、阴极干扰和阴阳极混合干扰），采用接地排流保护方式。

经过计算，预测楚雄换流站和安顺换流站的接地极入地电流可能会对中缅天然气管道工程产生杂散电流干扰，因此，制定直流干扰防护方案如下：

① 对于楚雄换流站，其上下游各 25km 的管道防腐层应为加强级防腐层；将禄丰分输清管站和昆明东分输站之间的管道作为单独的系统进行阴极保护。即在禄丰分输清管站和昆明东分输站不再对线路部分管道进行阴极保护电连续性跨接。

② 对于安顺换流站（距干线线路段大约 1km），其上下游各 25km 的管道防腐层应为加强级防腐层。将曲靖分输清管站和安顺分输清管站之间的管道作为单独的系统进行阴极保护。即在曲靖分输清管站和安顺分输清管站不再对线路部分管道进行阴极保护电连续性跨接。

设计方案的有效性，尚需在中缅天然气管道投运后，与电力行业相关部门长期共同合作共同监测下实测验证。若测试证明，依然存在直流干扰，应额外采取接地排流措施，如安装牺牲阳极。

3 结论与建议

（1）油气管网和高压直流输送系统逐步建立，管道和电网的公共走廊已经形成。直流换流站接地极入地电流对埋地钢质管道的杂散电流干扰逐渐产生。因此，在油气管道设计时，应予以考虑。

（2）对于新建工程，应将管道沿线相关的 HVDC 系统的接地极极址及接地极参数调研列入调研提纲，以进行技术评估。对于已建工程，建议开展该项调研工作，结合实际管道阴极保护参数测量数据，进行技术评估，并及时采取相关防护措施。

（3）接地极极址的位置信息比换流站位置信息更为重要，而因某些原因，接地极极址位置信息比换流站位置信息更难收集，因此，建议油气管道行业建立国内所有 HVDC 系统信息数据库，尤其是换流站接地极极址信息，以方便未来油气管道工程设计。

（4）由于我国的 HVDC 采用单极大地回线运行方式的时间较短，接地极的电腐蚀影响需要长期监测，因此针对 HVDC 系统接地极入地电流对埋地钢质管道的干扰腐蚀问题，目前还有很多方面没有明确的定论：如已有的直流干扰判定准则是否可行、判定准则的统一、判断准则阈值的规定；干扰情况下，阴极保护参数的测定方法、程序、分析方法的确定，已有的直流防护措施是否适合高压直流干扰防护。因此，应加强这些领域的研究工作，并对《埋地钢质管道直流排流保护技术标准》（SY/T 0017）进行相应的修订。

（5）HVDC 系统接地极入地电流对埋地钢质管道的干扰防护设计可采取预设计理念，对接地极影响范围内的管道采取加强级防腐，安装绝缘接头分段隔离防护，并设计独立的阴极保护系统，增设牺牲阳极排流。

参考文献

[1] 董晓辉，李立涅，曾连生等. 高压直流接地极技术导则 [S]. 北京：中国电力出版社，2012.

[2] 赵畹君. 高压直流输电工程技术 [M]. 北京：中国电力出版社，2004.

[3] 曾连生，谢国恩，江卫华等. 高压直流输电大地返回系统设计技术规范 [S]. 北京：中国电力出版社，2005.

[4] 吴桂芳. 我国±500kV 直流输电工程的电磁环境问题 [J]. 电网技术，2005，29（11）：5-8.

[5] 魏德军. 直流接地极对地下金属设施的电腐蚀影响 [J]. 电网技术，2008，32（2）：75-77.

[6] 迟兴和，张玉军. 直流接地极与大地中金属管道的防护距离 [J]. 电网技术，2008，32（2）：71-74.

[7] 程明，张平. 鱼龙岭接地极入地电流对西气东输二线埋地钢质管道的影响分析 [J]. 天然气与石油，2010，18（5）：22-27.

[8] 赵杰，曾嵘，黎小林等. HVDC 输电系统地中直流对交流系统的影响及防范措施研究 [J]. 高压电器，2005，41（5）：324-327.

[9] Peter Nichoson. High Voltage Direct Current Interference with Underground/Underwater Pipelines [C]. NACE Corrosion 2010，Paper No. 10102.

[10] A. T. Hopper，D. N. Gideon，W. E. Berry，etc. Analysis of the Effects of High-Voltage Direct-Current Transmission Systems on Buried Pipelines [R]. Corrosion Supervisory Committee of

Pipeline Research Council International, Inc. , 1967.

[11] Adrianl Verhiel. The Effects of High-Voltage DC Power Transmission Systems on Buried Metallic Pipelines [J]. IEEE Transactions on Industry and General Application, 1971, IGA-7 (3): 403-415.

[12] AS 2832. 2: 2003, Cathodic Protection of Metals - Part 2: Compact buried structures [S]. Australia: Standards Australia International Ltd, 2003.

[13] BS EN 50162: 2004 Protection against corrosion by stray current from direct current systems [S]. UK: British Standards Institution, 2005.

隔震支座在中缅管道工程中的应用

中国石油天然气管道工程有限公司　李兵兵　郭子腾　岳　忠　刘稚媛

【摘　要】　为确保途经云南的国家能源通道——中缅天然气管道的畅通，并提高运营人员在地震灾难中的生存概率，在昆明东分输站综合值班室工程中采用了隔震设计。设计采用隔震支座方案。该方案可以通过延长结构自振周期，使输入到上部结构的地震能减小的方式，实现在减小构件截面尺寸、降低用钢量的同时，提升建筑物抗震性能的目的。该技术的应用在我国长输管道站场工程中尚属首次，为今后在高烈度地区的站场建筑物设计积累了经验。

【关键词】　隔震支座；隔震设计

引言

中缅油气管道工程（境内段）昆明东分输站位于云南省昆明市寻甸县，交通较为便利，地形稍有起伏，地貌类型为缓丘。场区以经向构造为主体，位于云南"山"字形构造东翼和脊柱复合部位，SN 向构造和 NNE 向构造为主体骨架。区内断裂发育，周围近期构造运动强烈，主要表现在断裂运动和断块差异运动，特别是晚新生代以来继承性活动显著的深大断裂往往作为断块间的边界，对断块活动特点起控制作用。依据《中缅天然气管道工程（云南段）建设项目地质灾害危险性评估报告》（2007 年），拟建场区位于小江地震活动带内侧，场区所在区域抗震设防烈度不低于 9 度，设计基本地震加速度值 0.40g，设计地震分组为第二组，按照云南省建设工程抗震设防管理的有关要求，站场内综合值班室采用隔震设计，并通过云南省抗震专项审查。

1　工程概括

昆明东分输站综合值班室采用钢筋混凝土框架结构加钢结构装饰坡屋顶，总建筑面积853.4m²，以隔震层顶部楼板为 ±0.000m，室内外高差 3.5m，层高 3.9m，建筑总高度10.2m，宽 17.1m，高宽比 0.3，设计使用年限 50a，抗震设防分类为乙类，框架抗震等级为一级。隔震支座设置在 ±0.000m 楼板以下 −1.450～−1.200m 标高处，并保证隔震层水平刚度远大于上层结构楼层水平刚度，将 ±0.000m 标高楼面板厚设为 160mm，楼板钢筋双向双层拉通设置，且保证每层每方向的配筋率不宜小于 0.25%；在选择橡胶隔震支座的直径、个数和平面布置时，主要考虑了以下因素：同一隔震层内各个橡胶隔震支座的竖向压应力宜均匀，竖向平均应力不应超过乙类建筑的限值 12MPa；在罕遇地震作用下，隔震支座不宜出现拉应力，当少数隔震支座出现拉应力时，其拉应力不应大于 1MPa；隔震支座的极限水平变位应小于其有效直径的 0.55 倍和各橡胶层总厚度 3 倍二者的较小值，隔震结构屈重比为 0.031。

本工程共使用了 24 个支座，各类型支座数量及力学性能详见表 1，隔震支座平面布置图见图 1。

隔震支座力学性能参数 **表 1**

类别			LRB500(有铅芯)		LNR500(无铅芯)	LNR600(无铅芯)
使用数量(套)			18		4	2
竖向刚度	K_v	2000	2400		2000	2400
等效刚度	K_{eq}	0.9	1.1	0.9	0.9	1.1
屈服前刚度	K_u	kN/mm	11.57			
屈服后刚度	K_d	kN/mm	0.89			
屈服力	Q_d	kN	42			
橡胶层总厚度	T_r	mm	≥92		≥92	≥110
支座总高度	h	mm	219		219	247

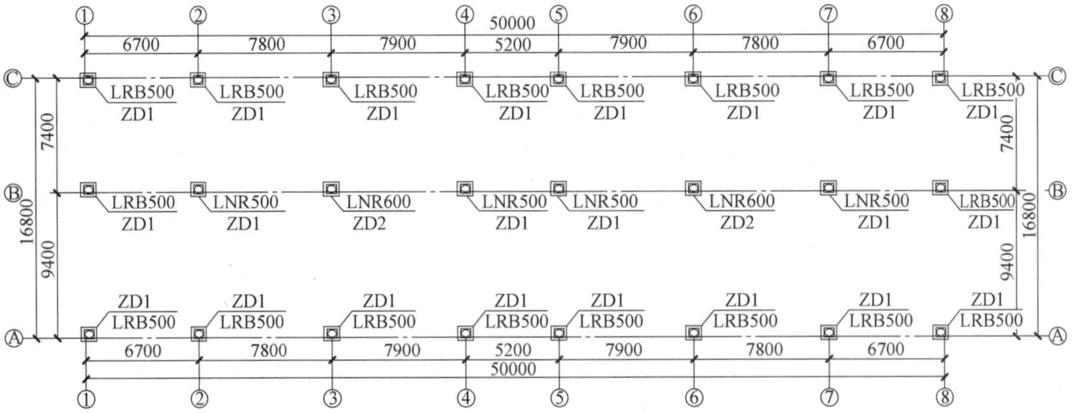

图 1 隔震支墩（支座）平面布置图

2 隔震设计

隔震设计采用 ETABS 软件进行分析，时程分析法的地震波加速度时程按照《建筑抗震设计规范》(GB 50011—2010) 规定选取，隔震支座设计依据为《建筑抗震设计规范》(GB 50011—2010)(2016 年版) 和《叠层橡胶支座隔震技术规程》(CECS 126：2001)，隔震支座参数根据生产厂家实验数据确定，周围无其他相邻建筑，隔震层设置于地表以上，周边无围护墙，未设专门设计隔震沟。通过计算分析近似确定隔震后上部结构水平地震影响系数最大值取 0.06。罕遇地震作用下的隔震层最大位移符合《建筑抗震设计规范》(GB 50011—2010) 要求，绝大部分支座未出现拉应力，个别支座的拉力能符合《建筑抗震设计规范》(GB 50011—2010) 和《叠层橡胶支座隔震技术规程》(CECS 126：2001)

对隔震支座拉应力要求，隔震层上下支墩按罕遇地震下的悬臂柱设计。

3 模型准确性验证

对采用大型有限元软件 ETABS 建立隔震与非隔震结构模型，进行分析计算。通过 ETABS 软件方便灵活的建模功能和强大的线性和非线性动力分析功能，模拟连接单元的橡胶隔震支座，结构三维模型如下：

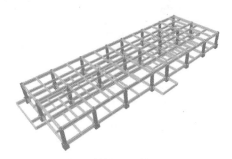

图 2 结构三维模型图

为了校核所建立 ETABS 模型的准确性，将 EATBS 和 SATWE 非隔震模型计算得到的质量、周期和层间剪力进行对比，结果如表 2 所示。表中差值为：

$$（|ETABS-SATWE|/SATWE）\times 100\%$$

非隔震模型结构质量、周期、层间剪力对比   表 2

软件	质量对比(Ton)	周期对比			地震剪力对比(kN)		
		1	2	3	楼层	X	Y
SATWE	2519	0.301	0.275	0.264	2 首层	11272	11753
					1 隔震层	14649	15354
ETABS	2472	0.295	0.265	0.256	2 首层	10304	10744
					1 隔震层	13855	14518
差值(%)	1.9	1.9	2.3	3.2	2 首层	8.6	8.6
					1 隔震层	5.4	5.4

由表 2 可知，两种软件建立模型的质量非常接近，周期、层间剪力差异都很小。因此，用于本工程隔震分析计算的 ETABS 模型与 SATWE 模型是一致。

4 地震动输入

采用时程分析法时，应按建筑场地类别和设计地震分组选用实际强震记录和人工模拟的加速度时程，其中实际强震记录的数量不应少于总数的 2/3，多组时程的平均地震影响系数曲线应与振型分解反应谱法所采用的地震影响系数曲线在统计意义上相符。弹性时程分析时，每条时程计算的结构底部剪力不应小于振型分解反应谱计算结果的 65%，多条时程计算的结构底部剪力的平均值不应小于振型分解反应谱法计算结果的 80%。本工程选取了实际 5 条强震记录和 2 条人工模拟加速度时程，7 条时程曲线如图 3 所示，7 条时程反应谱和规范反应谱曲线如图 4 所示。

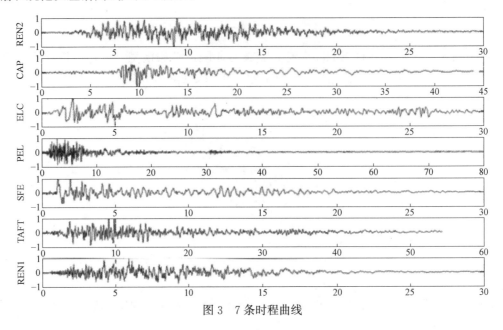

图 3　7 条时程曲线

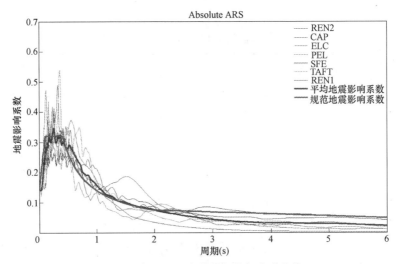

图 4　7 条时程反应谱与规范反应谱曲线

5　计算分析

通过计算分析，在恒载和可变荷载组合下各个支座压应力均满足乙类建筑不大于 12MPa 的规定；在设防地震（中震）作用下，隔震房屋两个方向的基本周期相差未超过较小值的 30%，结构的周期明显延长，且满足规定要求；隔震层的支墩、支柱及相连构件，满足罕遇地震下隔震支座底部的竖向力、水平力和力矩的承载力要求；隔震层以下的地下室，满足嵌固刚度比和隔震后设防地震的抗震承载力要求，并满足罕遇地震下的抗剪承载力要求；隔震层最大水平位移 240mm，小于 $0.55D=275$mm（D 为最小隔震支座直径，本工程采用隔震支座最小直径为 500mm），满足要求；罕遇地震下的层间变形验算满足规范要求；采用隔震的结构风荷载的产生的总水平力未超过结构总重力的 10％，满足隔震层抗风验算要求。

6 结束语

建筑隔震支座在中缅油气管道工程（境内段）中的成功应用，是建筑隔震技术在我国长输管道工程中的首次应用，通过了云南省抗震专项审查，主体工程于 2011 年 11 月份施工完成。通过本项目，积累了一定的建筑隔震设计经验、分析方法以及抗震专项审查应注意的问题，对隔震支座的施工方法、过程和隔震支座的维护有所要求，为后续需要隔震设计的建筑物提供借鉴和参考。

参考文献

［1］ 黄世敏等.《建筑抗震设计规范》［S］. 北京：中国建筑工业出版社，2010.
［2］ 周福霖等.《叠层橡胶支座隔振设计规程》［S］. 北京：中国工程建设标准化协会.
［3］ 《昆明东分输站－岩土工程勘察报告》［S］. 中国石油天然气管道工程有限公司.
［4］ 《橡胶支座 第 3 部分：建筑隔震橡胶支座》［S］. 北京：中国建筑工业出版社，2006.

浅谈天然气长输管道站场总图设计与节约用地

中国石油天然气管道工程有限公司 刘明杰 单 鹏 张 滨

【摘　要】　国家大力发展能源通道建设，天然气长输管道建设在祖国的大江南北如火如荼的开展起来，显著地改善了沿线城乡人民的生活质量，加快了城乡的经济发展，但同时由于城镇经济发展速度较快致使城镇规模不断增大，土地资源日趋紧张，天然气管道及其站场建设用地也受到不同程度的制约。因此，在总图设计中应该尽可能地节约用地，做好规划，合理利用土地，使之带来最大化的经济效益。本文结合工程实例分析总图设计优化对节约用地起到的作用。

【关键词】　天然气长输管道站场总图设计；合理利用土地

引言

随着我国社会主义建设事业的不断发展，近年来人民对物质生活的要求越来越高，城市对能源的需求也越来越大，为解决供需的矛盾，国家大力发展能源通道建设，天然气长输管道建设正是在这样的大环境下，在祖国的大江南北如火如荼的开展起来，西气东输、西气东输二线（以下简称西二线）、西气东输三线（以下简称西三线）、中缅天然气、原油管道（以下简称中缅管道）等工程相继贯通，显著地改善了沿线城乡人民生活质量，加快了城乡的经济发展，但同时由于城镇经济发展速度较快，致使城镇规模不断增大，土地资源日趋紧张，有效耕地越来越少。目前，我国人均耕地已不及世界人均耕地的47%（约为1.3亩，1亩约为666.7m²），且耕地质量总体水平低，大部分耕地分布在山地、丘陵、高原地区，干旱半干旱地区，相当一部分退化严重，由于农业结构调整和灾害损毁，每年还要减少相当数量的耕地，为保证我国的有效耕地面积，温家宝总理在2007年《政府工作报告》中就提出了"一定要守住全国耕地不少于18亿亩这条红线。"的要求，由此可见如果不采取正确有力的措施，我国的人均耕地就会越来越少，人地矛盾将会进一步加剧，如何节约用地对于石油天然气长输管道站场的总图设计来说是一个永恒的话题。

总图设计优化是一项政策性、技术性、经济性和目的性很强的综合性工作，应按照国家和石油天然气行业现行有关规定，与工艺流程、安全生产、环境保护、新旧利用、远近期发展和现场等情况相结合，尽量减少土地使用面积。下面结合西二线、西三线和中缅管道工程实列探讨天然气长输管道站场总图设计如何通过优化节约用地。

1　总图设计优化对节约站场用地的作用

通过对站场总图设计的各个设计环节进行优化直接或间接减少了土地使用面积，即起到节约用地的作用，可概括为节约土地和合理利用土地两个方面，其中除了尽量减少占用土地数量外，还要在总图布置时尽量避免破坏场地，如地下管线布置时尽量减少横穿场地以免造成整个场地今后无法使用，在满足工艺要求的前提下应尽可能减少土地使用面积，为站场今后改建、扩建留下发展余地。

优化总平面布置图是建设项目节约用地的关键所在。要因地制宜，合理布置，节约用地，提高土地利用率。

1.1 选址优化

天然气长输管道站场根据功能不同可分为压气站、分输站、清管站、联络站等，具有设置站点多、地域跨度大的特点，站场选址首先根据工艺流程和管线路径初步确定站址，然后再结合所在地区的总体规划、土地类别、地形地貌、用地范围、防火间距等因素综合分析后进行优化，且场址选择必须坚决贯彻以农业为基础的方针，坚持工业支援农业的方向。在符合生产工艺流程和厂内外运输条件的要求下，紧凑用地、规整外形。尽量利用山坡、荒地、丘陵地建厂，少占或不占农田，节约每一寸有效耕地。

（1）站址地点选择首先要考虑站场的用地需要有足够的面积，另外在选择场址时除考虑近期站场建设用地应有足够的面积以外，还要考虑站场未来发展用地的面积。随着国家对油气需求量的不断加大，能源通道上的管线数量也在不断增加，为了合理利用土地，一般都采取并行敷设，如先后建设的西二线、西三线以及中缅管道均采取两条管线并行敷设，相邻站场联合建设的形式，因此一般天然气长输管道站场在选择场址及确定面积时应预留一定的发展用地，对于究竟预留多大较难预测，在设计中是一个难题，因而在对站场远期规模没有做明确规定时，应根据对市场的预测估计站场的发展规模，尽可能合理考虑预留用地。

（2）选址过程中各项因素必须考虑周全，稍有疏漏即有可能造成土地的浪费和经济损失。中缅管道工程昆明东分输站，在初期选址时由于没能很好地与地方政府进行沟通，在没有最终明确门站位置的情况下确定了分输的站址，导致站址距离门站位置80km，后期及时加强了与地方规划的结合，优化了站址并调整了管线路由，大幅缩减了分输站与门站之间的距离，减少了分输管线长度，节省了工程费用，降低了运行成本，间接地起到了节约用地的效果。

（3）站址道路交通条件是评价站址的一项重要内容，站场外部交通一般以利用公共交通为，尽量减少自建道路用地，因此一般站址选择时尽量靠近公路，当管线路由与公共交通距离较远且调整有困难时，就需要综合考虑几方面因素来确定取舍。西气东输红柳压气站在选址阶段没有将站址的交通条件放在首要位置，由于是戈壁选址，站址方案主要沿管线路由附近进行比选，道路交通仅考虑满足通车即可，最终确定的站址距离国道超过40km，进站道路仅修至临近的管道伴行路，大部分道路交通主要利用管线伴行路以及戈壁车辙路，道路崎岖，交通条件恶劣，运行期间经常导致运行及到访车辆扎胎抛锚，给站场运行及职工生活造成很大影响，为改善站场外部交通条件，西部管道公司单独修建了近40km的进站道路。由此可见良好的交通依托，对于节约站场用地是有着重要意义的。

1.2 总平面布置与节约用地

总平面布置中节约用地的措施很多，但必须建立在满足规范的基础上，设计着重从影响占地面积较大和工程设计中经常会遇到的通用性较强的方面入手，重点分析，解决主要矛盾，方可做好节约用地工作。

（1）防火间距。总平面布置设计需本着既要符合防火规范，又要减少占地面积的原则，一般将有特殊要求的、防火间距要求较大的建筑物及设施布置在站场的最小风频风向的上风侧或场区边缘的安全地带，如压缩机厂房、清管区、工艺区、排污罐区等，与运行人员办公生活相关的建筑物及设施可集中布置在站场最小风频风向的下风侧，如集中控制室、变电所、变频间、机柜间、污水处理装置等，将防火间距要求较小的建筑物及设施布置在场区中间位置，如设备间、水泵房等，并充分利用道路、场地填补因防火间距需要产生的空闲场地，提高土地利用率。

（2）确定合理的站场通道宽度。在场区，相邻建构筑物及设备区之间，为满足道路、多种管线、电缆敷设、绿化以及防护间距的要求所形成该区域人流、车流及多种管线等通过的地带叫通道。根据以往总图设计经验，天然气长输管道站场管道口径较大，大部分站场通道用地占站场用地的35%以上，是占地的大户，是挖潜节约用地的主要对象，场区通道设置是否合理，影响总平面布置紧凑程度，对于节约用地有着非常重要的意义。

（3）联合建站。多管道并行的情况下，天然气站场可采取联合建站统一规划总平面布置，通过将各站独立的办公及辅助生产设施进行整合集中布置以及站场道路交通的共享，能够有效地减少建设用地，达到节约用地的目标，如西三线管道工程的霍尔果斯首站与西二线管道工程的霍尔果斯首站为同等生产规模，由于采用了联合建站的方式，前者相较后者节省了近40%的建设用地，因此联合建站并不是人为地将两个站址简单地拼凑在一起，而是节约用地保护耕地的有效途径。

1.3 竖向设计与节约用地

总图竖向设计对站场用地的影响主要体现在山区、丘陵地区的站场设计上，一般这些地区的场站均建设在山脚、坡地之上，站场内外高差较大，需进行边坡或挡护设计，有些站还需要进行防洪设计，都会相应地增加建设用地，如何合理的利用这些防护措施，是站场竖向设计节约用地的重点。一般在处理站场填挖方地段的高差防护时，采用挡土墙防护会比采用放坡更节省用地，如西二线的精河压气站，建在山脚坡地上，南北高差将近20m，且用地受到附近国防光缆的限制，只能在有限的空间内进行布置，由于高差较大，站场采用了台阶式布置，站内及站外的各台阶之间均采用挡土墙进行防护，不但在有限的空间里布置下了站场，同时相较放坡设计节约用地15%左右。因此细化竖向设计对于节约站场用地有着很大的意义。

1.4 管道综合与节约用地

站场埋地管道综合，主要根据管道的各自技术规定，力求线路短捷顺直，防止其相互干扰。采取集中布置为主，分散布置为辅，尽可能形成管廊带。实际工程数据表明，每增加1条同沟敷设660管道，比分别单独埋地敷设660管道可少占耕地11.6亩/km或草地17.6亩/km，少动人工土方1780km^{3}或机械土方2940km^3。因此在总平面布置时对各种管线要有一个统一的综合考虑。适当安排管线与道路、建构筑物的位置。对于主管线，在站外部分的路由规划也是站场节约用地不可忽视的一项重要工作，对未来站场的发展和改造规划起着决定性作用，如西二线的乌鲁木齐压气站主管线出站后不到 200m 即改变管线路由方向，致使西三线站场在此扩建时，在该方向用地受限制，不能进行规整的布局，产生了一些边角用地，因此站外管线规划需要充分结合站场近、远期规划进行设计，否则不利于节约用地。

2 联合建站的规模对节约用地的影响

天然气压气站一般将压缩机区与工艺设备区、清管区等生产设施区域垂直布置，将两侧作为预留发展空间，以保证联合建站时整个站场的布局规整、道路交通顺畅、工艺流程顺畅。但受到管线路由的影响，扩建站场的清管区只能在原有站场清管区的外侧进行布置，因此随着管线的增加，站场扩建越来越受已建管线的制约，用地也将越来越不规则，影响了站场的合理用地。目前西三线与西二线的合建压气站均采用工艺上互联的形式，新老站场内部管线交叉比较严重，且需要为内部新增管线开辟一条管廊廊带，第一次扩建时管廊带用地约占新增站场用地的 10%，随着并行天然气管道的增加以及站场扩建次数的增多，管廊带用地比例也将逐渐增大，因此在天然气站场总平面方案规划时，也应注意控制站场的扩建规模，认真与上游专业协商，做好细部规划，确保站场用地的合理性。

3 结论

创新超越谋发展，务实求真铸辉煌。总平面布置设计是一项综合多方面因素，复杂而烦琐的工作。工程实践证明，天然气长输管道站场总图布置中的各种节地途径和措施是切实可行的，成效显著，带有普遍意义。然而，人与自然不断发展，当今科技日新月异。设计创新无止境，方案优化天地宽。总图设计应以人为本，与时俱进，用科学发展观指导实践，因地制宜、扬长避短，奋力创造水平更高、效益更好、可持续协调发展的天然气长输管道站场总图设计。

参考文献

[1] 云成生等.《石油天然气工程设计防火规范》[S]. 北京：中国计划出版社，2004.
[2] 雷明. 工业企业总平面设计 [M]. 西安：陕西科学技术出版社出版，1998. 5.

油气管道场站的绿化设计

中国石油天然气管道工程有限公司　刘明杰　单　鹏　张　滨

【摘　要】　随着社会的发展，管道站场的设计理念也发生着变化，站场设计中提出了绿化设计。站场绿化不同于其他绿化设计，满足规范、有利生产、保证安全应为首要原则，但简洁和谐、多样统一、经济合理也是站场绿化应该遵循的设计原则。

【关键词】　油气管道场站绿色设计；站场绿化

引言

随着社会的发展，管道站场的设计理念也发生着变化，从以前的安全生产、经济适用逐渐改变成为现在的"安全第一，环保优先，节能降耗，以人为本"的设计理念，把美化环境、降噪除尘、环保节能提到很高的位置。因此，提高站场值班人员的生活质量、改善生活环境就越来越多地被提到了我们的设计内容上，管道油气站场的绿化设计也就应运而生了。

1　站场绿化设计的意义与必要性

在以往的站场设计中，我们只是根据站场平面布置图示意标注站内可以做绿化的位置，并计算出绿化面积就可以了，而不是进行具体的绿化设计或者说绘制能指导施工的图纸，往往是工程施工结束后，运营人员找来园艺师简单的种植一些个人喜好的树种和草坪。兰-成-渝成品油管道、西气东输和忠-武线等管道站场绿化，都是通过绿化施工单位自己设计自己施工的。随着工程项目管理的规范化，设计服务质量逐步提高，业主开始要求我们站场设计应包括绿化设计以方便工程管理，在冀宁联络线工程中，站场绿化施工图设计做了第一次尝试性的设计，从此，站场绿化设计也成为总图施工图设计中的一部分。因此，站场绿化设计是很有必要的。

2　站场绿化设计的一般原则

站场绿化设计的设计依据主要是《石油天然气工程设计防火规范》（GB 50183—2015）中的第 15 页的 5.1.8 石油天然气站场内的绿化，应符合的 5 条规定，和《石油化工厂区绿化设计规范》（SH/T 3008—2017）中的有关规定，归纳总结为绿化的一般原则如下：

2.1　满足规范、有利生产、保证安全、环保节能

站场绿化设计首先要满足规范要求，利于生产和保证安全是站场绿化的首要原则，如

果因为绿化原因影响安全生产那么站场就不能绿化了。在《石油化工厂区绿化设计规范》（SH/T 3008—2017）中一般规定：厂区绿化设计，应根据工厂的总图布置、生产特点、消防要求、环境特征，以及当地的土壤情况、气候条件、植物习性等因素综合考虑，合理布置和选择绿化植物，对于管道站场规范中要求"树种类别不应种植含油脂较多的树木，宜选择含水分较多的树种，高度控制、间距位置不应妨碍消防、检修、操作等"因为站场绿化的前提是安全生产，如果一味追求绿化美化而影响生产和安全那就本末倒置了。

2.2 因地制宜、节约用地、就地取材、经济合理

站场绿化一方面为了改善环境，另一方面也有防风固沙减少水土流失的作用，在不同的地理环境应尽量做到就地取材，选择当地成活率高、病虫害少、方便养护、比较普遍的植物，这样会大大降低成本。如果在戈壁无水地区，绿化造价太高，而且条件不允许的情况，我们一般采取级配石子或铺砌的做法，而不做绿化设计。从节约用地方面考虑，站场绿化只是针对站场平面中的零星空地、安全距离用地、地下管线用地及通道墙边等位置进行适当的绿化，而不是为了绿化而绿化，一味追求造型和意境，是园林绿化而不是站场绿化（图 1）。

图 1 办公区绿化

2.3 多样统一、均衡比例、简洁明朗、寻求和谐

站场绿化与其他绿化同样需要丰富的花草树木相互搭配才能出现美的效果，如果条件允许，我们应尽量做到：春天有花开、夏天有树荫、秋天有果实、冬天有绿意。但作为站场绿化不能一味地追求丰富活泼，而应根据站场功能分区的不同进行设计，例如：生产设备区由于防火要求较高，需要清洁、通视，而且地下管线较多，因此不适合种植高大乔木和落叶灌木，可以适当采用草坪、花卉等矮小和根系不发达的植物进行绿化美化，如图 2，可以适当点缀常绿小灌木等；而辅助生产区则可以根据地下管线的埋设情况适当种植少量的乔木和部分观赏灌木，并配以草坪、花卉、绿篱相结合，做到高矮搭配、简洁而不失单调的绿化设计，营造绿茵和观赏效果，另外为了丰富站场生活情趣，一般站场内选择几种当地适合的果树，集中布置在综合值班室附近，果实成熟时给站场值班人员一种收获的喜

悦，也是一种以人为本的体现。

图 2　生产区绿化

3　站场绿化设计的设计内容

3.1　可行性研究阶段

不同设计阶段绿化设计的内容不同，在前期总图站场图纸仅为理想平面图，绿化部分仅作示意范围，计算出绿地面积及绿地率就可以了，不做具体的绿化设计，如图 3 所示：

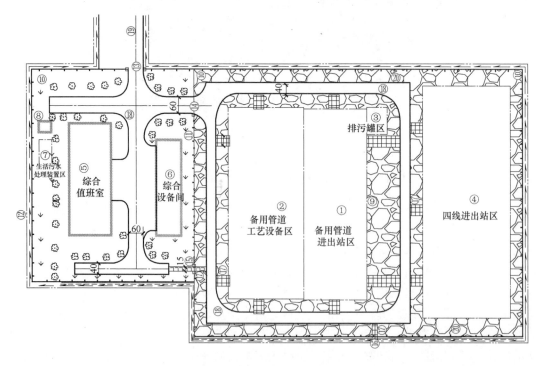

图 3　站场绿化平面示意图

3.2 初步设计阶段

此阶段总图设计图纸绿化设计基本不表示，仅在总平面布置图中用文字标注绿化范围，或做简单的示意，但需要计算出绿化面积，一般为了更直观表达站场建成后的效果，根据站场类型绘制典型站场的鸟瞰图，如图4所示。

图4 站场鸟瞰图

3.3 施工图设计阶段

站场绿化设计一般我们指施工图设计，施工图就是要指导施工的图纸，绿化设计我们一般要做到以下几点：

首先确定绿化范围，哪部分是生产区，哪部分是辅助生产区，哪部分是生活区，哪部分能绿化，哪部分不能绿化，哪部分要重点绿化等要做设计前的绿化布置分析。

第二查找资料，站场属于什么地区，地方气候条件怎样？最适合的树种有哪些？当地的果树品种有哪些？当地适合的花卉、草坪种类是什么？都要做到资料齐全。

第三确定植物种类，本站场大致计划选择哪些树种、花卉和草坪，这些植物的成长特性是怎样的，近期和远期的效果如何等，需要的土壤有哪些特殊要求等。

第四布置设计，通过以上三方面的分析和查证后，开始根据站场特点确定主要灌木和乔木的行距或株距，按比例布置，布置完乔木灌木后，组织花卉并结合花灌木的造型，进行平面布局。

第五局部设计，对大块的场地进行造景设计，体现一定的层次感及协调的色彩搭配。

第六修缮整理，总体布置完成后，进行整体的调整，使站场整体效果和谐、规整，完成后用草坪填充空隙处的位置。

第七计算工程量，最后在说明中描述施工要求，利用表格体现树种的规格、数量、图例要求等。

经过以上七项内容的分析、布置、计算，基本就完成了站场的设计工作，但站场绿化最好通过彩色打印图纸表达更为直观。

4　站场绿化与小区绿化的相同与不同之处

同样作为局部小范围的绿化设计，站场绿化和小区绿化均是通过人造景观实现改变环境、融入周围环境的过程，通过乔木、灌木、花卉、草坪等来实现绿化的效果，达到改善环境的目标，但他们的绿化差别也很大，站场绿化首先要保证安全、防火，其次不影响生产及地下管线的敷设，还要保证不影响视线的遮挡等。而小区绿化要体现的是观赏性、休息性，起到组团兼分区等作用，需要创造出幽静、舒适、活泼、富有意境的绿化环境。

5　结束语

总之，油气管道站场的绿化设计是体现总图设计及规划设计水平的一部分，结合实际、保证安全、以人为本、因地制宜、经济合理是我们进行站场绿化设计的灵魂所在。

螺旋地锚安装间距的分析及计算

中国石油天然气管道工程有限公司　魏新峰　郑学萍　刘宇晶
中国石油天然气管道局第一工程分公司　张益瑄

【摘　要】　螺旋地锚稳管措施与传统的压重块、平衡压袋等稳管措施相比，具有安装方便、运输便捷、储存占地面积小、浮力控制能力强，安全系数大、应用成本低等优点。本文对在高水位软土地区采用螺旋地锚的管道受力进行了分析；提出了螺旋地锚安装间距由浮力控制安装间距和应力控制安装间距共同决定，两者取小值的计算方法；确定了常见管径和壁厚的螺旋地锚安装间距，并指出管径较小时，安装间距由应力控制，管径较大时，安装间距由浮力控制。为螺旋地锚稳管措施在长输油气管道中大规模应用提供理论依据。

【关键词】　螺旋地锚；稳管措施；安装间距；受力分析

　　长输管道在通过地下水位较高的软土地区时，常用的稳管措施有压重块、平衡压袋等。这些措施都是靠自身的重力来稳管，存在运输不便，吊装困难等缺点。螺旋地锚和其他稳管措施相比，具有安装方便、运输便捷、储存占地面积小、浮力控制能力强、安全系数大、应用成本低等优点。此措施在国外工程中应用较广泛，在国内工程中的应用较少，还没有成熟的理论和计算方法来确定螺旋地锚的安装间距。本文依托中缅管道，通过理论分析和计算，提出螺旋地锚安装间距的计算方法，为螺旋地锚在管道建设中的应用提供了充分的理论依据。

1　管道受力分析

　　通过地下水位较高的软土地区采用螺旋地锚的管道所受外力主要有：管道自重 G，静水浮力 F_S，地锚提供的下拉力 Q_U（本计算未考虑管顶覆土的影响），详见图 1。为保证管道安全，应满足以下两个条件：（1）浮力应小于抗浮力；（2）管道弯曲变形引起的应力应小于允许应力。

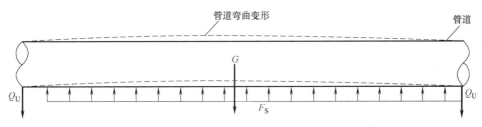

图 1　管道受力分析图

2 安装间距计算

由受力分析可知，浮力应小于抗浮力可确定出一个地锚的安装间距 L_1，管道应力小于允许应力也可确定出一个地锚安装间距 L_2。

地锚的安装间 L 主要由浮力控制安装间距 L_1 和应力控制安装间距 L_2 共同决定，两者取小值。

（1）安装间距 L_1 的计算：

$$W_1 \geqslant KF_s \tag{1}$$

$$W_1 = W + G \tag{2}$$

$$F_s = \pi r_w D_s^2 / 4 \tag{3}$$

$$L_1 = Q_u / W \tag{4}$$

式中：W_1 为管道抗浮力，N/m；L_1 为由浮力控制安装间距，m；Q_u 为每套螺旋地锚的设计拉力，N；G 为单位长度管身自重，N/m；W 为单位长度配重，N/m；F_s 为单位长度管段静水浮力，N/m；r_w 为所穿水域水的重度，N/m³；D_s 为管身结构的外径，m；K_1 为稳定安全系数，取 1.2。

（2）安装间距 L_2 的计算：

$$\sigma_h = \frac{p d_s}{2\delta} \tag{5}$$

$$\sigma_a = E_s \alpha (t_1 - t_2) + \mu \sigma_h \tag{6}$$

$$\sigma_{max} \leqslant 0.9 \delta_s + \sigma_a - \sigma_h \tag{7}$$

$$I = \frac{\pi D_s^4}{64} \left[\left(1 - \left(\frac{d_s}{D_s} \right)^4 \right) \right] \tag{8}$$

$$W = \frac{I}{D_s / 2} \tag{9}$$

$$M = W \sigma_{max} \tag{10}$$

$$L_2 = \sqrt{\frac{8M}{F_s - G}} / K_2 \tag{11}$$

式中 σ_h 为内压产生的环向应力，MPa；σ_a 为内压与温度变化产生的轴向应力，MPa；E_s 为钢管弹性模量，取 2.0×10^5，MPa；μ 为钢管泊桑比，取 0.3；α 为钢管线膨胀系数，取 1.5×10^{-5}，m/(m·℃)；t 为管道安装闭合时的环境温度，℃；t 为管道输送介质的温度，℃；σ_e 为当量应力，MPa；σ_s 为钢管的最低屈服强度，MPa；M 为钢管均布荷载最大弯曲力矩，N·m；W 为钢管截面系数，m³；I 为钢管截面惯性矩；D_s 为钢管外径，m；d_s 为钢管内径，m。K_2 为稳定安全系数，建议取值范围：1.2~1.5。

3 常见管径及壁厚安装间距

根据常见的管径及壁厚计算得出螺旋地锚的安装间距，详见表1：

螺旋地锚安装间距推荐表　　　　表1

管径 (mm)	壁厚 (mm)	单位管重 (N/m)	单位浮力 (N/m)	单位配重 (N/m)	安装间距(m)		
					由应力控制 (L_2)	由浮力控制 (L_1)	推荐间距
219	5.6	289	531	242	19	825	19
273	6.4	412	826	413	20	484	20
323.9	6.4	491	1162	671	19	298	19
406.4	7.1	685	1830	1144	19	175	19
457	7.1	772	2314	1542	18	130	18
508	7.1	860	2859	1999	18	100	18
559	8.4	1118	3462	2344	19	85	19
610	8.4	1221	4122	2901	19	69	19
660	8.4	1323	4826	3503	19	57	19
711	8.4	1426	5600	4174	19	48	19
762	8.4	1530	6432	4902	19	41	19
813	9.5	1845	7322	5477	20	37	20
864	9.5	1962	8270	6308	20	32	20
914	14.3	3109	9254	6145	26	33	26
965	11.1	2559	10316	7757	21	26	21
1016	15.9	3843	11435	7592	27	26	26
1067	15.9	4039	12612	8573	27	23	23
1219	15.9	4623	16461	11838	27	17	17

注：1. 地锚的安装间距由应力控制安装间距和浮力控制安装间距取小值得出。

　　2. 表中浑水密度取 12kN/m³。

　　3. 由浮力控制安装间距，由单套地锚的抗拔力为20t计算得出。

　　4. 表中所选材质为L290，其他材质可参照使用；由应力控制安装间距计算稳定安全系数为1.5。

通过对不同的材质、管径及壁厚进行计算可以得出，管径较小时（<1016mm），安装间距由应力控制，管径较大时（≥1016mm），安装间距由浮力控制；材质及壁厚对其影响不大。

4　结束语

本文对高水位地区采用螺旋地锚的管道受力进行了分析，提出了螺旋地锚安装间距由浮力和应力共同决定的计算方法，得出管径较小时（<1016mm），安装间距由应力控制，管径较大时（≥1016mm），安装间距由浮力控制的结论，为螺旋地锚浮力控制技术在长输油气管道中的应用提供了理论依据。螺旋地锚在不同地质条件下的应用还有待探讨。

参考文献

[1] 潘家华. 油气储运工程论文集 [M]. 北京：石油工业出版社，1993：47-56.

[2] 叶德丰，韩学承，严大凡等. 输油管道工程设计规范 [S]. 北京：中国计划出版社，2007.

［3］ 续理，魏国昌，石忠等. 油气输送管道穿越工程施工规范 ［S］. 北京：中国计划出版社，2008.

［4］ 李为卫，熊庆人，庄传晶，等. 原油管道工程钢管通用技术条件 ［S］. 北京：石油工业出版社，2011.

创新点名称：螺旋地锚安装间距的确定因素

创新点：首次对地下水位较高地区采用螺旋地锚的管道进行力学分析；提出螺旋地锚安装间距由管道浮力和应力共同决定的计算方法；并通过计算得出管径较小时（＜1016mm），安装间距由应力控制，管径较大时（≥1016mm），安装间距由浮力控制的规律。为螺旋地锚浮力控制技术在长输油气管道中应用提供了理论依据和设计依据。

浅析长输管道水工保护与水土保持

中国石油天然气管道工程有限公司　张文峰　王　鸿　王　麒

【摘　要】　水工保护和水土保持是管道建设中的一个重要环节，无论在建和已建管道每年汛期都会不同程度地遭受一些水害问题。本文从水工保护和水土保持的治理措施、类型及相互之间的界定等方面进行了探讨。

【关键词】　水工保护；水土保持；治理措施

引言

随着长输管道建设的不断发展，水工保护和水土保持越来越得到建设各方的重视。管道建设属于线型工程，因其线路长、跨度大、跨越地貌单元众多，工程建设引起的水土流失问题多种多样。本文针对开发建设项目对水土保持的规定和要求，结合长输管道工程水工保护工程的特点，提出长输管道工程水土保持和水工保护应注意的一些问题，以求探讨。

1　水工保护的定义

从狭义上来说，对管线穿越河（沟）道敷设，顺河（沟）道敷设和顺河（沟）底敷设三种埋地方式，管道都可能遭到河流冲刷的侵蚀作用，有必要采取一定的工程措施达到保护管线不被冲毁。实现该工程措施的一切水工设施就称为管道的水工保护。

从广义上来说，为防止管线发生水土流失，避免因水土流失而给管线造成安全隐患所采取的工程保护措施，均称为管道水工保护工程。主要分为支挡防护、冲刷防护和坡面防护。

2　不同地理环境的水工保护方案

2.1　丘陵、山地地形的水工保护

（1）管道顺坡敷设方式，除在坡脚位置采用护脚支挡措施外，还应在管沟内部根据坡度的不同设置截水墙措施，防止管沟回填土流失。

（2）管道横坡敷设方式，一般情况下当管线横坡通过坡面时，根据通过坡面部位的不同，分为坡脚位置和坡面位置横坡敷设，由于坡面的汇水会使沟内回填土在径流冲刷下极

易发生水土流失，严重时会造成长距离露管，因此通常视实际情况对坡体采取设置截排水渠、沟壁侧挡墙等措施进行防护。

（3）管道顺山脊敷设，当管道顺山脊敷设时，由于地形条件所致坡面不会出现过大的汇水量，因此此种敷设形式下面临的主要隐患是山脊地形狭窄致使管道的沟壁比较薄弱，应根据地形条件设置管沟外侧的侧向挡土墙，以保证管道的埋设深度。

2.2 水网地区的水工保护

管道穿越池塘、水库库区、水网、沼泽、水源地等静水水域时，应依据水域疏浚清淤情况、地质和水文条件等进行稳管验算，依据验算结果选取稳管措施。管道穿越池塘、水网、沼泽等地基承载力较低的水域时，稳管措施可结合管沟细土回填一并考虑，稳管结构宜采用袋装土或混凝土配重块连续稳管方式。

2.3 河流地段管道的水工保护

当管道与河流、沟道交叉敷设时，不可避免地会受到水流冲刷侵蚀的影响。而水流的冲刷作用主要表现河流沟岸的崩塌后退和河沟床的下切。

管道防护工程，按其设防的位置可分为岸坡防护（简称护岸）和河沟床下切冲刷防护（简称护底）。为防止岸坡侵蚀通常设置护岸工程，主要结构形式包括坡式护岸和直立式挡墙护岸等。当河床位置无法满足设计埋深时，防止河沟床冲刷下切需设置护底措施，例如过水面和地下防冲墙等固床措施。

2.4 沟谷地形管道的水工保护

对于沟谷类地段，多数属于沟窄坡陡的工程地质条件，同时在谷沟中也存在较多的弯折现象，因此管道在此地段也会存在穿越河流的情况，必须考虑在汛期之内必然面临因洪水对堤岸坡地和沟底的冲洗侵蚀而导致的管道风险。具体可以通过对有河流经过的谷沟进行事先水文调查，在水工保护设计方面主要通过对堤岸的防治和对沟底的加固进行设防，在施工时使用砌石护岸和穿越段混凝土浇筑、防冲墙等方式完成水工保护。

3 水土保持工程设计范围

水土保持是开发建设项目责任范围内为防止水土流失而采取拦渣、护坡、土地整治、防洪、防风固沙、防治泥石流、绿化等防治措施。其主要设计范围如下：

（1）各类植物措施，如插播草籽、铺设植被、边坡复绿、封育治理工程等；

（2）拦挡工程：包括拦渣坝、拦渣墙、拦渣堤、围渣堰、贮灰场等；

（3）土地整治工程：坑凹回填与利用、开挖破损面整治、整治后的土地利用等；

（4）产流拦蓄工程：包括坡面蓄水工程、径流拦蓄工程以及专门用于植被建设的引水、蓄水、灌溉工程等；

（5）临时拦挡和覆盖措施，如编织袋装土、钢支架加编织布、防尘网、防雨布等临时拦挡、苫盖措施。

4 管道工程中的水土保持方案

4.1 管道作业带区水土保持治理

管道作业带管沟开挖时要采取表土剥离措施，将表土和生土分别集中堆放，并采用密目网临时苫盖；管道敷设完毕后，采取土地整治措施，生土回填，表土还原，恢复耕地，原林草地区域则需种草、种树，恢复原地貌。管道在有汇水区域敷设时，迎水面还需布设临时排水沟。

4.2 河流穿越区

围堰开挖穿越河流时，重点是加强对河道边坡防护，布设浆砌石护岸和截（排）水沟。直接开挖法穿越小型河流时，采用工程护岸和排水措施相结合的水土保持措施，保护河道边坡。施工完毕后进行弃渣的清理及河道平整恢复。

4.3 渣场区

山体隧道施工及施工道路、伴行道路修筑会产生大量弃渣。由于区域自然条件较差，坡度较陡，在施工过程中禁止弃渣的乱推乱弃，将弃渣置于指定的弃渣场，渣场位置选择要合理，避开滑坡、泥石流及泄洪道。渣场周边修筑挡渣墙、截水沟、沉沙池等设施，堆放前，必须先建好拦挡工程，弃渣结束后，进行渣面整治，种植林草。

5 水土保持工程与水工保护工程的界定

5.1 必要性

长输管道水工保护的定义是对影响管道安全的水土流失所采取的治理措施，其主要包括支挡防护、冲刷防护和坡面防护三大类。水土保持是开发建设项目责任范围内为防止水土流失而采取拦渣、护坡、土地整治、防洪、防风固沙、防治泥石流、绿化等防治措施。两者的设计出发点、概念及内容均不同。而主体工程的初步设计和施工图设计阶段的设计文件，却习惯的将水工保护措施与水土保持方案中的新增水土保持措施交错在一起，这给双方工程的设计、施工、监测、监理和竣工验收等系列工作带来诸多不便。因此，在初步设计和施工图设计阶段，应明确区分两者的概念和内容，补充水土保持和水工保护初步设计及施工图设计专册或专章，确保水工保护和水土保持工程的有效实施，最大限度地控制水土流失。

5.2 界定方法

水工保护工程。水工保护工程从保护管道工程安全角度出发，设计在起到保护管线的同时也发挥着水土保持功能的防护措施。如管道作业带顺坡、横坡的纵向坡比较大处修筑浆砌石挡土墙、护坡、截（排）水沟；隧道洞脸防护工程；穿越河流而修建的护岸、地下防冲墙及管道混凝土浇筑；冲沟穿越，沟底修筑的地下防冲墙和护岸等。

新增水土保持工程。新增水土保持工程从减少和保持水土的角度出发，设计以防治水土流失为主要目标的防护工程。由工程、植物及临时防护措施组成。工程措施如护坡（岸）、挡土墙、截（排）水沟、谷坊、坡地改造工程、消力池工程、沉沙池、土地整治工程等；植物措施如草袋护坡、植树、种草等各类植物措施；临时措施如表土剥离、临时拦挡、排水、覆盖等。

6 结束语

长输管道经过地段的地形、地貌、地质结构较为复杂，并且由于管道敷设的复杂性，长输管道的水工保护措施和水土保持工程在工程建设中一直是关注的重点。解决好水工保护和水土保持的相互关系，对保证管道运营安全，有效控制工程建设造成的水土流失，建设绿色工程、和谐工程、样板工程具有积极的意义。

西南地区峡谷地形管道穿跨越设计

中国石油天然气管道工程有限公司　史　航　左雷彬　詹胜文　李国辉　曾志华

【摘　要】　位于西南地区的长输管道在设计过程中，不可避免要经过高山峡谷地形地貌，这些地区一般地质复杂、灾害频发且环境敏感，管道穿跨越设计难度很大。本文以西南地区某管道工程为例，全面介绍在高山峡谷地区穿跨越设计的特点和难点，从工程选址、跨越工程设计、隧道设计、环保设计、安全考虑等方面对在此类区域特殊的设计进行了阐述，为今后在类似区域内的穿跨越工程设计提供了参考。在跨越工程设计中，重点讨论了主缆分束设计、结构抗风和抗震设计、锚固隧道设计等内容；在隧道工程设计中，主要对大坡度隧道设计进行了阐述；在桥隧直连设计中，讨论了管道补偿设计和隧道导洞设计等内容；在环保设计方面，讨论了定量环境风险分析的应用；在安全考虑方面，提出了实现技防和人防相结合的安全保卫方案。

【关键词】　西南峡谷地形；跨越；隧道；桥隧直连；工程设计

引言

在长输管道设计中，管线经常要经过河流、湖泊、山谷等天然障碍物，一般采用开挖穿越、定向钻穿越、盾构隧道、跨越等形式通过，而在通过高山峡谷地形时，因工程建设难度大，一般采用线路避绕的方式，选择地势平缓且地质较好的区域通过。随着中缅油气管道工程等国家西南能源通道的建设，管线不可避免要经过西南地区的大江大河，这些地区基本都是高山峡谷地貌，地质极其复杂，且受电站蓄水影响，岸坡失稳风险大，管线穿跨越设计遇到前所未有的挑战。

本文针对西南地区峡谷地形的特殊环境，以某实际工程为例，全面介绍在此类特殊环境下的工程特点和难点、管线选址、穿跨越设计、环保设计、跨越安全等方面的内容，以便为今后类似工程提供参考。

1　穿跨越设计特点和难点

本工程通过的河流位于西南地区某省，是西南地区重要的河流之一，当地水文站资料显示，该河流流域的汇水面积为 $84220km^2$，1991 年实测最大洪峰流量 $Q=7100m^3/s$，平均流速 $v=4.2m/s$，根据当地规划，干流在中国境内有多个梯级电站，工程场区水文受下游正在建设的电站回水位控制。

根据线路总体路由走向，管线通过河流区域属于典型的高山峡谷地形（见图 1 和图

2)，地质在该区域变化较大，且断层分布较多，工程考虑三根管道（天然气、原油、成品油）共用穿跨越工程。根据该区域的特点，工程需要面临的特点和难点有以下几个方面：

（1）三管共用穿跨越工程，荷载大，且需要满足检修要求；

（2）工程建设区域属于高山峡谷地形，需要采用跨越方式通过河流，跨度较大，约300m；

（3）两岸山体陡峻，需要采用隧道方式穿越，需实现桥隧直连，面临管道下桥、温度补偿等方面的问题；

（4）该河流为国际性河流，生态敏感，环保要求高；

（5）受到峡谷地形的影响，该地区风环境非常复杂，对管道跨越工程有很大的制约作用；

（6）跨越区位于青藏高原南部地震区滇西地震活动带内，应力场复杂、地震活动强度大、频度高，管道所经保山市沿线地区的抗震设防烈度为Ⅷ度；

（7）该区域地质极其复杂，断裂带交错发育、构造复杂，多处存在泥石流、崩塌等地质灾害，为工程选址造成了很大的困难；

（8）下游电站正在蓄水期间，此后数年内水位将抬高50～60m，由于水位变化的影响，很多区段岸坡将发生坍塌，跨越工程选址必须避开岸坡不稳定地区。

图1　峡谷地形地貌1　　　　　　　　　　图2　峡谷地形地貌2

2　工程选址

2.1　选址原则

针对该工程情况，在选址过程中须遵循以下原则：

（1）管线穿跨越位置应符合大路由走向，但在该区域需遵循"以桥定线"，局部线路应根据穿跨越位置进行调整；

（2）满足地方规划、河道以及电站等地方管理部门要求；

（3）应选择在两岸侧向冲刷及侵蚀较小，岸坡稳定的地带；

（4）应尽量避开灾害性地质地段（如活动地震断裂带、滑坡、泥石流、大型岩溶等）；

（5）应具有施工可行性。

2.2 选址过程

由于该工程所处的特殊地理环境，选址工作难度非常大，工程设计人员历经 2 年时间，对上下游 20km 范围内进行了选址，前后选择了 9 个穿跨越断面。考虑到管线建设的可行性，选择了其中四个断面进行了选址勘察，并针对这几个断面进行了岸坡稳定性评价，根据评价结果，A 断面和 B 断面的岸坡稳定性能够满足工程需要，如图 3 和图 4 所示：

A 断面方案为：1.9km 隧道（克服高差约 493m）＋悬索跨越（280m）＋1.4km 隧道（克服高差约 140m）

B 断面方案为：0.8km 隧道（克服高差约 148m）＋悬索跨越（360m）＋2.9km 隧道（克服高差约 172m）

图 3　A 跨越断面　　　　　　　　　　　图 4　B 跨越断面

对两个方案进行对比分析，遵循"安全第一、环保优先、技术可行、经济合理"原则，主要从施工阶段安全、运营阶段安全、国际性河流环境保护、技术可行性和施工难度、工期与造价等几个方面进行了综合比选，选择 A 断面方案作为设计方案。

3　穿跨越方案设计特点

在此穿跨越工程中，共涉及三根输送不同介质的管道，一根原油管道（ϕ813mm），一根天然气管道（ϕ1016mm），一根成品油管道（ϕ219mm），由一个跨越工程和两个隧道工程组成，首次实现了长输管道的桥隧直连设计，考虑到此工程的特点，针对性的做了如下设计。

3.1　跨越工程设计

（1）缆索分束设计

悬索采用双索面结构，全桥共有两根主缆，主缆线形采用抛物线形式，主缆的矢跨比为 1/10，吊索间距为 5m。根据计算结果，主缆直径约 190mm，按照缆索相关要求，缆索的成卷最小内径为 20D（D 为缆索直径），如采用一束主缆，则缆索运输和安装均难以实现，因此跨越结构采用主缆分束的设计（图 5），每根柱缆由 13 束 5mm×91 的平行钢丝束组成，成功解决了缆索的安装和运输问题。

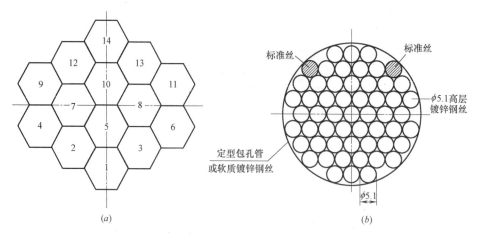

图 5　主缆分束示意图

(a) 索股编号及排列 (14-55φ5.1mm)　(b) 钢丝束断面图 (55φ5.1mm)

(2) 抗风及抗震设计

该工程位于高山峡谷区域，风环境十分复杂，大跨度跨越结构在此类地区极易发生风致振动破坏，其中包括颤振、涡击振动、抖振、静风失稳等形式，颤振和静风失稳直接关系到跨越结构的安全，抖振和涡击振动关系到跨越结构的运营和使用寿命，因此有必要对跨越工程进行抗风设计。

针对该跨越工程"跨度大、阻尼低"等特点，分别进行了节段模型风洞试验和全桥模型风洞试验，同时进行了数值模拟（图6～图8）。试验结果表明，在试验风速内（现场风速0～53m/s），跨越工程未发生颤振、弛振、静风失稳等振幅发散的气动失稳现象，结构具有良好的抗风性能。

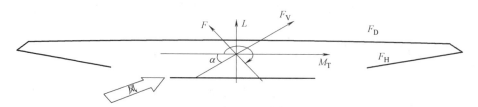

图 6　桥面结构静气动力坐标系

图 7　全桥风洞试验 (1:20)

192

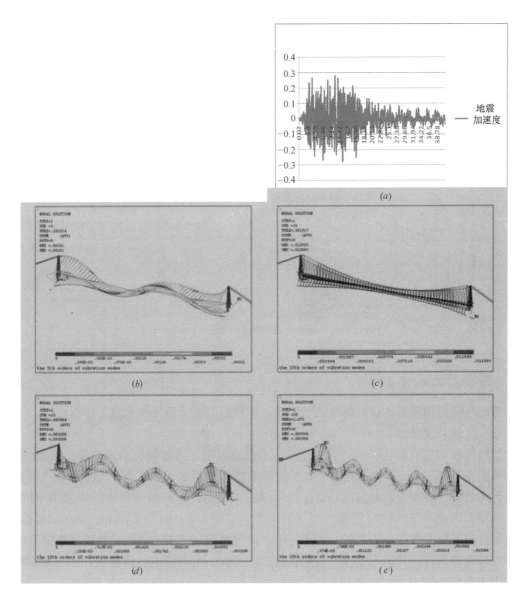

图 8　地震加速度时程及动力响应

（a）地震加速度；（b）5 阶时悬索管桥的振型；（c）10 阶时悬索管桥的振型；

（d）15 阶时悬索管桥的振型；（e）20 阶时悬索管桥的振型

　　本地区抗震设防烈度为 8 度，设计基本地震加速度值为 0.20g，设计地震分组为第二组。对于复杂的大型跨越结构除了进行静力分析之外，还需要根据地震波进行时程分析，本工程采用地震评价单位提供的人工合成地震波进行了动力响应分析，分析结果表明，结构耗能能力强，抗震性能能够满足工程需要。

　　（3）锚固隧道设计

　　两岸山势陡峻，基岩出露，采用开挖隧道，将缆索锚固在岩石内。根据地质资料和岸坡稳定性分析结果，两岸深部卸荷底界约为 30m，本工程主缆拉力较大，为保证工程安全，需将主缆锚固在岸坡稳定线以下。在主缆位置两岸分别开挖一个锚固隧道，断面尺寸为 4m×4m，开挖深度为 35m，主缆锚固在隧道内，锚固隧道内设置定位支架（图9）。

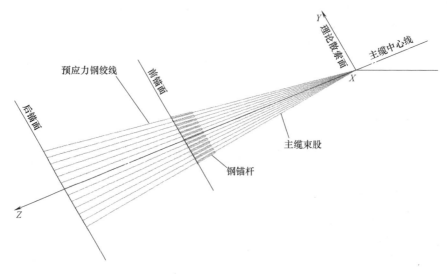

图 9　主缆锚固系统

3.2　桥隧直连设计

跨越与隧道相衔接主要需解决两个问题，即跨越管道补偿问题和施工导洞设置。

（1）管道补偿设计

桥隧衔接处为直陡悬崖，场地空间非常小，难以满足跨越段管道水平变形补偿需要，过分开挖拓宽又不利于岸坡稳定，且将给岸坡防护带来困难，同时基于安全考虑，考虑管道尽量少外露于悬崖上，跨越段管道补偿在隧道里面实现，跨越两侧隧道均采用"L"形水平补偿。因此，与跨越衔接侧隧道平面设置为"L"形，转弯采用 6m 左右圆弧过渡，尽量保持跨越管桥管道平稳进洞。跨越补偿段隧道坡度控制在 0.3%。补偿段固定墩之前管道布置考虑与跨越管道一致性，采用管墩架空方式。由于隧道坡度较大，固定墩后管道仍然考虑管墩架设。

（2）施工导洞设计

由于隧道洞口与跨越衔接，施工过程中隧道与跨越会发生干扰，不仅带来安全隐患，还会很大程度上影响工期，因此需要设置导洞保证隧道施工。根据现场条件，将导洞设置于隧道主轴线上，与"L"形隧道内侧相衔接，如图10所示。

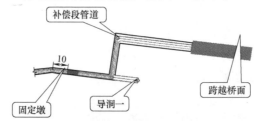

图 10　跨越补偿及施工导洞布置

3.3 大坡度隧道设计

位于跨越工程一侧的长 1.9km 的隧道需要克服 493m 的高差，平均坡度达 25%，对于隧道的出渣、排水等都有很大影响，同时还须考虑因坡度太大，导致施工速度降低，而带来的工期风险。

该隧道纵断面设计主要综合考虑了隧道长度、主要施工方向、隧道出渣、排水、洞口位置、管道补偿及隧道进、出口接线、跨越主索岩锚影响等因素，控制隧道主体坡度，尽可能地减少隧道施工及出渣难度，沿跨越直线走向隧道进洞 45m 后，隧道转弯横向上抬，以 166% 的坡度克服 50m 高程，之后以 15% 以内的坡度克服约 180m 高程，见图 11 所示，最后以 57.7% 的坡度，克服最后 263m 高程，这样将困难段主要集中在前后两段，有效解决了大坡度隧道带来的出渣、排水以及工期方面的问题。

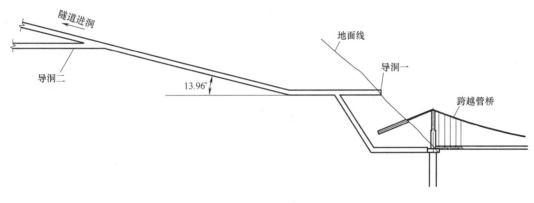

图 11　大坡度隧道设计

4　定量环境影响分析

跨越河流为西南地区的大江，水资源十分丰富，目前已经修建和规划了一批水库、水电站及航道等基础设施，流经区域具有独特的气候特点和地理条件，孕育着成熟稳定的水生生态系统，生物资源较为丰富。此外，两岸还生活着大量各族人民，生活、工业、渔业、灌溉、运输等活动均与这两条江有着一定的联系，管道一旦在怒江跨越工程处发生泄漏，输送的原油将直接进入江体中并随着水流快速进入下游地区，造成地表水体的环境污染及水生生态的破坏，并直接影响下游人民的生产生活，甚至还有可能引起跨国境的区域环境污染问题。因此需对该管道穿跨越工程进行定量环境影响分析。

分析主要针对跨越段管桥两侧离江面最近的两个阀室之间的输油管段，选择了一种典型输送原油展开分析，并在跨越段管道上选择两处管道断面进行泄漏分析和相应的生态环境影响及风险计算，每处断面分别考虑大泄漏（管道完全破裂）和孔泄漏两种泄漏情况，分析范围为管道跨越段下游至国境线的干流江段，分析的方法和内容主要为：生态及环境本底调查；风险源项分析；管道失效后果计算；生态环境风险计算；工程设计建议及应急相应计划。

根据分析结果，跨越工程典型泄漏场景的事故概率等级为"极少"，事故环境后果等级为"重大"，项目的环境风险属于可接受区域。项目应根据现场情况制定有效的项目风险管理政策方案及事故应急响应方案，并在经济技术可行的前提下采取适当的风险防范措施进一步降低风险水平。经计算，跨越工程的综合风险损失为 26.73 万元/年，风险效益分析表明项目的综合风险损失是可以接受的。

5 跨越安全考虑

（1）跨越管桥设计考虑 6 人的专人 24h 值守，同时设置跨越应力应变监测系统和摄像监控系统，实现技防和人防相结合的安全保卫方案。

（2）跨越两侧山体地势陡峭，人员到达困难，为了防止动物误入跨越区和考虑检修人员安全，两侧根据现场情况设置围栏，跨越施工完成后，跨越施工栈桥拆除，检修通过隧道出口直接进入。

（3）本工程跨越点处设置视频监控设备，对跨越的管道进行监视。根据需要在两侧跨越点各设置固定枪式摄像机 1 台，摄像头安装在 6m 高的电杆上，根据跨越距离选择 20 倍的自动变焦镜头。管道跨越点处于南部地区，气温较高，因此防护罩只需设置雨刷器，不必设置风扇和加热等设备。监控视频信号利用与管道同沟敷设的光纤传输到邻近阀室的光传输设备上，然后通过光传输系统上传至监控中心。

（4）鉴于跨越处河流为国际性河流，原油管道面临的安全非常重要，管道一旦遭到破坏，原油泄漏将造成巨大的社会和经济损失，为了及时准确的了解澜沧江跨越管桥的力学状态，判断其结构可靠性，跨越拟设置应力应变监测系统。

6 结论

（1）在我国西南地区高山峡谷地貌分布比较广泛，尤其是一些大江大河流经之处，管线选址时要充分考虑地形地貌、地质灾害、特殊环境的影响；

（2）在高山峡谷等局部困难段进行管线选址时，应在符合大路由的前提下，遵循"以桥定线"原则，充分考虑穿跨越工程的重要性，局部线路段根据穿跨越位置进行相应调整；

（3）在水库淹没区域内，穿跨越工程选址和设计应考虑水库蓄水带来的岸坡失稳等安全隐患，要做好岸坡稳定性评价工作；

（4）跨越工程一般都是整个项目的控制性工程，方案设计时要因地制宜，充分考虑安全、环保以及施工可行性的影响；

（5）在风环境复杂的高山峡谷区域建设跨越工程时，要对结构的抗风性能进行评价，条件允许情况下，要进行风洞试验研究；

（6）在高山峡谷区域设计大跨度悬索跨越时，锚固系统应根据现场情况，尽量采用隧道锚固方式，从而避免大规模开挖；

（7）对于管线通过环境敏感河流时，要对管线建设带来的环境风险进行分析评价，并做好应急计划；

（8）对于桥隧衔接设计，要考虑工程的特点和施工可行性，本工程提出的"L"形隧道补偿和导洞设计方案为类似工程提供了重要参考；

（9）在进行大坡度隧道设计时，需充分考虑隧道出渣、排水等问题；

（10）跨越工程安全问题一直是个比较受关注的方面，应根据现场具体情况，实现技防和人防相结合的安全保卫方案。

站场合建在并行油气管道工程中的应用

中国石油天然气管道工程有限公司　何绍军

【摘　要】 原油或天然气管道站场布置相对简单，要考虑的因素较少；而并行油气管道站场布置，除需要分别考虑系统分析结果外，还要从安全性、合理性、占地多少、组织机构设置、维抢修设置以及运、行管理等主要因素综合考虑，尽量采用合建方式。本文将根据中缅油气管道设计中的站场选择情况，进行归纳总结，为后续的管道站场合建提供可参考的经验。

【关键词】 并行油气管道站场布置；站场选择

引言

中缅油气管道是我国"十一五"期间规划的重大管道项目之一，油气管道共同构成我国油气进口的西南战略通道。工程的实施对优化西南地区能源结构、改善西南地区能源供应格局具有重要意义，可缓解西南地区成品油的供需矛盾、降低运输成本，进一步改善中国的炼油化工总体布局，优化资源配置和产品流向管道起自缅甸西海岸马德岛，从云南瑞丽市进入中国境内。

由于中缅油气管道是国内首次遇到的并行油气跨国管道，沿线 80％以上为山区，山高林密，地形地貌、地质条件极为复杂，合理的设置站场是管道设计方案的重中之重，除需要分别考虑系统分析结果外，还要从安全性、合理性、占地、组织机构、维抢修、便于运行管理等主要因素综合考虑，尽量采用合建方式。

本文将根据中缅油气管道（国内段）站场选择情况，进行归纳总结，为后续的并行油气管道站场合建提供参考。

1　站场选择

1.1　中缅油气管道工程特点

（1）受经济活动影响大。

管道所处地区为我国最具发展潜力的地区之一，近几年经济发展快速，城镇规划建设活动活跃；沿线山多地少，基本农田分布广。基础设施的建设与管道线位冲突严重。

（2）沿线自然地理环境复杂。

管道沿线 80％以上为山区，地形地貌、地质条件极为复杂。滑坡、泥石流、崩塌等地质灾害多发、断裂带密布、地震多发（管道在 9 度区敷设 26km，穿过全新世活动断裂 5

条）、采空区分布广、岩溶发育。

（3）油气管道并行。

本工程为高压力、大口径原油和天然气管道并行敷设，并行段占路由总长的50％。其中另有约900km路由与云南成品油管道并行。

（4）管道系统控制复杂。

油气双管跨国建设，原油管道沿线高差变化剧烈，落差超过1000m以上的有10段，最大落差达到1500m。天然气管道与中贵、西二线管道联网，油气管道有8座油气管道站场合建，系统安全可靠性设计难度很大。

中缅油气管道国内段线路并行部分1101km。

1.2　合建站场解决方案

为了合理设置并行油气管道站场和合建模式，必须从以下几方面综合解决，主要包括：系统分析核算、合建模式、自动化控制系统、ESD系统、供配电系统、消防系统设置、组织机构、维抢修设置、站场占地及人员设置等。

（1）水力核算，确定合建站场。

在选择和设置站场时，首先对天然气和原油管道分别进行水力计算，初步确定各自的站场位置；在充分考虑原油管道动压和静压的情况下，尽量减少原油管道各站场数量，再与天然气管道站场考虑尽可能的合建；

在考虑合建时，可将天然气管道各站场作为参考，将原油管道各站，向天然气管道各站场靠拢，验证原油管道水力核算结果是否技术可行、经济合理。经核算，中缅油气管道共有8座站场可以进行合建，合建站场设置见图1和表1。

针对上述特点，选择并优化站场设置显得尤为重要，特别要将并行油气管道站场尽量合建，甚至可适当牺牲部分工艺条件。因此，为了节约土地、便于管道建成后的运行和管理，在安全可靠的前提下尽量将输气管道的压气站、清管站和分输站以及输油管道的泵站、减压站和清管站的站场合建，经现场选址、核实后，优先考虑油气站场合建。

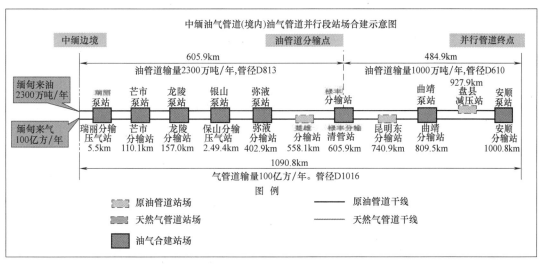

图1　油气管道合建站场设置

油气工艺站场设置 表1

序号	天然气管道站场	与原油管道合建情况
1	瑞丽分输压气站	与原油管道瑞丽泵站合建
2	芒市分输清管站	与原油管道芒市泵站合建
3	龙陵分输站	与原油管道龙陵泵站合建
4	保山分输压气站	与原油管道保山泵站合建
5	弥渡分输清管站	与原油管道弥渡泵站合建
6	禄丰分输清管站	与原油管道禄丰分输泵站合建
7	曲靖分输清管站	与原油管道曲靖泵站合建
8	安顺分输清管站	与原油管道安顺泵站合建

合建后的原油管道输量为 $2300 \times 104t/a$ 时沿线水力坡降图见图2，原油管道水力核算结果表2；从核算结果可以看出，合建后各站出站压力不是很均衡，但是可以减少沿线油气管道站场数量，便于管道运行管理。

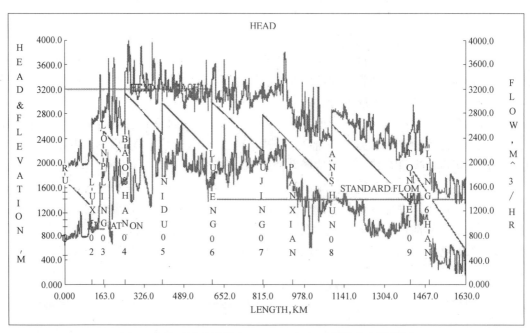

图2 合建后原油输量为 $2300 \times 10^4 t/a$ 时沿线水力坡降图

原油输量为 $2300 \times 10^4 t/a$ 时的计算结果 表2

站名		里程	高程	站间距	进站压力	出站压力	进站温度	出站温度
		km	m	km	MPa	MPa	℃	℃
$2300 \times 10^4 t/a$	瑞丽泵站	5.5	750.0	5.5	—	8.10	22.0	22.4
	芒市泵站	110.1	890.0	104.6	3.14	10.50	23.2	23.3
	龙陵泵站	160.8	1795.5	50.7	0.97	6.00	22.4	22.7
	保山泵站	250.3	1670.0	89.5	3.67	12.40	22.8	23.1
	弥渡泵站	403.5	1820.0	153.2	5.42	9.70	22.0	22.7

站名		里程	高程	站间距	进站压力	出站压力	进站温度	出站温度
		km	m	km	MPa	MPa	℃	℃
1000×10⁴t/a	禄丰分输泵站去重庆末站	605.9	1625.0	202.4	4.30	11.40	21.2	21.7
	曲靖泵站	809.5	1930.0	203.5	2.20	7.18	18.4	18.5
	盘县减压站	927.9	1730.0	118.4	4.78	4.76	18.3	18.3
	安顺泵站	1090.8	1441.6	162.9	1.60	10.00	17.9	18.5

（2）确定合建模式。

对于油气管道并行敷设的两个项目来说，从节约用地，降低规划及用地手续办理的烦琐程度，外电、给水排水、消防、热暖、值班办公等设施共用等方面来看，在满足工艺技术要求的前提下，油管道和气管道的站场应尽可能合并建设，既节省投资、降低施工成本，又利于生产运营统一管理。

原油管道、天然气管道的输送介质均属于甲B类，即火灾危险类别相同，因此从规范角度来分析，这两种类型的站场（原油站场、天然气站场）是可以合并建设的。

从站场等级的角度考虑，原油站场和天然气站场合并建设时，站场整体的等级取两者中的较高级别，站场与周界环境的区域安全距离以及站场内部各设施的安全距离均按照较高级别的站场等级来确定。

从原油、天然气这两种输送介质的物性来看，原油是液体，天然气是气体，为避免相互之间的干扰和影响，总体规划布局时尽量将原油部分布置在较低处、天然气部分布置在较高处，以避免相互之间的事故干扰和影响及事故蔓延。

在站场内部将油、气的工艺生产区分成两部分，而水、暖、电、信、仪、消防等公用部分及值班办公部分则可合并到一起。油气合建站场典型图见图3。

1）分生产区、值班办公及辅助区两大区块，生产区布置在站场北侧、值班办公及辅助区布置在站场南侧；

2）生产区左侧为天然气部分、右侧为原油部分；

3）进出站区布置在生产区北侧、工艺设备区布置在生产区南侧；

4）值班办公及辅助区西侧为值班办公部分、东侧为变配电部分。

合建站的公用工程设施（包括水、消防、电、暖、食堂、住宿、办公等）均按照同一座站统筹设计互相依托。

（3）油气管道合建站场自动化控制系统、ESD系统、供配电系统、消防系统设置。

1）自动化控制系统

为了避免互相影响，由于线路、输送工艺及设备相对独立，用于油气管道输送过程的监视和控制的SCADA系统也相对独立；而且用于中缅油气管道（缅甸段）的监视和控制的SCADA系统也相对独立设置。

油气合建站场的机柜间和控制室的房间合用，但站控制系统设备均各自独立。站内公用系统（变配电等）和建筑物的火灾自动报警系统的信号采集至各站天然气SCS中，再上传至调控中心。

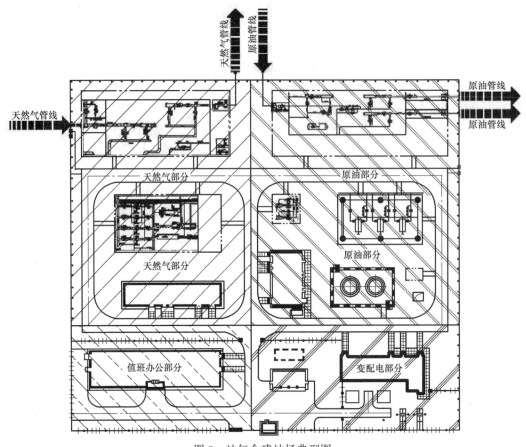

图中标注文字：
天然气管线 原油管线（顶部箭头）
原油管线（右上箭头）
原油管线（右下箭头）
天然气管线（左侧箭头）
天然气部分
天然气部分
原油部分
原油部分
值班办公部分
变配电部分

图3　油气合建站场典型图

2）ESD系统

从功能上看，实管道出现紧急情况下的紧急切断系统，其主要任务是最大限度地保障人员安全，同时最低程度地减少系统的停工次数；输油气站场一旦发生火灾、泄漏以及管道沿线发生洪水、地震、泥石流、第三方破坏等事故，均会危及整个管道安全运行，需要事先紧急切断。

所以，为了减少油气管道合建站场在操作运行中的相互影响，合建站的ESD系统相互独立设置，若原油管道触发ESD时，运行人员根据实际情况需要人工判断是否需要触发天然气管道的ESD系统，反之亦然。

3）供配电设置

在站场ESD状态下，配电系统根据接收到的ESD命令，切除对应的输油泵（压缩机）电源，完成应急的停机操作；

根据通信和仪表的要求，特别重要的负荷需要UPS电源供电，以确保供电的质量和可靠性；站内消防负荷采用站内双电源自动切换供电，以保证消防状态下的电源供应；消防状态下，根据接收到的泵启动控制命令，完成相应消防泵的启动操作。

4）消防设置

对于合建站场，为了避免互相影响，消防系统互相独立设置。

1.3　组织机构、维抢修设置

（1）组织机构

输油、气生产的运行管理由管道公司统一负责，各输油、气管理处及所辖站场的人员均直接由管道公司统一管理。为节约投资，天然气管道与原油管道的管理组织机构尽可能合建或共用，按三级进行管理：第一级，输油、气管道公司；第二级，输油、气管理处；第三级，各输油、气站场。

（2）维抢修设置

按照《中国石油天然气与管道分公司管道及储运设施维抢修体系规划》要求，油气管道沿线维抢修机构设置，合建维抢修中心 2 个、维抢修队 2 个、依托维抢修队伍 1 个。

1.4　站场占地及人员设置

（1）从中缅油气管道合建站场占地统计来看，合建站场比油气站场分别建设占地可节省土地 30% 左右；特别是在山区，更显站场合建的优势，可以节约大量土地。

（2）相对各站场单独建设，每座站场总体人员减少 3~4 人，8 座站共可减少人员 24~32 人。

1.5　对于分期建设的考虑因素

对于分期建设项目，合建站开始要统筹规划，一次性征地，并做好各专业设备接口的预留。以上论述的油气管道站场合建模式，安全可靠、技术可行，可以有效减少占地、节省人员设置、组织机构及维抢修统一筹划便于运行管理，其合建模式值得在其他并行管道的建设中推广和应用。

2　结束语

综上所述，随着国内外油气管道飞速发展，油气管道并行建设情况将越来越多。对于油气管道而言，在管道工程设计中，合建站场设置和模式越发重要，选择既经济、方便运行又能满足技术要求的站场合建设置原则和模式，将直接影响到管线运行管理和技术水平。

长输管道工程施工诱发地质灾害防治探讨

中国石油天然气管道工程有限公司　穆树怀　霍锦宏　王腾飞　唐培连

【摘　要】　随着中国境内长输管道工程在地质条件复杂山区的建设，施工诱发地质灾害如何防治成为管道工程建设中亟待解决的问题。本文以中缅油气管道工程建设为例，结合管道施工扫线、施工机械进场、管沟开挖等施工阶段，通过对不同工况进行分析，对施工诱发滑坡、泥石流、崩塌等典型地质灾害的可能性提出针对性的防治方法，通过实际工程验证，取得了很好的效果。

【关键词】　长输管道；施工；地质灾害；防治方法

引言

中缅管道云南省境内呈线状自西向东分别穿越了滇西横断山、滇中红色高原和滇东岩溶高原三大块的地貌格局，经过山地、丘陵地段占管道线路总长的70.7％。随着中缅管道境内段的开工建设，相关部门越来越重视地质灾害对长输管道的影响，反之，管道工程建设诱发斜坡地质灾害更应引起足够的重视，如何减少管道建设过程诱发地质灾害、减轻地质灾害的影响、总结一套系统的防治方法，是摆在管道建设者面前的首要任务。下文以中缅管道云南段管道施工可能诱发的斜坡地质灾害——滑坡、崩塌、泥石流——为例进行分析，对管道工程建设诱发地质灾害或加剧已有地质灾害的危险性进行预测、评价，提出防治措施建议，部分地质灾害点通过了施工验证，取得了良好的效果。

1　地质灾害现状

中缅油气管道工程段，由云南瑞丽入境后，穿越了冈瓦纳板块、怒江深大断裂和由澜沧江深大断裂构成的板块缝合线，之后进入了华南板块，其间穿越了横断山系的东南余脉、无量山、哀牢山北端，穿越云贵高原后天然气管道向东南进入江南丘陵地区，终点位于防城港附近；原油管道向北穿越大娄山后进入四川盆地，终点位于重庆市长寿区境内。中缅管道在云南段穿越的地震带主要有滕冲-澜沧地震带、滇西、滇东地震带。沿线属于"三高四活跃"的不良地质发育地区（高地震烈度、高地应力、高地热，活跃的新构造运动、活跃的地热水环境、活跃的外动力地质条件、活跃的岸坡再造过程）。由于管道途经沿线特殊的地形地貌和地质构造特点，这里山高谷深、地形陡峻、活动断裂发育，滑坡、崩塌、泥石流等斜坡地质灾害非常发育，这些地质环境特点使得中缅管道成为我国乃至世界上建设难度最大的管道工程之一。根据中缅管道云南段地质灾害评估资料，管道沿线滑坡及不稳定斜坡186处，崩塌15处，泥石流16处。众所周知，地质灾害具有隐蔽性强、突发性强、破坏性强的特点，加上工程建设的影响，管道施工诱发地质灾害主要有两类：一类是原始地貌相对稳定，因管道施工诱发斜坡地质灾害；另一类是管道施工加剧地质灾害危险性。而管道施工诱发地质灾害真正最重要的是管道在潜在不稳定斜坡地段横坡敷设时，管道施工扫线、管沟开挖、施工机械振动等引起的地质灾害的防治。

图1　管道横坡敷设

图2　顺层岩质斜坡

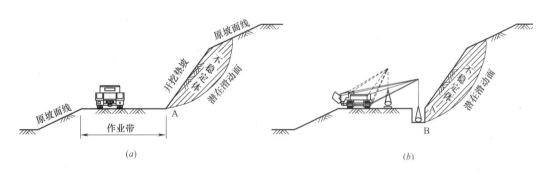

图3　管道施工示意图

（a）扫线形成的不稳定坡面；（b）管沟开挖形成的不稳定坡面

2　管道工程施工诱发地质灾害危险性评价

根据拟建中缅油气管道走向和工程建设特点，管道施工活动包括施工扫线及管沟成沟过程的挖方、填方、埋管等，可能诱发的地质灾害类型及工程问题以施工扫线、大型施工机具进场、开挖管沟易诱发陡壁坍塌、小型岩（土）体滑坡、崩塌、不稳定边坡失稳等为主。按照不同地段管道所处的地质环境条件及工程环境特征进行分段评价。拟建管道工程全线总长 890.0km，其中危险性小的长度 421.0km，占管道总长的 47.3%，大部分处于盆地及其边缘、宽缓的谷地以及山区分水岭地带，引发地质灾害类型以开挖引发的小滑坡、崩塌及管沟坍塌为主，危害程度小；危险性中等长度 321.9km，占管道总长的36.2%，多处于山地区或河流谷底边缘地带，易引发小型或中型岩、土体滑坡、崩塌，危害程度中等；危险性大的长度 140.8km，占管道总长的 15.8%，由于多处于地形狭窄地段，施工开挖坡脚，或施工机械进场等扰动引发的中、小滑坡、崩塌对施工人员、施工机械及管道本体将造成直接危害，且危害程度大。评价结果见表1。

序号	位置	附近地名	长度（km）	地质环境条件	可能引发灾害类型	危害对象及程度 对象	程度	危险性
1	K110+000～K115+200		5.2	地貌以溶蚀、侵蚀低中山河谷为主，坡度一般 $10°\sim20°$。分布 D_2j 白云岩及灰岩夹砂岩	小滑坡及坑壁垮塌	管道及施工人员机具	大	大
2	K121+500～K145+800	黄草坝	24.3	地貌以构造低中山为主，坡度一般 $20°\sim35°$。分布 γ 花岗岩、花岗板岩、混合花岗岩等，残坡积层呈砂状，厚度一般大于 2m	小—中等规模的滑坡及坑壁坍塌	管道及施工人员机具	大	大
3	K241+150～K251+000	杉阳街	9.85	为山间洼地及边缘丘陵地带，坡度 $5°\sim25°$。分布 M_z 变粒岩、Q_h、Q_p 冲积、洪积卵砾石夹砂及黏土，堆积厚度一般 $22\sim25m$	小滑坡、崩塌、坑壁坍塌	管道及施工人员机具、河道、村寨	大	大
4	K287+500～K315+000	北斗	27.5	以侵蚀低中山河谷地貌为主，坡度一般 $20°\sim30°$。分布 J_2h、T_3m、J_3b 泥岩、粉砂质泥岩，风化强烈，土层厚 0.5～3.0m，厚的可达 5m 以上	大量小—中滑坡、坑壁垮塌	管道及施工人员机具	大	大
5	K322+750～K353+500	平坡	30.75	以侵蚀溶蚀河谷为主，两岸坡度 $40°\sim60°$。谷底分布 Q_h 冲积、洪积卵砾石夹黏土；两岸分布 T_{3w} 浅变质泥岩、粉砂岩和 Anecn 黑云母片麻岩、变粒岩夹大理岩，风化中等	小—中等崩塌、滑坡及坑壁坍塌	管道及施工人员机具	大	大
6	K461+500～K470+000	鹦鹉关	8.5	为侵蚀低中山河谷地貌，坡度 $25°\sim40°$。分布 J_2z、J_3sb-t 泥岩砂岩、泥岩类粉砂岩，残坡积层厚一般小于 1m	大量小滑坡及坑壁坍塌	管道及施工人员机具	大	大
7	K500+000～K520+400	前进	20.4	为侵蚀低中山河谷地貌，坡度一般 $5°\sim15°$。主要分布 K_1p-q 泥岩、砂岩及 Q_h 冲洪积粉砂质黏土，土层厚度约 1m	小滑坡、坑壁坍塌	管道及施工人员机具	小	大
8	K875+700～K890+000	平关	14.3	地貌以侵蚀中山为主，局部为岩溶残丘洼地，坡度一般 $20°\sim30°$。主要分布 P_2xn、T_1f 泥岩粉砂岩和 P_1m+q、T_1y 灰岩、白云岩，残坡积层薄。采煤活动剧烈	小滑、坡、崩塌及坑壁垮塌	管道及施工人员机具、房屋	大	大

3 管道施工设加剧地质灾害危险性评价

3.1 加剧滑坡、崩塌的危险性

云南段野外调查到 186 个滑坡及不稳定斜坡，在 K90+000～K160+000、K170+000～

K180＋000、K260＋000～K275＋000、K280＋000～K315＋000、K330＋000～K385＋000、K460＋000～K470＋000、K870＋000～K890 等管段分布较集中；崩塌共有 15 个，分布较分散。拟建管道工程以浅埋为主，管道沿线地质环境的扰动一般较小，盆地及其边缘、宽缓的谷地影响范围较小，管道沿线两侧 100m 以外的滑坡、崩塌一般不会受到影响或影响很小，加剧的危险性小。经调查分析，管道施工过程对现状 28 个滑坡和 4 个崩塌影响较大，这些滑坡或崩塌现状为地灾点，处于对管道影响范围边缘，但其稳定性差或稳定性好但处于管道施工影响范围内，工程建设极可能引发其复活。对拟建管道的潜在危害程度、危险性大，见表 2。

管道施工加剧滑坡、崩塌的危险性评价 表 2

| 编号 | 类型 | 规模 | 与拟建管道的关系 | 目前稳定性 | 扰动方式 | 危害 | | 危险性 |
						对象	程度	
H_3	滑坡	小型	位于拟建管道旁侧，滑向管道	差	坡脚开挖	施工人员、管道、公路	大	大
H_{34}		小型	拟建管道自滑坡后缘通过	差	坡体后缘开挖，机械振动	施工人员、管道、公路	大	大
H_{50}		中型	位于拟建管道旁侧，滑离管道	差	滑坡体开挖	施工人员、管道、公路、农户	大	大
H_{53}		中型	前缘位于拟建管道上，滑离管道	好	滑坡体前缘开挖	管道、公路	大	大
H_{77}		中型	位于拟建管道上，主滑方向与管道近平行	好	滑坡体开挖及机械振动	管道、铁路桥	大	大
H_{75-1}		小型	位于拟建管道南 50m，滑向管道	差	坡脚开挖	施工人员、管道、公路	大	大
H_{100}		小型	位于拟建管道上	差	滑坡体及坡脚开挖	管道、煤矿、村寨	大	大
H_{101}		小型	位于拟建管道上	差	滑坡体及后缘开挖振动	管道、煤矿、村寨	大	大
H_{103}		小型	位于拟建管道上	差	滑坡体开挖及振动	管道、荒坡地	大	大
H_{104}		小型	位于拟建管道上	差	滑坡体开挖及机械振动	管道、旱地、荒坡地	大	大
B_3	崩塌	大型	位于拟建管道上	差	施工机械振动	管道、公路、行人及车辆	大	大

3.2 加剧泥石流的危险性

评估区内共发育泥石流 16 条，主要分布在 K25＋500～K47＋100、K110＋700～K136＋900、K150＋150～K173＋700、K310＋800～K331＋200、K245＋000～K265＋800 等地段，所处的地貌类型为山地地形区或山地与盆地边缘交汇地形区。由于山地区地形较陡，沟谷纵坡降较大，管道挖方工程将对地表岩土体产生强烈的扰动，大量的松散物质将加剧泥石流的发灾频率。另一方面，工程建设可能产生一定量的弃土，若沿沟堆放或弃土场设置不合理，松散土将成为泥石流的潜在物源。拟建油气管道将从 N_4、N_5、N_9、N_{14} 等 4 条泥石流的形成区、流通区或堆积区通过，工程建设开挖过程中，可能破坏地表形态和岩土体自然稳定状态，增加区内的水土流失，引发小滑坡、崩塌等地质灾害，为泥石流提供物源，加剧泥石流的发生与发展，危险性大，其他 12 条泥石流受管道建设的影响较小，加剧的危险性小，见表 3。

加剧泥石流危险性大评价表 　　　　表 3

编号	位置	规模	与拟建管道的关系	危害		危险性
				对象	程度	
N_4	K110+800	中型	K110+800～K113+000 段管道穿越堆积区、流通区及形成区	管道、农田	大	大
N_5	K125+500	小型	管道 K125+300～K125+950 段在泥石流形成区通过	管道、河道	大	大
N_9	K173+300	中型	管道 K173+200～K179+700 段穿越堆积区、流通区、形成区	管道、农田、村寨	大	大
N_{14}	K245+000	小型	拟建管道 K244+800～K249+950 穿越堆积区	管道、农田、村寨、河道	大	大

4 管道工程施工斜坡地质灾害防治

4.1 地质灾害预防

（1）根据地质灾害评估成果资料，结合地质灾害的危害程度、危害性，对管道线路路由进行优化，对危害程度大、危害性大的地质灾害点首先采用避绕的方法进行预防；

（2）针对无法避绕、危害程度大、危害性大的地质灾害，采用管道全生命周期监测手段，这里的监测主要指施工期监测。加强施工过程中的地质环境动态监测，尤其对地质灾害危险性中-大区。在施工过程中，当边坡或边坡后方出现开裂或已有建筑物出现开裂时，应及时向有关部门通报监测结果，以便采取有效措施，减少人员伤亡等不必要的损失。

4.2 地质灾害治理

根据管道地质灾害评估及勘察分析评价，针对地质灾害易发程度，选择治理方法：（1）支挡，即修建挡墙或抗滑桩。对于管道建设中挖切埋设段可能诱发的小型滑坡，因其规模小，下滑推力小，采用浆砌石修建挡墙；对于对拟建工程危害较大的滑坡或崩塌，因其滑动面埋深大，下推力大，则采用抗滑桩进行支挡。（2）削坡护坡，对于已有的和工程建设引发的小型滑坡、崩塌，采用削坡的方式减轻崩滑体的重量，或清除危岩体、滑坡体等，以达到稳定斜坡和危岩体的目的。（3）排导，主要针对泥石流的防治。通过对河沟的修整、河床的加固、河岸的防护等措施，使泥石流、水流集中汇流，防止其对管道建设工程的破坏。（4）拦挡，主要针对评估区内泥石流的治理。对沟岸崩、滑体和泥沙补给源修建拦挡工程，控制泥石流发展；或在泥石流沟中修建拦沙坝，减弱泥石流势能，减轻对下游地区的破坏。（5）生物工程，主要针对碎屑岩地区或土层较厚地区的活动性冲沟和泥石流形成区。通过植树种草，恢复植被，防治水土流失，控制活动性冲沟（冲蚀）的进一步发展，减弱水土流失带来的泥石流物源。（6）限制人类工程活动，对管道建设工程范围内的地表采砂石场、陡坡耕地等，采取限制甚至禁止开采和耕作的方式，以减少人类活动对工程地质环境的压力。根据斜坡地质灾害与管道的相对关系，通过评价、比选给出了适宜的防治方案（表4）。

实例：管道从某崩塌堆积区坡脚通过，管道扫线扰动坡脚、管沟开挖等活动影响坡体稳定。

方案一：在不稳定斜坡坡脚处采用"抗滑桩＋挡土板"对该段坡体进行支护，并以碎石土及砂岩为嵌入段；对坡顶危岩进行人工清除。

方案二：对不稳定斜坡进行放坡＋格构锚索并对坡顶残留块石进行人工清除。

方案比选：抗滑桩及格构锚杆施工工艺都比较成熟，且能有效控制斜坡变形，起到保护管道工程的作用，但考虑到灾害点所处斜坡坡度较陡，放坡后容易影响上部坡体稳定性，加大格构锚杆的支护范围，从而增加施工工期及施工费用。

经综合考虑，建议采用方案一。

潜在地质灾害防治方法统计表　　　　　　　　　　表4

序号	编号	规模	与拟建管道的关系	目前稳定性	扰动方式	危险性	防治措施
1	H_3	小型	位于拟建管道旁侧，滑向管道	差	坡脚开挖	大	支挡、护（固）坡、减载、合理堆放弃土、设拦沙坝
2	H_{34}	小型	拟建管道自滑坡后缘通过	差	坡体后缘开挖，机械震动	大	合理堆放弃土、前缘设挡墙
3	H_{50}	中型	位于拟建管道旁侧，滑离管道	差	滑坡体开挖	大	改线避绕（右侧50m）
4	H_{53}	中型	前缘位于拟建管道上，推挤管道	好	滑坡体前缘开挖	大	支挡、护（固）坡
5	H_{77}	中型	位于拟建管道上，主滑方向与管道平行	好	滑坡体开挖及机械震动	大	改线避绕（右侧70m）
6	H_{75-1}	小型	位于拟建管道南50m，滑向管道	差	坡脚开挖	大	抗滑挡墙支挡、护（固）坡
7	H_{100}	小型	位于拟建管道上	差	滑坡体及坡脚开挖	大	坡脚挡墙支护，沿管道方向分段设截水墙
8	H_{101}	小型	位于拟建管道上	差	滑坡体及后缘开挖震动	大	坡脚挡墙支护，沿管道方向分段设截水墙
9	H_{103}	小型	位于拟建管道上	差	滑坡体开挖及震动	大	坡脚挡墙支护，沿管道方向分段设截水墙
10	H_{104}	小型	位于拟建管道上	差	滑坡体开挖及机械震动	大	坡脚挡墙支护，沿管道方向分段设截水墙
11	B_3	大型	位于拟建管道上	差	施工机械震动	大	改线避绕（右侧120m）
12	N_4	中型	管道穿越堆积区、流通区及形成区	差	加剧活动性	大	线路微调，下游设防冲墩，冲刷岸设护岸

序号	编号	规模	与拟建管道的关系	目前稳定性	扰动方式	危险性	防治措施
13	N_5	小型	管道在泥石流形成区通过	差	加剧活动性	大	改线避绕
14	N_9	中型	管道穿越堆积区流通区、形成区	差	加剧活动性	大	线路微调,下游设防冲墩,冲刷岸设护岸
15	N_{14}	小型	拟建管道穿越堆积区	差	稍有影响	大	深埋加盖板,下游设防冲墩

5   治理效果

根据中缅管道云南段地质灾害评估资料,管道沿线滑坡及不稳定斜坡 186 处,崩塌 15 处,泥石流 16 处。经改线避绕后,需要治理的滑坡及不稳定斜坡 94 处,崩塌 10 处,泥石流 6 处。到日前为止表 4 中 15 处地质灾害点已经施工完毕,经施工验证防治措施得当,效果良好。

中缅管道设计创新

中国石油天然气管道工程有限公司 王学军

【摘　要】 中缅管道被称为国内建设难度最大的管道，建设难度空前，很多问题是以前的管道建设从未涉及的，中缅管道设计首先进行了重点、难点的识别，对识别出的重难点问题，通过开展专项研究、专项评价、专题设计，在管道并行、跨越、隧道、站场合建、地质灾害防治、管道抗震等方面实现了多项设计技术的改进和创新，勘察设计手段也不断丰富，在大落差管道不满流运行、管道的定量环境评价等一些新的领域开展了有益的探索，这些改进和创新，有利于中国管道设计水平的提高，对今后的管道工程设计有很好的借鉴意义。

【关键词】 中缅管道；设计创新；管道并行；跨越；隧道；站场合建；地灾治理；管道抗震

1　工程概况及特点

中缅油气管道工程（国内段）起自中缅边境瑞丽市，油气并行敷设自西南向东北方向，先后经云南省瑞丽市、潞西市、保山市、大理市、楚雄市、昆明市、曲靖市，在贵州省安顺市油气管道分离，油气管道并行长度 1101km。油气管道分离后，原油管道向东北方向敷设，在贵州省息烽县至习水县之间与中贵天然气管道并行敷设 243km，最后到达重庆末站，原油管道干线全长 1631km；天然气管道自安顺向东南方向敷设，在贵阳压气站与中贵线联网，经都匀、河池，到达贵港分输压气站与西二线联网，天然气管道干线全长 1727km。中缅原油管道（国内段）包括 1 条支线安宁支线，长度为 43km；天然气管道包括 8 条支线，长度共计 856km。

中缅原油管道（国内段）瑞丽—禄丰段设计年输量为 2000×10^4 t，管径为 813mm，禄丰—重庆段设计年输量为 1000×10^4 t，管径为 610mm 和 559mm 两种。全线设输油站场 12 座，其中泵站 8 座。

中缅天然气管道（国内段）设计年进口量为 100×10^8 Nm^3，为中贵线转输 70×10^8 Nm^3。全线管径 1016mm，设计压力 10MPa。全线设输气站场 32 座，其中干线站场 17 座，压气站 5 座。全线有 8 座油气管道站场合建。沿线共有河流大型穿跨越 15 处，其中控制性工程 8 处；河流中型穿跨越 41 处；山岭隧道穿越 76 处，其中控制性工程 17 处（大于 1.5km）。中缅管道被称为国内建设难度最大的管道，主要包括以下九大特点：

（1）管道线位受沿线地理和社会环境制约严重。管道沿线 81% 为山区，近年来经济发展快速，平坦的地带大多被城镇占据，规划范围大，基本农田分布广泛；基础设施建设活动多，高速公路、铁路等线形工程与管道频繁交叉；山区有限的有利地形，与城镇规划和基础设施建设的矛盾突出，严重制约了管道线位；

（2）沿线具有"三高四活跃"的不良地质特点。管道途经横断山脉、云贵高原、喀斯特地区等复杂地貌单元，具有高地震烈度、高地应力、高地热，活跃的新构造运动、活跃的地热水环境、活跃的外动力地质条件、活跃的岸坡再造过程等不良地质特点，表现为滑坡、泥石流、崩塌等地质灾害多发、地震活跃、岩溶发育、矿区密布。复杂的地质条件为设计、施工、运行带来了挑战；

（3）沿线地震活动频繁，地震烈度高。云南省地处著名的欧亚地震带，是我国地震最活跃的地区之一，沿线断裂带密布，管道穿越活动断裂带 5 条，在地震加速度 0.3g 地段敷设 184km，0.4g 地段连续敷设 56km，为国内在 0.4g 以上地区敷设长度最长的管道；

（4）沿线地形起伏剧烈、原油管道高差变化剧烈。工艺系统落差超过 1000m 以上的有 10 段，最大落差达到 1800m；全线陡坡段近 100 处。油气管道试压分段多，施工难度前所未有；

（5）为国内首次天然气、原油与成品油长输管道长距离并行敷设。其中干线三管并行敷设段占天然气管道线路总长的 23％，两管并行段占天然气管道线路总长的 41％，且存在并行但不同期建设的情况，油气管道线路及站场的建设协调关系复杂；

（6）复杂山区管道大量采用山体隧道穿越方式。隧道总长占山区线路长度的 5％，其中 60％为Ⅴ、Ⅵ级围岩，50％的隧道为强富水隧道，72％的隧道处于高地应力区，66％的隧道处于地震Ⅶ度区以上，断层破碎带最长占隧道长度达 29％，5 处隧道发现岩溶现象，9 条隧道穿越煤层区。隧道地质条件异常复杂、施工风险大，是国内最复杂的管道隧道工程；

（7）沿线河流深切，山川峡谷并行，多处采用跨越方式通过。创国内管桥跨越主跨最长、多管同跨、荷载最大、桥隧直连、地质条件最复杂、跨越国际河流等多项之最；

（8）沿线生态与自然环境优美。管道途经地域山高林密、环境优美，环境保护区、风景名胜区、水源地等多有分布；管道穿跨越瑞丽江、澜沧江、怒江等多条国际河流；

（9）管道沿线为少数民族聚居区。全国 55 个少数民族中，云贵两省涉及 51 个，仅云南省管道经过少数民族聚居地 26 个。对管道建设的社会要求高。

2 设计创新

中缅管道建设难度空前，很多问题是以前的管道建设从未涉及的，设计首先进行了重点、难点的识别，对识别出的重难点问题开展了 9 项专题研究和 11 项专题评价，根据专题研究和评价成果，主要在以下方面开展了创新设计。

2.1 大落差原油管道输送工艺设计

中缅管道（国内段）所经区域为横断山脉、云贵高原、黔中峰林谷地、黔南中低山盆谷区等，沿线山势险峻、峡谷纵横、地形起伏剧烈，全线海拔最高点为 2624m，整体高差达 2500 多米，全线工艺系统落差超过 1000m 以上的有 10 段，堪称中国管道建设史上工艺落差最大的管道。

在起伏如此剧烈的地形建设管道，主要存在着以下问题：（1）翻越点多且落差大，管道能耗高；（2）管道内原油存在不满流运行的可能，流速突然变化时造成液柱的分离和撞击,可能会激增水击压力,对安全运行产生威胁;(3)管道试压过程中有水击破坏的可能;(4)作为高含硫、高含盐原油,复杂的流态可能加剧管道内壁的腐蚀。针对上述问题,管道设计院与中国石油大学(北京)合作开展了《复杂地形区域高含硫、高含盐原油不满流输送工艺技术研究》,对高含硫、高含盐原油管道连续大落差地形下的输送工艺、不满流运行以及腐蚀影响进行研究。根据研究成果,对不同工况进行了动态仿真模拟,优化了输油工艺方案设计,采用了变频泵与固定频率泵相结合、串联泵与并联泵相结合的工艺方案;在落差达 1800m、静压将达到 17.7MPa 的贵州省盘县及落差达 1600m、静压将达 15.7MPa 的贵州丁山设置两座减(静)压站,节省了投资,保证了安全。本次研究也是中国管道设计史上首次对管道在大落差工况下不满流运行进行工程应用研究,研究了在管道末端采用不满流运行的可行性,为管道运行方式的革新提供了重要的技术依据;形成了一套能够计算输油管道不满流、水联运模拟的软件,可作为连续大落差管道的输送工艺设计手段和模拟方法;针对大管径、高落差的特点,研究了投产中管内存气的各种可能,得出了积气点位置的计算方法,提高管道投产排气效率;通过理论分析和多工况试验,表明在各种运行工况下没有出现明显的内腐蚀现象。

2.2 并行管道设计

本工程管道沿线地形条件复杂,地质灾害发育,矿产资源丰富,风景名胜、自然保护区众多,上述各种因素的制约,选择一条合理的线路非常困难。基于此,采用油气管道并行敷设的总体方案,既可以发挥并行敷设所具有的节约土地、资源共享、减少运行费用等优点,又可减少对社会的干扰,降低对环境的影响。据统计,仅节约占地一项,油气管道并行比各自单独敷设节约临时占地约 $1500 \times 10^4 \mathrm{m}^2$(合 2.25 万亩)。

中缅天然气管道与原油管道并行 1101km,其中并行但不同期建设段 268km,中缅油气管道与云南成品油管道三管并行 366km。中缅原油与中贵天然气管道并行 243km。很多问题在现行规范《油气管道并行敷设技术规范》中属于空白。对此,设计对北美和欧洲的类似并行管道进行了调研,并结合近期西二线等相关课题研究成果,确定了并行管道设计方案。

结合中缅管道地形地貌情况,并行管道总体设计原则是:①隧道、涵洞及跨越管桥共用;②伴行道路和施工作业带共用;③原则上不允许油气管道同沟敷设,特别是三管同沟。仅在以下几个方面可以考虑同沟方案:①受地形限制,管道沿窄沟、窄脊敷设;②管道沿道路敷设或是横坡敷设劈方量较大地段;③管道线位受规划限制或是受环境敏感点限制段;④林区、拆迁房屋地段、高赔偿的经济作物地段。

并行管道同沟、同隧、同跨情况统计(km/处)   表1

项目	入境点—禄丰站		禄丰站—油气分离点		中缅与中贵并行段
	三管	两管	三管	两管	两管
隧道	21.08/16	19.21/16	2.81/3	21.14/20	8.64/10
跨越管桥	0.296/1	0.974/2	0.49/2	0/0	0.5/2
涵洞	0.38/6	0.8/7	0.16/2	0.35/7	0.74/13
同沟	13.88/22	135.05/225	0/0	95.13/128	10.75/19

并行管道(图1~图6)间距确定如下:

（1）对于相对开阔地段，要求不小于 10m。主要考虑如下因素而定：两条管道施工中可共用作业带，同廊带敷设，减少对地方生态环境的影响；10m 的并行间距在施工组织上也比较有利，便于施工；有利于管道的运维管理；安全上两条管道相互没有影响。

（2）对于两管敷设空间无法达到 10m 间距的较狭窄沟谷及坡地，并行间距要求不小于 6m。主要考虑如下因素：管道的运维管理相互基本没有影响；对于这些较狭窄沟谷，通过适当劈方可以使两条管道能够保持 6m 以上的间距。安全上两条管道相互基本没有影响。

（3）油气管道同沟敷设段，净间距要求不小于 1.5m。原油和成品油管道同沟间距不小于 1.2m。

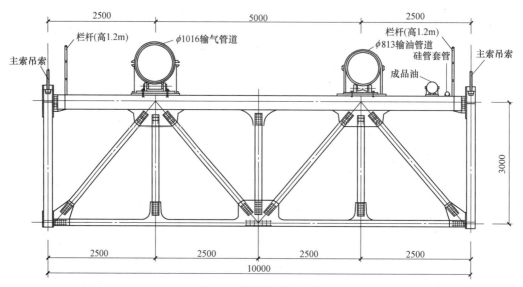

图 1　三管同跨布置方案

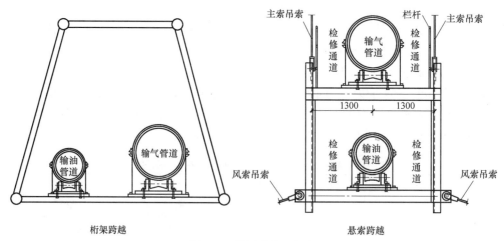

图 2　双管同跨布置方案

对于同沟敷设段管道，除了保持一定的距离之外，还要求采取其他的措施，以保证管道安全。包括：提高管道的韧性要求；管道之间采用沙袋隔离；加密管道标识；加强钢管的工厂质量检查；对焊缝进行双百探伤；合理组织施工等。

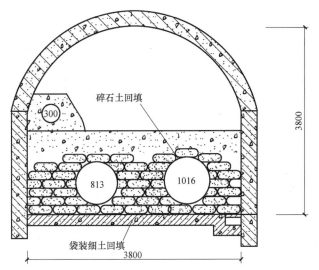

图 3　三管共用隧道段管道布置方案

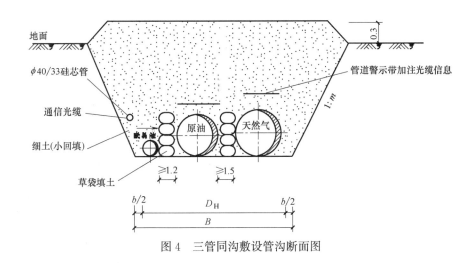

图 4　三管同沟敷设管沟断面图

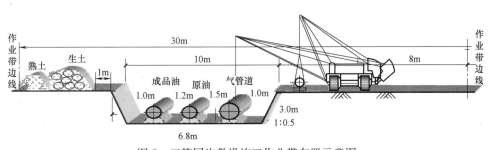

图 5　三管同沟敷设施工作业带布置示意图

2.3　油气站场合建

在油气两条管道长距离并行的条件下，油气站场合并建设可以统筹考虑站内公用设施，具有减少占地、节约投资、便于运维等诸多优点。因此，在满足工艺要求和保证安全

图 6　三管同沟施工

的前提下，油气站场合建是必要的。在火灾危险类别方面，根据《石油天然气工程设计防火规范》GB 50183—2015 的规定，中缅原油管道、天然气管道的输送介质均属于甲 B 类，火灾危险类别相同，因此，从防火安全和规范规定的角度来分析，这两种类型的站场合建是可行的。

从站场等级的角度考虑，合建站整体的等级取两者中的较高级别，站场与周界环境的区域安全距离以及站场内部设施的安全距离均按照该等级来确定。

从原油、天然气这两种输送介质的物性来看，原油是液体，天然气是比空气轻的气体，总体布局上将原油部分布置在较低处，天然气部分布置在较高处，并处于原油部分的最小频率风向的下风侧，以避免相互之间的事故干扰和影响及事故蔓延。

从已有工程的实例来看，油气管道站场合建在利比亚管道项目上已经得到了成功的应用，该项目轻质油和天然气管道并行，所有站场（包括阀室和清管站）均为合并建设。

基于以上分析，中缅油气管道并行段的 11 座工艺站场中，有 9 座为油气管道合建站场（图 7）。油气合建站场布局的总体原则为：油气生产区分别设置、辅助动力区在兼顾油气需求的前提下尽量合并设置、值班办公设施合并设置。

除了站场合建以外，按照同样的合建原则，另有 25 座油气管道阀室也合并建设。

图 7　瑞丽合建站鸟瞰图

通过站场用地面积与用地指标的对比分析，合建站用地较用地指标减少17%～46%，据计算，9座合建站较分别单独建设共计节省用地130715m^2，合196亩。这在山多地少的云贵地区具有明显的社会效益。

2.4 抗震设计

中缅管道在云南省寻甸县境内通过了长度约56km的地震9度区，是国内连续通过9度区最长的管道（图8）；管道穿越全新世活动断裂5条；处于地震8度区和9度区的站场有3座，昆明东站处于地震9度区。针对该特点，设计开展了9度区专项评价和研究，并依据其结果，开展了管道抗震专题设计。

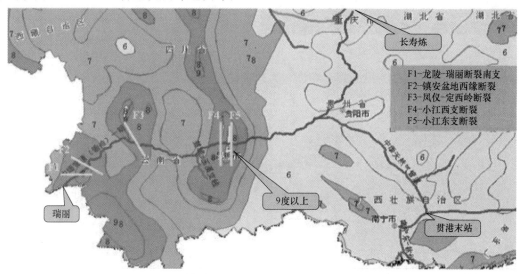

图8　管道沿线地震区划及活动断裂带分布

（1）管道线路主要抗震设计

1）9度区按设防标准为50年超越概率5%；

2）9度区范围内管道采用X70HD1大变形钢管；管道通过活动断层采用X70HD2大变形钢管；均为管道建设首次应用；

3）合理选择穿越断裂带的位置，优化管道与断层交角，满足管道应变要求；

4）管道穿越断层两侧各400m范围内，采用宽大管沟，采用非黏性土回填，增大管道适应变形的能力。

（2）站场工艺管道、仪表电气、公用设施主要抗震设计

1）站场抗震设计对象：分布于8度区、9度区的3座站场；

2）工艺管道：针对地震作用工况，进行应力分析，校核设计方案；

3）工艺设备：单体设备、橇装设备采用抗震设计，对处于9度区的昆明东站，燃气发电机等主要设备提出明确抗震性能要求；

4）站场建筑物：昆明东站采取隔震设计方案（图9）；

5）采用抗震性能好的卫星通信作为数据传输的备用信道；

6）在地震峰值加速度为0.3g和0.4g的地段每2km增加1个用于盘留光缆的人孔，单侧盘留长度加长；

217

图 9　昆明东站综合值班是隔震设计

7）光缆穿越活动断裂带处用 D114 钢管保护；

8）设备机柜除按常规要求进行底端固定外，还须对机柜上端进行加固，两侧加斜撑；

9）变压器类设备取消滚轮及轨道，固定在基础上。

（3）设置地震监测和报警系统

系统由 19 个强震动预警台和 3 个 GPS 连续形变测量站组成（图 10）。其中：2 个强震动台布设在油气站场中，11 个强震动台布设于阀室内，其余 6 个强震动台和 3 个 GPS 观测台为沿断裂带布设，另选址建设。

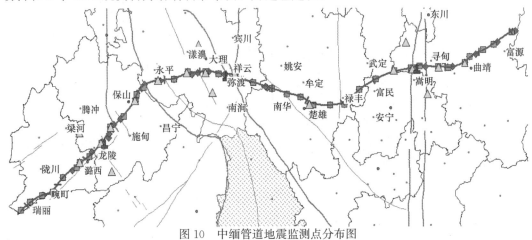

图 10　中缅管道地震监测点分布图

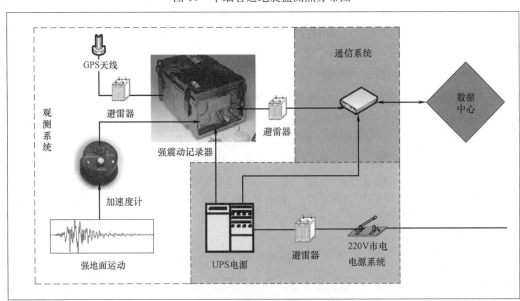

图 11　台站技术系统构成示意图

218

强震动台实时地将地震观测数据传送到云南省强震动台网中心，由数据处理软件系统对发生的地震事件进行实时处理，并依据 GPS 的观测结果进行综合判断是否向管道公司发出地震预警信息。管道公司接到地震预警信息后，立即启动相应的应急预案（图 11）。

系统开展的多专业抗震设计，提出本质安全措施和地震监测系统相结合的抗震设计方案，为业内首次。

2.5　地质灾害防治设计

中缅管道处于险峻山区，地质条件复杂、地质灾害频发，设计对此开展了管道地质灾害防治的专题研究，并对管道沿线地质灾害进行了深入细致、系统全面的识别和评价，对于无法绕避的地质灾害开展了治理工程设计，这在国内管道建设上尚属首次。

根据现场地质灾害调查成果，共查出 460 处地质灾害点，线路调整避让的以及经评价后不需治理的有 287 处，受条件限制无法避让需治理的有 173 处。沿线地质灾害主要包括崩塌、滑坡、泥石流、不稳定斜坡、岩溶塌陷 5 种类型。设计针对这些地灾点开展了有针对性的治理工程设计（图 12），满足了地灾防治的要求。

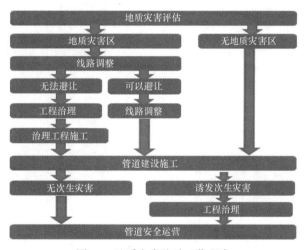

图 12　地质灾害防治工作程序

同时由于部分站场如龙陵合建站、禄丰合建站、都匀分输站等位于高差大的山区，大削方和大填方形成的高陡边坡，以及河流跨越两岸的高陡边坡也纳入地灾专业进行专门的评价，并依据评价结果采取防护措施见表 2 及图 13～图 19，确保站场和管线安全。

主要地质灾害典型防治措施（单一使用或结合使用）　表 2

灾害类型	治理措施
滑坡	抗滑桩、抗滑挡墙、桩板墙、锚杆加固
不稳定斜坡	抗滑桩、抗滑挡墙、桩板墙、格构锚杆
崩塌	拦石墙、水泥盖板、锚杆、拦石墙、被动网、清危
泥石流	防冲墩、浅坝、排道槽、防护堤、防冲刷肋板
岩溶	局部跨越、回填

图 13　重力式抗滑挡墙

图 14　抗滑桩施工

图 15　锚杆施工（风枪钻孔）

图 16　锚杆锚固墩完工

图 17　被动防护网

图 18　禄丰站拱形骨架护坡

图 19　龙陵站边坡治理

除了地质灾害治理工程以外，本工程也首次在管道通过地质灾害区段采用 X70 大应变钢管，以提高管道本体抗变形能力，保证管道的本质安全。对 4 处规模较大的地质灾害点，除了采取治理措施以外，设计还提出了运行期监测的要求。

地质灾害具有复杂性、突发性和隐蔽性的特点，根据上述特点，设计开展了动态设计，并提出了群测群防的管道地质灾害防治理念。设计对管道施工可能诱发的地质灾害进行了预评价，并提出了高风险地段，针对这些地段，要求合理选择施工时机，快速施工通过，施工过程中加强监测，防止诱发地质灾害；对施工诱发的地质灾害则要进行应急处置，必要时进行永久性治理；对于建设期和运行期的管道还要充分依托地方的地质灾害管理部门以及地质灾害防治体系，充分发动群众，做好群测群防工作，保证管道的长治久安。

2.6 水工保护设计

针对中缅管道沿线地形、地貌的复杂性，设计采用了新的水工保护形式和新的设计方法。

（1）新的水工保护形式的应用和推广

根据兰成渝、忠武线等以往山区管道工程的经验和教训，结合中缅管道实际情况，采用了新的水工保护形式，主要体现在以下 3 个方面：

① 高陡边坡采用混凝土截水墙、实体护面墙。为解决峡谷沟内带水作业和陡坡段石料无法进场的问题，中缅管道首次使用混凝土截水墙结构形式，这种形式可带水作业、稳定性高、施工方便。对于沿线多处管道沿高差数十米且坡度大于 60°以上的高陡边坡敷设，一般性的挡土墙和护坡满足不了防护要求，结合公路、铁路和以往工程的成功经验，中缅管道制定了实体护面墙的结构形式，极好地解决了高陡边坡的防护问题。

② 顺河沟敷设管道采用稳管式截水墙新结构形式。对于管道顺河沟底敷设地段，通常采用压重块或连续浇筑的防护方式，这种方式在中缅管道长距离河沟底敷设段使用，会造成工程量大、施工不便等问题，同时，该方式不能够完全解决沟床下切的问题。稳管式截水墙能够起到稳管和防止管沟汇水冲刷的双重防护效果。

③ 深基础式堡坎的推广应用。针对管道在穿越坡耕地地段时，管沟回填土易受到降雨和农田灌溉水冲刷而下沉的问题，此次中缅管道结合以往工程的经验教训，采用在管沟内砌筑基础的堡坎措施（图 20），从而能有效地确保管道设计埋深。

（2）水工保护工程量计算方法的创新

通过总结多年水工保护设计经验，设计创新了初设阶段水工保护工程量计算方法。依据影像图和地形图，结合现场踏勘和调查成果，采用了量化计算模式，分地貌、分县市、分标段逐层进行工程量的计算，并将此方法编制成电子表格进行自动计算。这种方法以现场调查为基础，采用科学细致的统计方法，极大地提高了工程量的准确度，在设计评审时得到了专家的高度肯定，并在项目实施阶段得到了印证。

2.7 石方无细土段管道敷设

本工程管道沿线 75% 为石方地段。沿线部分地区地表仅有少量的一层覆土，有些地段甚至大段岩石裸露，寸土不见，石漠化现象严重，细土资源稀缺。云贵交界和贵州省段尤

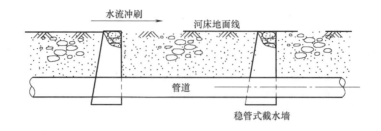

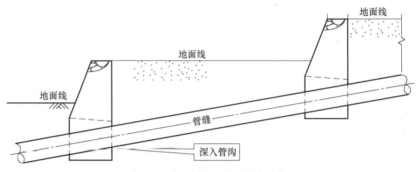

图 20 推广应用深基础式堡坎

为突出。这些地段地表少量的土是植被和作物生存的稀缺资源，利用之后会对当地的地表植被造成严重破坏，恶化当地生态环境，严重影响农业生产，管沟的细土回填面临很大困难。鉴于以上原因，对石方无细土段回填难题，设计通过调研，提出了四种方案进行比较：拉运方案、粉石方案、"石夹克"方案、"管道外衣"方案。

拉运方案需要从附近地区寻找细土资源，或在附近河床内寻找细沙，用汽车或船只运往管道沿线，由于运距较长，方案的经济性很差。

粉石方案是借鉴当地的做法，可将爆破管沟的石块用小型粉碎机粉碎成石渣粉，然后进行装袋，管道下沟前先铺垫一层袋装石渣粉，下沟后用袋装石渣粉对管道四周及顶部进行充填后再回填原装土。该方案可以就地取材，费用最低，综合造价约 149 元/延米。

"石夹克"起源于北美的管道防腐公司，在国外管线工程中有成功采用的先例；这种"石夹克"是在防腐管外面做一层 1in（约 2.54cm）厚的用轻质镀锌金属网增强的混凝土保护层。可以直接在管沟里埋设并用爆破出来的土石方回填，不需要额外的细土。但投资很高（约 250 元/m²）、管道自身重量加大（一根管约增加 1t），增加了施工难度。不适用于本工程在复杂山区大规模使用。

"管道外衣"是国内一些公司开发研制的类似"石夹克"的产品，目前已通过国家有关部门的检验。此外衣是为了防止管道在倒运、布管、下沟过程中防腐层损坏而包裹的防护层。此外衣基本解决了大量细土回填问题，但未解决管底的细土回填问题，且需对回填土石进行筛选，石块粒径需控制在 50～70mm 以下。该方案未彻底解决细土需求问题。

综合经济性、施工难易、技术成熟度等方面考虑，本工程推荐采用了粉石方案。

2.8 原油管道试压分段

对于中缅原油管道，由于地形起伏剧烈、高差大，如按常规方法进行试压段落划分，即使强度试压分段最低点按环向应力不大于 0.95 最低屈服强度进行控制，试压分段允许高差也仅在 102～202m 间，全线 1631km 原油管道至少需划分为 575 个试压段，最短试压段落长度 0.21km，平均每段仅为 2.84km。如此多的试压分段，带来成本的大量增加和工期的延长，是项目所不能接受的。

为此，设计对国内外的试压规定和试压方案进行了研究，将以往的基于管材强度的试压分段理念，变更为基于系统试压的分段理念。该方法从管道运行压力角度考虑，根据沿线各点的实际运行压力，推算确定试压压力，并结合现场情况进行试压段落划分，不同壁厚管道可划分为同一试压段，有效减少了试压分段数量。按照新的试压分段方法，中缅原油管道仅需划分为 201 个试压段，比原分段方法减少了 374 个，仅相当于原分段数量的 1/3（图 21）。

试压段落减少，可大大减少在设备调遣、试压材料、人力资源、上水倒水排水等方面的投入，确保了中缅管道紧张的建设工期。根据中缅项目地形及交通条件、工期等因素，试压段每减少一段，费用节省约 40%～50%，总计节省试压费用约 2070 万元。

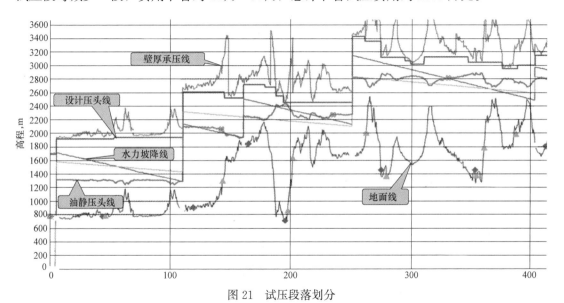

图 21　试压段落划分

这种试压分段新方法从分段原理上有创新，并与现场实际紧密结合，使得管道试压目的更加明确，也使试压分段大大减少、工期缩短、投入明显降低。该试压方法为国内首次正式使用，且经现场实践证明可靠有效，在今后的山区管道建设中，具有很大的推广空间和应用前景。根据中缅的设计和施工实践，已形成了管道局企业标准《山区输油管道试压技术规定》（Q/SY GDJ SJ JC041 1110—2012），为今后原油管道试压分段提供了新的理念和方法。

2.9　隧道设计

中缅地形复杂，有大量山体隧道穿越，共计 74 座，总长 81km，其中长度 1.5km 以上的隧道有 17 座。

中缅管道地处横断山脉和云贵高原，隧道特点突出，包括：类型多样，有油气成品油三管共用隧道、油气共用隧道、天然气管道隧道、通车隧道（大地尖山、定西岭）等；隧道附近岩溶发育，有17座隧道穿越附近山体发现岩溶现象；隧道围岩差，Ⅴ级、Ⅵ级围岩占隧道总长50％以上；断层破碎带多且宽，定西岭隧道（2341.9m）断层影响区域3处，总宽度680.6m，最宽达375m。围岩较富水，中等富水和强富水隧道占90％以上；70％以上的隧道处于高地应力区；大多隧道处于高地震烈度区，65.6％的隧道均处于Ⅶ度区及以上。

根据上述特点，设计开展了针对性设计，并充分借鉴了铁路、公路隧道的做法，在很多设计细节方面有了改进和创新，尤其是在隧道断面形式及衬砌结构方面，进行了大胆的尝试。首次在管道隧道中采用了曲墙仰拱的断面形式，见表3、图22。上述创新设计方案在中缅隧道建设中得到了成功实施。

<table>
<tr><td colspan="3" align="center">隧道断面形式及衬砌结构　　　　　　　　　　　　　　　　　　　表3</td></tr>
<tr><th>围岩级别</th><th>支护形式</th><th>备注</th></tr>
<tr><td>Ⅲ、Ⅳ级</td><td>初期支护＋二次衬砌</td><td>拱,墙均采用素混凝土结构</td></tr>
<tr><td>Ⅴ级、Ⅵ级</td><td>超前支护＋初期支护＋二次衬砌</td><td>拱,墙均采用钢筋混凝土结构；
Ⅵ级围岩采用了曲墙仰拱形式</td></tr>
</table>

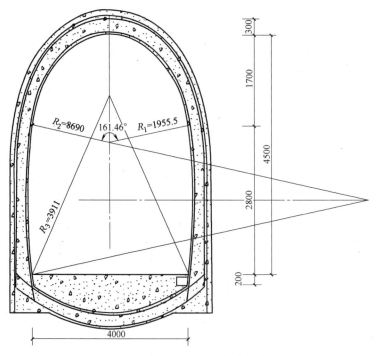

图22　3.8m断面Ⅵ级围岩曲墙仰拱

2.10　河流跨越设计

中缅管道沿线山高谷深、山川峡谷并行，河流多呈Ⅴ字形，经论证，采用跨越方式通过，见表4。

中缅管道河流大、中型跨越一览　　　　　　　　表4

序号	河流名称	跨越等级	跨越形式	跨度(m)	所在行政区划	备注
1	怒江跨越	大型	悬索	320	云南保山	油气双管
2	澜沧江跨越	大型	悬索	280	云南保山、大理	油气三管
3	漾濞江跨越	大型	悬索	230	云南大理	油气双管
4	龙江跨越	大型	悬索	190	广西宜州	天然气
5	红水河跨越	大型	悬索	300	广西来宾	天然气
6	乌江跨越	大型	悬索	310	贵州遵义	油气双管
7	北盘江跨越	中型	斜拉索	230	贵州晴隆、关岭	油气三管
8	罗细河跨越	中型	桁架	224	贵州普安	油气三管
9	湘江跨越	中型	桁架	112	贵州遵义	原油与中贵线共用
10	小环江跨越	中型	桁架	180	广西宜州	天然气

中缅管道跨越工程设计面临着诸多难点，包括：跨越跨度大（中国石油最大悬索跨度320m）、油气多管同跨、主索运输、桥隧直连（澜沧江）、国际性河流跨越的安全保障、环保要求高、复杂峡谷风影响、地质构造复杂、边坡稳定性差、地质灾害严重、电站蓄水和泄洪的影响（澜沧江、怒江、北盘江）等。在国内管道建设"入土为安"的思想指导下，管道跨越一般不作为管道过河的首选方案，相当一部分业内人士对管道跨越持有怀疑态度。在中缅管道不得不采用跨越形式的情况下，尤其在面临如此多问题时，设计如何能够保证跨越的安全，一定程度上决定着中缅管道建设的可行性。针对这些问题，设计人员创造性地开展了一系列的跨越专题研究、专题评价、风洞试验等，攻克了这些管道建设史上空前的跨越工程难题。

（1）油气双管（或三管）共同跨越

在悬索跨越中采用油气双管（或三管）同桥尚属国内首例。从安全、经济等方面对柔性桥面上下（图23）和左右两种布置方案进行了研究，推荐采用管道上、下层布置的方案；对具有特殊地形、风环境的澜沧江跨越采用刚性桥面，管道采用单层桥面水平布置的方案。

（2）主索制作、运输和安装难度大

由于跨度和荷载大，主索的重量和尺寸超限，运输和安装困难，

图23　管道上下布置方案

设计采用了分索和现场制作的方案。以怒江为例，预制主索外径148mm，长度330m，重量达26t，采用分索方案后，主索分成7束索股，每股包含91根平行钢丝束，现场进行合股、缠丝制作而成，从而解决了运输和安装问题。由于主索分股，塔架顶部主索无法断开，因此，配套采用了高强混凝土塔架，塔顶采用索鞍过渡的设计方案，见图24、图25。

图24　现场主索缠丝施工

图25　现场塔顶索鞍施工

（3）跨越与隧道直接相接（澜沧江）

中缅管道首次采用了跨越与隧道直接相连（桥隧直接）的管道敷设形式。澜沧江跨越两岸均为高大山体，地势陡峭，跨越管道过桥后直接进入隧道，管道在隧道内进行补偿。在跨越上游设置隧道施工导洞，避免桥隧施工相互干扰。

（4）河流跨越安全设计

中缅管道跨越的安全设计采取了本质安全措施、监控预警和安全保卫措施相结合的设计方案。

在本质安全方面，除了常规的管材选用、壁厚选择、防腐要求等方面的措施以外，还采取了以下措施来保证跨越结构和管道的本质安全：采用了容许应力法（缆索计算）和极限状态法相结合的设计方法；对于桥塔基础，在强度和变形验算的基础上，对基础结构进行稳定性验算，对基础承台进行抗冲切验算；在抗风方面，采用理论计算（数值模拟）和抗风试验相结合的方法；在地震设计方面，从抗震设防标准、抗震计算、支座设计、桩基础设计、跨越两侧设置截断阀室等方面采取了系统的抗震措施。

除了本质安全措施外，中缅管道跨越还采取了技防和人防相结合的监控预警和安全保卫措施。主要包括：设置跨越健康监测系统，对管道和跨越结构进行应力应变监测（图26），并通过光缆实现检测数据上传，可进行实时的健康监测和评估，保障跨越始终处于本质安全状态；设置视频监控系统，在跨越点处两岸设置视频监控设备，对跨越进行

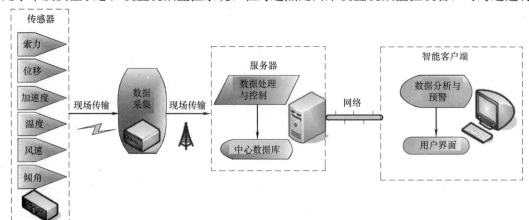

图26　跨越管桥应力应变监测系统（跨越健康诊断系统）

监视，视频信号上传至西南管道公司；参照国外做法，跨越两岸基础外围用铁丝网围栏封闭，围栏上预留大门巡检用；在跨越靠近公路的一侧设置值班室，24h值守看护。

（5）国际性河流的安全、环保要求高

中缅管道跨越怒江、澜沧江等国际性河流，设计中引入了基于风险的设计理念，与国际专业的环境工程咨询公司合作开展了怒江、澜沧江原油管道跨越定量环境风险评价，对跨越失效后果和环境风险进行了定量评估，根据评估结果，验证了管道跨越设计方案的合理性，并对设计方案进行了进一步的优化；同时为跨越段原油管道泄露应急预案、应急物资储备方案的制定提供了技术依据。这是国内首次针对原油管道跨越河流进行定量风险评估，也是在管道建设上首次对环境风险进行定量评估，得到各方专家的高度肯定。

（6）首次进行风洞试验

面对特殊地形导致的复杂风环境，管道设计院与西南交通大学、大连理工大学合作开展了怒江、澜沧江、北盘江节段模型和澜沧江、北盘江全桥模型风洞实验（图27），验证了跨越结构的抗风稳定性，取得了关键的抗风设计参数。结合数值模拟分析风载的动力影响，对采用刚性桥面的澜沧江跨越优化了抗风设计，成功取消了风索，对怒江等柔性悬索结构，采取设置频率干扰索等抗风方案。本工程完成的澜沧江悬索跨越全桥模型风洞试验（比例1：20），是世界上最大比例的桥梁风洞试验。

图27　澜沧江全桥模型风洞试验（1：20）

（7）地形地貌和地质构造极其复杂

比如澜沧江，两岸地形险峻，断层分布密集杂乱，地质灾害频发。针对此难题，设计采用了无人机航测、硐探、多方法物探等丰富的勘察手段，准确表达地形地貌，摸清地质条件；根据勘察成果，进行岸坡治理稳定性评价和专项治理设计；对于桩基础和锚固墩位置选择要避开活动断层、滑坡体、泥石流地带；对于危岩，进行清除并设置主动和被动防护网，保证管道施工和运行安全。

（8）交通不便，施工难度大

根据各处跨越的不同情况，设计针对性采用了修建施工便道、栈桥，设置缆索吊机、猫道等施工辅助设施，确保跨越施工安全顺利进行。

（9）电站蓄水和泄洪影响

对于可能受到上（下）游电站泄洪（蓄水）影响的澜沧江、怒江、北盘江跨越，开展岸库再造专项评价，并依据评价结果优化选址和设计方案（图28～图31）。

图 28　澜沧江跨越设计效果图

图 29　澜沧江悬索跨越工程竣工图

图 30　北盘江斜拉索跨越设计效果图

图 31　北盘江斜拉索跨越工程竣工图

3 结束语

在建设者的努力下，中缅天然气管道于 2013 年 10 月 20 日全线投产，各项设计创新得以实现。中缅管道是目前国内建设难度最大的管道，在解决管道建设难题的过程中，通过开展专项研究、专项评价、专题设计，在管道并行、跨越、隧道、站场合建、地质灾害防治、管道抗震等方面实现了多项设计技术的改进和创新，勘察设计手段也不断丰富，在大落差管道不满流运行、管道的定量环境评价等一些新的领域开展了有益的探索，这些改进和创新，有利于中国管道设计水平的提高，对今后的管道工程设计有很好的借鉴意义。

中缅油气管道工程路由选择的特点及方法

中国石油天然气管道工程有限公司　王　麒　张文峰　周立飞

【摘　要】 油品长输管道建设项目路由的选择是项目建设的首道程序，成功的选择管道路由是整个长输管道建设项目成功的第一步。文中对中缅油气管道工程这一世界级难题的特点、路由选择的原则及方法进行了阐述；通过开展大量工作及合理的方法，确保管道路由选择满足国际、国家及集团公司对安全、健康、环保、节能、高效等方面的要求。

【关键词】 中缅管道；管道路由；路由选择

引言

油品长输管道建设项目路由的选择是项目建设的首道程序，路由选择的合理与否直接决定了管道本身的设计和建设难度，也是项目成败的关键。最优的长输管道路由的选择应在遵循现行的国家法律、法规的前提下，根据工程建设目的和市场需求，结合沿线城市、工矿企业、交通、电力、水利等建设的现状与远期规划，以及沿途地区的地形、地貌、地质、水文、气象、地震等自然条件，并充分考虑将来施工时是否顺利、建成后的巡检、使用和维护是否方便等诸多方面，综合分析后确定。从数学角度来看，"两点间直线最短"，因此，管道的理想路由即为从首站到末站的一条直线。但是，由于实际中的诸多因素，迫使长输管道的路由必须要做出合理的避让，因此必须对管道路由进行合理优化，进而做出方案的经济分析比较，最终达到管道建设成本及运营成本最低的目的。成功的选择管道路由是整个长输管道建设项目成功的第一步。

中缅油气管道工程沿线所经地区地形复杂，地质多变，沿线80%以上在山区丘陵地貌敷设，是一条地形最复杂的管道；管道要经过横断山脉、云贵高原、喀斯特地区，山高谷深、地形破碎；且沿线地质条件复杂，地质灾害发育，矿产资源丰富。以上种种因素，给中缅油气管道工程路由的选择带来了极大的挑战。

1　中缅油气管道工程的特点及选线原则

中缅油气管道工程包括油、气两条管道。始于缅甸西海岸，从云南省瑞丽市58号界碑入境，油气并行敷设自西南向东北方向，沿线穿越云南、贵州、广西等长输天然气管道的空白地区，并与中贵联络线、西气东输二线联网，形成西南地区与东南地区天然气输送的快速联络通道。

1.1　线路工程主要特点

中缅油气管道工程沿途大的地貌单元为横断山脉、云贵高原和黔北山区，管道沿线地形条件极为复杂，线路工程难度大，管径大，单位长度造价高。主要具有以下七大特点：

（1）沿线受地方经济活动影响大。管道所处地区为我国最具发展潜力的地区之一，近几年经济发展快速，城镇规划建设活动活跃；沿线山多地少，80％以上沿山区丘陵敷设，且基本农田分布广，基础设施的建设与管道线位冲突严重。

（2）管道沿线地形地貌、地质条件极为复杂。地质灾害多发、断裂带密布、地震活跃、采空区分布广、岩溶发育。（管道在9度区敷设57km，共6处穿过5条全新世活动断裂）复杂的地质条件为设计、施工、运行带来了挑战。

（3）管道沿线河流深切，山川峡谷并行，多处位置需采用跨越方式通过。

（4）复杂的地质构造运动造成了管道沿线高差剧烈变化，高差超过1000m以上的有10段，最大落差达到1500m。

（5）高压力、大口径且为国内首次天然气、原油与成品油长输管道长距离并行敷设。其中干线三管并行敷设段占天然气管道线路总长的23％，两管并行段占天然气管道线路总长的41％，且存在并行但不同期建设的情况，油气管道的建设协调关系复杂。

（6）沿线生态与自然环境优美，对安全环保设计提出更高要求。管道途经地域山高林密，环境优美，环境保护区、风景名胜区、水源地等多有分布；穿跨越瑞丽江、澜沧江、怒江等多条国际河流。

（7）西南地区为少数民族聚居地，中缅沿线共分布有景颇族、苗族、纳西族、布依族、彝族、傣族等二十多个少数民族聚居地。管道建设受社会影响较大。

1.2　选线原则

中缅油气管道在路由选择时结合管道沿线特点，参考以往工程的建设经验，并充分考虑了沿线城市发展规划和自然保护区、水源地、文物区和矿产分布等制约条件，通过综合分析和技术经济比较来确定线路走向。主要遵循以下原则：

（1）线路总体走向力求顺直，从大方案上控制总体长度。

（2）河流大中型穿（跨）越工程位置应符合线路总体走向，局部走向应根据穿跨越位置点进行调整。

（3）线路必须避开重要的军事设施、易燃易爆仓库、国家重点文物保护区。

（4）线路应避开城市水源区、城镇规划区、飞机场、铁路车站、海港码头、国家级自然保护区等区域。当受条件限制管道需要在上述区域通过时，必须征得主管部门同意，并采取相应安全保护措施。

（5）选线中始终将管道安全放在首位，管线尽量避开地质灾害严重地段，如滑坡、崩塌、泥石流、沉陷等不良工程地质区。

（6）结合沿线输送条件，尽可能降低沿线翻越点的高程，减少输油落差。

（7）尽量避开矿产资源区、地震高烈度区和大型活动断裂带。避开有爆炸、火灾危险性的场所及强腐蚀性地段。

（8）管道路由必须和沿线城市规划相结合，与现有交通、电力、通信设施和工矿企业保持一定距离，为管道运营创造和谐环境。

（9）管道应尽量避开滑坡、崩塌、危岩、泥石流、陡坡、陡坎等不良地质区，对无法避开的滑坡，首先应查明滑坡区的范围，将管道布设在该范围外，对横过泥石流的管线，应选择在泥石流动态区以外通过。

（10）山区路由选择应结合地形、地质条件、道路状况，考虑施工的可行性和管道的安全性。

（11）尽量采用并行敷设方式，节约土地、资源共享，降低建设、运行维护费用，同时减少对社会的干扰、对环境的影响。

（12）尽量减少对自然环境的破坏，防止水土流失，注重自然环境和生态条件的恢复，保护沿线人文景观，使工程建设与自然环境相协调。

（13）在并行敷设地段，应合理布置油气管道，尽量减少同沟敷设或来回交叉。

2 中缅油气管道工程路由选择的方法

结合中缅管道线路特点，遵循选线原则，中缅油气管道在路由选择时首次在中国石油天然气管道工程有限公司研发的 GIS 平台上进行内业选线及工程量比选；设计人员首先将七大评价的相关信息及调研的相关规划区范围绘制于 GIS 平台上，并结合平台上已有的矢量化数据对中缅路由进行选择，同时对重点、难点段确定多个方案进行比选。针对管道沿线河流深切、山川峡谷段，在确定总体线路走向后，按照"以桥定线"的设计理念，进行跨越位置的选址。

根据内业选择路由，设计人员分为 13 个组，包括 11 个常规组和 2 个专家组对路由进行现场踏勘、定线及报批。设计人员首先开展现场踏勘工作，尤其是针对多方案比选的重、难点段路由，结合沿线地形、地质条件、道路状况，从安全环保、施工可行、维抢修方便及经济等各方面进行综合对比后，确定最优路由。

经过初步踏勘后，对确定路由开展现场调研、报批工作；首先前往省级主管部门对沿线的矿产、水源地、保护区等敏感点范围进行确认，从宏观上将影响大的范围避让开；然后进行市、县级的报批工作，结合各级调研情况进行合理避让，力求管道沿线无干扰。现场调研、报批时，由政府或发改委统一召开协调会，为保证管道路由报批效果达到最佳，减少管道后期的变更量，在报批时，尽可能的要求参会各个主管部门出具意见，这样可以加强主管部门对路由审查的认真、负责意识。

以往工程在交桩过程中发现个别控制桩不准、控制桩密度不够等问题，造成了二次进场，不仅增加费用，还降低了效率。为保证线路测量中有足够的控制桩，中缅油气管道工程在初步设计阶段就开展了选定线工作。设计人员在现场调研、报批工作完成后，便进行现场定线，并且除了云南省的线路之外，全线完成了人工测量；这不仅可保证初步设计工程量的准确性，而且也保证了线路施工有足够的控制桩，加快施工图设计和勘测的进程，提高施工图设计效率。同时，在定线过程中，线路设计人员与地质灾害设计人员紧密结合，零距离对接，尽量避让灾害风险点，共同确定路由走向，降低管道建设的安全风险。

山区管道建设，道路是前提。中缅油气管道工程线路在选定线时首先考虑道路的修建情况，结合道路的修建位置合理选择线路路由，尽量靠近伴行道路附近修建管道，实现管路结合；在地形条件允许的前提下，管道尽量敷设在伴行道路靠山一侧。

鉴于中缅管道地质条件的复杂性，为确保水工保护设计能够做到安全合理、科学准确，工程前期设计人员进行了大量的现场调研工作，即水工设计人员参与前期的定线及线路改线工作，设计人员在考虑管道线路敷设的同时，充分考虑水工保护设计的合理性，使得最终的设计方案具有了较高的准确性和针对性。

根据相关的法律法规规定，"三穿"方案需要和相关部门进行协调和沟通，获得批准后才能实施。由于在协调过程中影响因素较多，所以往往成了制约设计工作的主要原因。特别是河流穿越的详勘中需要对河流的冲刷深度进行计算，同时应地方主管部门的要求，请有资质的单位进行防洪评价和冲刷计算，但评价单位适应不了中石油的进度要求，其防洪评价和冲刷计算迟迟不能提交，有的中间成果屡次发生变化，导致主管部门不能及时给予批复，对设计产生了制约影响。因此，"三穿"施工图往往滞后。中缅油气管道工程在初步设计阶段对公路铁路穿越的情况进行省级报批，初步获得其意见，为施工图的报批打下了基础，降低了协调难度，并且在初步设计阶段便完成了防洪评价工作，有效地保证了"三穿"施工的顺利进行。

3 结术语

长输管道建设的目的：一是为了企业本身的利益，二是满足社会经济发展的需求。企业要想创造效益，需要遵循成本最小、利润最大的原则。因此，工程建设时管道路由的长度、沿线保护的工程量、穿跨越工程量、拆迁量、临时征地等因素决定了管道的建设成本以及管道建成以后综合运行及维护成本，在遵循国家法律法规的前提下，只有通过合理的优化路由的选择，才能达到成本最小、利润最大的最终目标；同时还要考虑管道建成以后综合运行及维护成本。

中缅油气管道工程为了保证所选路由最为合理，在设计中开展了大量的工作，针对这一世界级难题，设计人员充分利用相关领域和相关行业的先进技术，转变设计理念，创新设计手段，提高设计技术和效率，以满足国际、国家及集团公司对安全、健康、环保、节能、高效等方面的要求。

中缅管道站场排雨水设计分析探讨

中国石油天然气管道工程有限公司　刘中庆　王晓潞　龚云峰

【摘　要】　为了解决站场的排雨水问题，规范站场排雨水设计，本文通过分析已建站场的排雨水设计，找到目前雨水排放存在的问题，提出解决方案，为将来站场的排雨水设计提供理论参考。

【关键词】　中缅管道；站场选址；排雨水设计

引言

随着管道建设的持续推进，大批管道站场、阀室陆续交付运营单位管理，依据目前的运营情况看，部分站场及阀室在运营期间发现存在着安全隐患，其中表现有站场防洪、排涝、雨水排放设计上考虑不周。

其中一部分站场围墙内的排雨水采用自然排水的排放方式，主要利用道路收集排放，少部分雨水由围墙泄水孔流出，局部位置排水量较大，造成围墙外局部场地冲刷严重。

对于站内设有排水沟，雨水经过站内排水沟收集的站场，由于排水沟没有排放地点，排水沟就近排入了站外农田的灌溉土沟中，受当地老乡阻挠，使得站场雨水散排成了影响站场与周边村民关系的重要因素。

如西二线上海支干线 31 号阀室防洪排涝方案设计不合理，导致该阀室被洪水淹没，阀室无法排水；西二线南阳分输站，站内设有站内排水沟，雨水经过站内排水沟收集，原计划排入站外农田的灌溉土沟中，因当地老乡坚持认为水中有毒，阻挠施工而未能施工，最终不得不重新修改设计方案，西二线鲁山分输压气站，该站地势较低，原站场竖向设计时，遇大雨时场区内外排雨水向站场方向汇集，站场易受雨水冲击，场外排水压力较大。

在中缅站的实施前期，部分站场同样遇到了排雨水问题，如中缅天然气管道 44 号阀室地势较低，有洪灾危险。

1　站场选址

站场选址对于雨水排放有重要影响，站场的选址必须有利于雨水的排放。一些排水遇到困难的站场，在现场选址调研时，对拟选站址周边影响雨水排放的自然、市政以及人文环境调研不够，关于雨水排放的影响因素不够重视，在调研过程中忽视排水问题，或是遇到困难时就认为无关大局，而放弃搜集资料，最为明显的是当地村民非常反对雨水的直接散排。

有些站场选址时没有考虑雨水的排放问题，雨水排放问题在施工阶段或运营期间暴露出来，再进行解决就非常困难，主要体现在排水系统施工完成后进行二次征地比较困难、围墙内的排水系统不适于与站外排水系统连接。因此，站场排雨水问题应在选址、设计阶段完全解决，至少应充分考虑发展预留，为未来可能的变化做好准备。

2　站内排雨水设计

2.1　雨水分类

站场雨水可分为含油雨水和清洁雨水两部分。

（1）含油雨水包括储罐区、装卸区、输油站工艺设备区等有可能产生含油的雨水。

（2）清洁雨水指辅助设施及管理区的全部雨水，以及其他区域未被污染的雨水。

含油雨水收集后应进行处理，达标后按当地环保部门指定的位置排放；辅助设施及管理区的雨水，可经汇集后排入库外雨水系统。

2.2　设计原则

站场内部雨水采取直接散排的排水方式是不合理的，应采取有组织排水方式。大部分围墙泄水孔在排雨水方面不能发挥作用，甚至影响美观、增加不安全因素，应根据需要适当设置泄水孔，应在雨水聚集的位置设置排水孔。雨水排放时应符合相应的国家排放标准以及当地政府规章制度的规定，必须经过处理后满足排放标准的规定后才能排放。围墙内雨水排放应分区块设计，主要依据竖向设计、道路布局、功能分区等进行分区分片。应计算每一区块的汇水面积、水量，并因此计算出出水孔的瞬间水量来确定排水沟或排水管的截面积。各排水区块之间应为脊线，区块内谷线位置应为道路或排水沟，区块之间排水不互相交叉影响。区块内的雨水宜直接与站外排水系统连接，减少排放距离。每一区块在其汇水低点应设置集水设施，如排水明沟、集水井等。

工艺设备区、储罐区、堆场等可能有污染物的区域应独立设置为排水区块，与其他区块用排水沟、围堰等设施分隔开来，并使其他区块的雨水不能进入，在其出水口位置应设置油水分离设施，如截油排水设施、沉砂井等设施，如其雨水经处理后还不能达到排放标准时，应将此区块内的雨水直接导入全厂性的污水处理设施进行处理，或进入蒸发池或蓄水池。工艺设备区、储罐区、堆场等可能有污染物的区域的雨水收集后宜采用暗管排放，如能保证与其他区域雨水混流，也可采用排水明沟排放。其他无任何污染物的区域利用道路或排水明沟收集后排放。雨水自围墙出水孔排出后，应设置集水设施，如排水明沟、集水井等。

应根据暴雨强度、汇水面积等因素计算蒸发池或蓄水池的容量，还应加上处理过的生活污水和消防用水量等。应采取有效措施，使站场周边区域内的雨水不能进入到站场围墙内。设计前期应确定雨水排放方案，主要是指排放方式、雨水排放点、排水沟渠或管线形式、走向、用地情况、主要工程量、雨水处理费用等。在施工图设计阶段，重点在于排水设施及其构筑物如沟渠、管线、集水井、缓冲池、急流槽、跌水、蒸发池等的详细设计。

3 排放原则

不良地质区域的站场雨水排放不应就近直接散排。站址位于易受洪水冲击的地段，当靠近这些区域建站时应在迎水面建较大型的截洪排涝设施，并做好护坡、挡墙等站场水工保护工程。在站址周边不能找到潜在的雨水排放点时，考虑直接排放。雨水直接排放应征得地方政府的同意，并应签订书面协议，确定直排区域、排放手段、排放要求甚至赔偿要求等内容。当不能找到合适的排水方式或排放地点时，就应选择建雨水蒸发池或蓄水池用于站内雨水排放。应在进行站场选址的同时进行蒸发池或蓄水池的选址，其位置的地势宜低于站场地坪，且应采取有效措施（如围挡、导流等方式）使站场围墙外的雨水不能流入。

以上内容也应作为拟选站址优化比选的一项重要内容和影响条件，应符合《室外排水设计规范》（GB 50014—2006）第 4.1.8 条"雨水管渠系统设计可结合城镇总体规划，考虑利用水体调蓄雨水，必要时可建人工调蓄和初期雨水处理设施。"的规定。

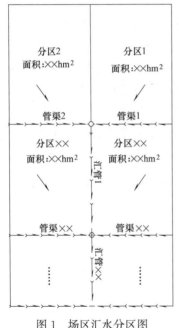

图 1 场区汇水分区图

4 场区排雨水设计计算

场区排雨水设计应根据站场所处位置的周边情况，站场的排水方式结合竖向布置方式，选用站内设置雨水盖板沟与暗管相结合的方式以满足站场排雨水要求。排雨水走向建议为：建、构筑物屋面（或平台顶面）→场地→道路→站内雨水沟→站外排水沟，汇入到站外的排水系统内。

4.1 场区雨水沟应通过计算确定合理断面

根据场地竖向设计坡度和坡向，场区汇水面积共分为××个区，如图 1 所示。其中分区 1 占地面积为××m²，雨水排放拟采用铺砌（素土）雨水管渠排放，雨水管渠汇入分区××；分区 2 占地面积为……

4.2 主要计算参数

主要计算参数 表 1

分区 1 汇水面积 $F(hm^2)$：	××
分区 1 建筑物屋面、混凝土或沥青路面面积 $F_1(hm^2)$	××
分区 1 广场砖铺砌面积 $F_2(hm^2)$	××
分区 1 级配碎石地面面积 $F_3(hm^2)$	××
分区 1 素土地面面积 $F_4(hm^2)$	××
分区 1 绿化或草地面积 $F_5(hm^2)$	××
……	……

设计重现期 P（年）	××
××市暴雨强度公式参数 A_1	××
××市暴雨强度公式参数 C	××
××市暴雨强度公式参数 b	××
××市暴雨强度公式参数 n	××
地面集水时间 t_1（min）	××
管渠内雨水流行时间 t_2（min）	××
折减系数 m	××
建筑物屋面、混凝土或沥青路面径流系数 Ψ	0.9
广场砖铺砌径流系数 Ψ	0.6
级配碎石地面径流系数 Ψ	0.45
素土地面径流系数 Ψ	0.3
绿化或草地面径流系数 Ψ	0.15
管渠1水力坡度 I（管渠底设计坡度）	××
管渠1设计截面积 A_1（m²）	××
管渠1湿周 X_1（m）	××
管渠壁粗糙系数 n	××
流速系数（谢才系数）	××
……	……

4.3 雨水流量计算

1）径流系数计算

汇水面积的径流系数应采用平均径流系数，其值是按各类地面面积用加权平均法计算求得，即各类地面面积用加权平均法计算求得，计算公式如下：

$$\psi_{av}=\frac{\sum F_i \times \psi_i}{F} \tag{1}$$

式中 F_i—汇水面积上各类地面的面积；Ψ_i—相应于各类地面的径流系数；F—汇水面积。

2）暴雨强度计算

设计暴雨强度按公式（2）计算：

$$q=\frac{167A_1(1+C\lg P)}{(t+b)^n} \tag{2}$$

式中 q—设计暴雨强度 $[L/(s \cdot hm^2)]$；t—降雨历时（min）；P—设计重现期（a）；A_1、C、n、b—地方参数，根据各地城市统计方法进行计算确定。

3）降雨历时计算

降雨历时按公式（3）计算：

$$t=t_1+mt_2 \tag{3}$$

式中 t—降雨历时（min）；t_1—地面集水时间（min），视距离长短、地形坡度和地面铺盖情况而定，一般采用 $5\sim15$min；m—折减系数，暗管折减系数 $m=2$，明渠折减系数

$m=1.2$，在陡坡地区，暗管折减系数 $m=1.2\sim2$；t_2—管渠内雨水流行时间（min）。

　　4）雨水流量计算

　　雨水流量计算公式如下：

$$Q=q\times F\times\Psi \tag{4}$$

式中　Q—雨水流量（L/s）；q—暴雨强度 $[\mathrm{L/(s\cdot hm^2)}]$；$\Psi$—相应于各类地面的径流系数；$F$—汇水面积。

4.4　雨水管渠水力计算

　　1）水力半径计算

　　根据国标《室外排水设计规范》（GB 50014—2006）第4.2.4条规定，雨水管渠最大设计充满度可按照满流计算，因此，各雨水管渠的水力半径 R 可按公式（5）计算：

$$R=A/X \tag{5}$$

式中　R—水力半径（m）；A—雨水管渠截面积（$\mathrm{m^2}$）；X—雨水管渠湿周（m），指管渠截面中雨水与壁接触的周长，即：暗管渠的湿周为它们的周长，明渠的湿周为沟底和两侧壁长的和。

　　2）设计流速计算

　　雨水管渠的流速，按公式（6）进行计算：

$$v=\frac{1}{n}R^{\frac{2}{3}}I^{\frac{1}{2}} \tag{6}$$

式中　v—流速（m/s）；R—水力半径（m）；I—水力坡降；n—粗糙系数，各材质管渠宜按照表2取值。

排水管渠粗糙系数　　　　　　　　　　　　　　　　　　　表2

管渠类别	粗糙系数 n	管渠类别	粗糙系数 n
UPVC管、PE管、玻璃钢管	$0.009\sim0.01$	浆砌砖渠道	0.015
石棉水泥管、钢管	0.012	浆砌块石渠道	0.017
陶土管、铸铁管	0.013	干砌块石渠道	$0.020\sim0.025$
混凝土管、钢筋混凝土管、水泥砂浆抹面渠道	$0.013\sim0.014$	土明渠（包括带草皮）	$0.025\sim0.030$

4.5　设计流量计算

　　雨水管渠的设计流量，应按下列公式计算：

$$Q'=1000Av \tag{7}$$

式中　Q'—设计流量（L/s）；A—雨水管渠面积（$\mathrm{m^2}$）；v—流速（m/s）。

　　当 $Q'/Q\geqslant1$ 时，雨水管渠满足排放要求，比值越接近1管渠尺寸越经济。

　　当 $Q'/Q<1$ 时，雨水管渠不满足排放要求，应调整雨水管渠的设计尺寸或设计坡度。

4.6　计算结论

　　根据上述参数及公式进行计算可得，汇水分区1（见表3）雨水管渠尺寸为××；分区2内雨水管渠尺寸为……

238

汇水分区 1 雨水管渠计算表 表 3

计算参数		分区 1	备注
汇水面积(hm²)	总汇水面积 F(hm²)	××	
	屋顶、混凝土面积 F_1(hm²)	××	
	广场砖地面面积 F_2(hm²)	××	
	碎石地面面积 F_3(hm²)	××	
	素土地面面积 F_4(hm²)	××	
	绿化或草地面积 F_5(hm²)	××	
设计重现期 P(年)		××	
××市暴雨强度公式参数 A_1		××	
××市暴雨强度公式参数 C		××	
××市暴雨强度公式参数 b		××	
××市暴雨强度公式参数 n		××	
地面集水时间 t_1(min)		××	
管渠内雨水流行时间 t_2(min)		××	
折减系数 m		××	
建筑物屋面、混凝土或沥青路面径流系数 Ψ		××	
广场砖铺砌径流系数 Ψ		××	
级配碎石地面径流系数 Ψ		××	
素土地面径流系数 Ψ		××	
绿化或草地面径流系数 Ψ		××	
管渠水力坡度 I(管渠底设计坡度)		××	
管渠设计截面积 A_1(m²)		××	
管渠 2 湿周 X_1(m)		××	
管渠壁粗糙系数		××	
流速系数(谢才系数)		××	
径流系数 Ψ		××	
降雨历时 t(min)		××	
设计暴雨强度 q(L/(s·hm²))		××	
汇水分区的雨水流量 Q(L/s)		××	
管渠水力半径(m)		××	
管渠设计流速 v(m/s)		××	
雨水管渠的设计流量 Q'(L/s)		××	
设计流量 Q'/雨水流量 Q		××	

5 结论

通过中缅油气管道站场及其他项目的站场排雨水的问题,证明了切实可靠的排水措施可以从根本上解决在站场开始运营之后对站场的一些不必要的麻烦。合理有效的排水措施,虽然会增加部分投资,但对于削减污染负荷、保护环境将会起到积极的作用。

大口径长输管道丘陵峡谷段施工技术

中国石油天然气管道局第三工程分公司 温 泉

【摘 要】 长输管道沿途穿越沼泽、高山、冲沟、峡谷、河流等多种复杂地形，其中山区、峡谷地段由于坡度大，峡谷地段有河流伴行，易受滑坡、塌方、洪水泥石流等地质灾害的影响。从而使得丘陵峡谷的施工成为整个施工过程中关键点和控制难点之一。本文通过综合分析中缅天然气管道（国内段）丘陵峡谷管道的施工特点，并且结合丘陵峡谷的地理特点，对丘陵峡谷大管径高钢级管道施工主要施工方法进行分析，介绍了丘陵峡谷地带管道施工的主要特点，及施工过程中的相关工序的主要施工方法。同时也为其他天然气管道建设工程提供了一些经验。

【关键词】 中缅管道；山区施工；施工工序

引言

中缅油气管道工程作为我国新建的进口原油通道，是中国四大进口油气战略通道之一，为天然气、石油双线并行。其中，中缅天然气管道国内段的管道干线长为1727km，输气管道是经贵州到达广西。可以这样说，这一管道工程的施工基本都是在山区丘陵上作业，而山区丘陵由于其地理特点使得施工不仅难度大，并且还有较多的不确定因素，从而使得山区丘陵的施工成为整个施工过程中关键点和控制难点之一，也是我们重点研究和关注的地方。

1 工程概况

中缅油气管道工程中国境内段于2010年9月10号在云南昆明开工，这是中国四大进口油气战略通道之一。中缅管道将采取气、油双线并行方式建设。天然气管道输气干线全长2806km，其中，中国境内的管道干线长为1727km，输气管道的线路是经贵州到达广西。因为此线路基本上大多数是在山区丘陵的地势上施工，所以此次施工的难度系数比较大，施工质量控制也比较困难。

此次天然气运输管道所采取的材料是管径为1016mm的X80级高强管线钢。X80钢是高强钢，它是一种微合金高强钢，其特性是超低碳。这种X80级钢，在中国是从2003年才开始投入开发，初次大规模使用是在西气东输工程的二线上。这次中缅天然气管道工程中的管道建设就是采用这种大管径的高强钢。

2 主要施工工序与流程

陡坡、峡谷地段施工程序是由其特殊的地理条件决定的。由于在陡坡、峡谷地段施工区域狭窄、施工机械回旋余地小，因此它与平原、浅丘以及山区缓坡地段施工程序的最大不同之处在于，陡坡施工不宜采用一般通用的先在地面组焊、再将管道整体下沟的施工模式，而应采取先在管沟内布管，然后在管沟内直接组焊的方式。这就要求施工单位在施工时首先要严格按设计保证测量放线的精确程度，为下一步施工创造良好条件。同时，在进入一般程序施工前，要认真进行施工伴行路、施工通道和安全设施的修筑。

陡坡地段施工的主要程序是：施工准备→测量放线→修筑施工伴行路和施工通道→设置安全设施和临时作业场地→开拓作业带→开挖管沟并进行细土垫层→防腐管运输及装卸→防腐管摆布→管道下沟→管道安装→管道组对焊接→补口补伤→质量检测→分段试压→管沟回填→水工保护→恢复地貌并设立标志桩。

3 主要施工难点技术措施

3.1 修筑施工便道

（1）修筑施工便道应尽可能利用原有的道路，并视路况对其进行拓宽、推填、垫平、碾压、加固处理，使其在承载力和宽度方面路面达到平整、坚实、无垮塌隐患，保证达到车辆、机械安全通行的要求。施工便道的宽度应控制在 6m 以内。应采用修盘山道或沿管道中心线修之字形道路的方式减缓坡度，使纵向坡度尽量控制在 20°以下，转弯半径不小于 18m，以满足钢管设备的运输要求。

（2）在有横向坡度的山坡上修筑施工便道时，要符合以下规定：当横向坡度为 15°～20°时，直接用人工在斜坡上挖土修筑；当横向坡度为 20°～30°时，采取人工铲土修筑；当横向坡度超过 30°时，需修筑挡土墙。在地表松软或易滑坡的地段应打桩加固并用毛石砌筑。

3.2 施工作业带修筑

（1）修筑施工作业带的基本要求：清理和平整施工作业带时要注意保护线路控制桩；对于影响施工机具通行或施工作业的场地，应予平整、填平；对可能危及施工作业安全的地方应采取有效防护措施；尽量避免或减少破坏地表植被；施工作业带在水平方向应夯实平整，防止出现横向倾覆。

（2）施工作业带宽可至 15m，坡度大于等于 25°时应修筑阶梯。在横坡修作业带时，填土一侧应夯实、平整。当为石质山坡或横坡大于 30°时应通过设挡土墙或打桩的方法加固作业带。

（3）清理施工作业带时，要将管沟开挖出的碎石摊平在施工作业带上并碾压，保证施工设备行走安全。对施工作业带内及附近有可能危及施工作业安全的滑坡、崩塌、岩堆等应彻底清除或采取有效防护措施。

3.3 防腐管运输与摆布

（1）由于在山区施工道路不便，运输防腐管可经火车或公路干线运输至临近专门设置的转运场，再利用县、乡级公路或伴行公路运到各临时堆管场，利用新修筑的施工便道将钢管运至施工现场。

（2）当道路转弯半径小、坡度较大（小于20°）且地面承载力较差时，可用船形爬犁、履带拖拉机牵引运管。当路面小于3m时，可采用自制小型机动炮车运管。当纵向坡度大于30°且距离较远时，可采用索道运管。

（3）运输防腐管时，用于其底部软垫层的橡胶板厚度不得小于20mm，宽度不得小于200mm，垫层沿管子长不得小于3处。堆放时，管子底部与层间都要加软垫层，堆放高度要满足规范要求，要严禁撬、滚、滑动管子。

（4）由于山地坡度较大，管线焊接后整体下沟困难，应采用沟下布管焊接。当坡度大于15°而小于等于25°时，可用吊管机将单根管按顺序吊放入沟中。当坡度大于25°时，吊管机无法布管，可以边施工边用设在坡顶的卷扬机牵引运管小车布管。在岩石管沟内布管时，应在沟底铺垫沙袋，在钢管防腐层外包护防护条。

3.4 管沟开挖

（1）管沟开挖基本要求：开挖好的管沟应保证圆滑过渡，无凸凹和折线，沟壁和沟底应平整，沟内无塌方、无杂物。

（2）对石方段的管沟，在安全条件允许时可采用爆破方法开挖，但应充分考虑爆破时对周围环境可能产生的不良影响，严格控制装药量和抛掷方向，采用爆破方法开挖管沟应在布管前进行。石方管沟开挖时，应与施工作业带清理工序一同考虑。

（3）由于坡度大的地段在管沟开挖后，土石方不易在管沟一侧堆放。

3.5 管道组焊

（1）当坡度大于15°小于30°时，沿施工作业带每间隔50m修筑施工作业平台，停放焊接设备。利用吊管机布管，沟下组焊。当坡度大于30°时，采取索道运、布管，用外对口器沟下组装焊接。

（2）沿纵坡方向小于1km处修建设备、钢管集散平台。先成沟并完成测量工作，根据测量成果表将钢管、冷弯管和热撅弯头按照编号对号放入沟内。

（3）焊接采用轻型半自动焊机或逆变焊机，用低压铜芯电缆与作业平台上的发电机进行连接，采取STT或手工焊打底，半自动填充、盖面的焊接工艺。

3.6 防腐补口、补伤

（1）当坡度在15°～30°之间时，用防腐车沿管线在山坡上进行喷砂除锈及加热补口。

（2）当坡度大于30°时，可用卷扬机牵引防腐车沿管线进行喷砂除锈，加热补口。如陡坡长度小于100m，不能利用牵引防腐车进行防腐补口时，可每隔一根钢管的长度设作业平台，采用人抬便携式喷砂罐沿管道接口进行喷砂除锈及防腐补口。

242

4 施工安全保障措施

由于山地陡坡地形高差变化大,平直地段少,而且采用的弯管数量比较多,相对于沟上焊接、整体下沟的作业方式,沟下焊接具有增加顺序施工、减少碰死口概率、提高焊接一次合格率等优点,能够有效地保证施工综合进度。但是,在山地陡坡进行管道施工,难度大、安全性差,稍有不慎,就会造成重大人员、设备事故。同时,采取沟下焊接在一定程度上增加了管沟塌方的风险。因此,必须因地制宜制定相应的防护措施。

4.1 开展风险识别和风险评价活动

施工项目部要专门组建由项目负责人、技术人员、安全管理人员和有丰富施工经验的操作人员参加的风险识别和评价小组。施工期间,要对各工序可能发生风险的概率和可能造成的损失进行估测,制定相应的风险削减措施,形成作业计划书。

4.2 严格控制管沟开挖质量

管沟开挖是顺利实施沟下组对的前提。为了确保管沟质量,在管沟开挖时,必须严格执行工序交接手续,由机组技术员对管沟开挖作业队进行沟深、沟宽、坡比、变坡点等参数的详细技术交底,管沟作业队在实际开挖时,用水准仪、塔尺等检测仪器,严格控制施工质量。管沟开挖完成后,首先由机组技术员验沟,之后通知监理共同对管沟的质量和安全性进行认定。

4.3 设置挡土板,确保施工过程安全

沟下焊接作业时间长,因管沟坍塌而造成人员设备损失的可能性随时存在。为了防止管沟坍塌,应根据山地的地质情况,在管沟两壁设置钢制挡土板,确保施工人员和设备的安全。

4.4 强化施工现场的规范化管理

陡坡地段管道施工存在较多风险因素,因此,施工单位更要重视现场的规范化管理。要在现场设置明显的安全标志和安全注意事项说明,施工现场的机具摆布、机具动作、人员活动范围必须严格遵照事先制定的方案。沟下作业时,要由专职安全员沿管沟进行警戒,发现险情及时发出警报,险情处理完成后,才能继续施工。由于夜间不易发现险情,所以夜间严禁进行沟下施工。

4.5 认真监视天气变化情况

陡坡开挖的管沟在遇到阴雨天气时塌方的风险性进一步增大。焊接机组应监视天气预报,掌握天气变化情况。遇到阴雨天气,特别是雨水较大时,要严禁沟下作业。降雨过后,由机组负责人和专职安全员对管沟冲刷情况进行检查评价,在确认风险解除的情况下才能进行施工作业。同时,管沟开挖要根据焊接的进度,保持一个合理的提前量,避免因开挖过早而导致沟壁坍塌。

5 结束语

总之，长输油气管道山区陡坡施工必须正确把握以下要点：第一，要在充分分析施工地段地质条件和地貌特征的基础上，认真进行安全、环境风险评价，通过采取积极措施，化解或减小风险，为施工提供良好的保障；第二，采取沟下焊接方式是长输油气管道山区陡坡地段施工的最佳选择；第三，施工便道与作业带修筑、防腐管运输与摆布、管道组对与焊接是影响管线在陡坡地段施工进度和施工质量的关键控制性环节，需要引起施工单位特别重视。

大口径长输管线淤泥地穿越施工方法

中国石油天然气管道局第三工程分公司　李红江　刘颖斌　汪赛克

【摘　要】　中缅（国内段）管道工程第 11 标 QBD047～QBD048 段全长 420m，位于贵州省安顺市关岭县境内的淤泥堆积地，该地段由于地下水位高、淤泥层较厚、渗透性差，属于典型的沼泽地形，导致施工设备进场困难，管材无法运输，管沟不易成型。因此经过机组反复调研以及现场考察，决定采用挖明渠、铺设钢板等方法，沟上正常组对焊接，焊接完成后将预置完成的管段拖至管线安装处，然后运用沉管下沟的方法进行穿越。这种方法成功解决了淤泥地段管道施工的实际困难，在施工进度、质量以及成本上都达到了满意的施工效果，本文介绍了该方案的具体施工方法。

【关键词】　沼泽地；管道施工；挖明渠；铺设钢板；拖管；沉管下沟

引言

中缅油气管道工程（国内段）第十一标段关岭段管道主体在吴家大坡、扁山、老厂坡、九凤山、碧夹山等低山丘陵区敷设。CPP305 机组在管道施工中不可避免的翻山越岭，穿跨过江。线路大部分为石方段，地势山高谷深、坡度大、地形破碎。该地区雨量充沛、部分地段与河流频繁交叉前行，其中 QBD047～QBD048 段为淤泥沼泽地段，该段地势低、地下水位高，再加上雨期施工淤泥较为严重，给管道施工带来了极大的不便，有的地方人刚走过脚印里已经浸满了水，使常规施工机械无法在作业带内行驶施工，进场困难，管材无法运输；其次，淤泥成型性能差，尤其是在浸水后易发生塌落，管沟不易成型，容易产生浅埋问题。CPP305 机组通过一线施工作业实践经验的积累，寻求探索了一套行之有效的施工方法，下文将结合中缅油气管道工程（国内段）第十一标段关岭段沼泽地施工经验，对大口径长输管线沼泽地穿越施工方法进行介绍。

1　施工工艺流程

经过调研和现场反复勘察，机组首先进行试开挖，发现土层分布不均，上层由于经过阳光暴晒，土质较硬，厚度大约为 0.3～0.5m，下层由于在地下水中浸泡，淤泥层较厚，CPP305 机组使用两台日立 360 挖掘机同时作业，下挖深度 3m 多仍然是淤泥，管沟成型困难，因此该段不适宜沟下焊接。根据现场情况，确定施工总体流程如下：

测量放线—修筑施工便道—加强作业带—修筑堆管场—布管—组对焊接—检测防腐—拖管—沉管下沟—管沟回填。

2 施工方法

2.1 测量放线

按照施工图纸，确定转角桩位置后，依据项目部测量数据找到管道中线以及作业带边线，用白灰标识清楚，并且实地测量淤泥区的穿越长度，确定管段预置长度。

2.2 修筑施工便道

QBD047～QBD048段位于中铁二十局搅拌站旁一处水稻田旁，机组首先使用一台日立360挖掘机进行扫线，清除作业带内的障碍物，保证作业带的贯通。为保证后续施工工作的进行，挖掘机不可长时间在一处停留施工，以免造成作业带过度泥泞。

2.3 加强作业带

（1）开挖排水沟

沿作业带两条边线内侧，用挖掘机开挖两条排水沟，其断面尺寸为宽1.5m、深2m，开挖时将土平铺在中间作业带上，这样既可以保证作业带控制在26m范围内，还可以提高作业带的高度，因为土质渗透性差，需要使用挖掘机翻晒3次作业带堆土，充分晾晒后达到提高作业带承载能力的效果。

（2）铺设钢板

在局部渗水性极差，通过晾晒也不能满足施工需求的地段，采用铺设钢板的方法来增加作业带承载能力，从而能够满足大型施工机械在施工中正常使用。CPP305机组一共调来12块钢板，钢板长7m、宽2.5m、厚0.2m。两块钢板平行铺设，在施工中边向前焊接，边将后边已完成焊接地段的钢板铺设到前方施工段，图1。

图1 挖掘机铺设钢板

2.4 修筑堆管场

在 QBD047 桩东侧便道西侧修筑一个临时堆管场，尺寸为 30m×30m。该段为山坡顶端，且靠近伴行路，炮车可以将管材顺利运到此处，在平整好的堆管场场地上修筑两条土埂，然后在上面铺一层装满细土的编织袋，以保证管道防腐层。

2.5 布管

通过炮车将该段需要施工的直管、弯管、弯头运送到 QBD047 桩的临时堆管场内，然后根据整体施工部署，选择在 QBD046～QBD047段作为预置场地，先用挖掘机配合人工在作业带中心线打管墩。管墩采用土筑夯实，高度不小于 0.5m，确保稳固、安全并且满足施工需求。布管时采用挖掘机吊管、布管，呈锯齿形布在管道中心线设置的管墩上，以方便管内清扫、清口以及吊装需求，见图 2。

图 2　挖掘机布管

2.6 组对焊接、检测防腐

图 3　沼泽地焊接

经过机组施工前实地测量，沼泽地一共 232m，由于是沟上焊接，且采用预置法焊接，施工难度大大降低，可按照线路施工规范要求进行组对焊接，机组一共使用 4d 就完成了预置管段的组对焊接任务。

焊接完成后，机组第一时间按照要求进行检测申请，全部焊口一次检测合格。之后机组及时安排喷砂防腐补口，并且再用电火花进行管道全位置检测，确保管道无漏电，达到下沟回填要求，见图 3。

2.7 拖管

为确保在拖管施工过程中，管内不进水、淤泥或者其他脏物，CPP305 机组施工封头将管段两端进行封堵，然后在封头的一端焊接带孔的牵引板，使用钢丝绳拖拽、挖掘机牵引的方法将预置好的管段拖至沼泽地。为保证管线防腐层在拖拉过程中不被损坏，机组首先在沼泽地开挖深度 0.7m

左右的管线导向沟，因为该段土质疏松，含水量丰富，且不含大颗粒砂石，在开挖至0.7m深时，导向沟内已汇聚一定量泥水，不仅极大地降低了摩擦力，同时降低了拖拽所需的牵引力，机组一共使用4台日立360挖掘机同时拖拽，成功将预制管牵引至管线处，经检查日收缩套没有出现卷边起皱现象，管材防腐层仅有部分划伤，机组及时安排防腐人员进行补伤。

2.8 沉管下沟

拖管工作完成后，将焊接设备撤出作业带，只留下挖掘机，分别在管线两侧对称布置，为防止损坏管道防腐层，可在开挖附近的管段上铺垫一块橡胶。然后从管段的一端开始倒退挖沟。挖沟时必须由专人指挥，两侧挖掘机前后同时作业，呈"八"字形开挖。管沟开挖的同时，管段随之下降，逐步将管段落到沟底。经过计算，管道两个支点之间允许最大悬空为45m，考虑到现场实际情况，确定分2层开挖，前面2台挖掘机开挖第1层，后面2台挖掘机开挖第2层，第1层开挖深度约为1.5～2.0m，第2层开挖深度为1.3～1.5m。开挖第1层时，首先将管道两侧4m内的土开挖后置于6m外位置，以便第2层开挖设备的行走。挖深1.4m时，土质基本为淤泥。开挖第2层时，将掘出的淤泥及时堆放在第1层掘出的土上，由于钢板数量有限，挖掘机可边前进边将后面的钢板倒运到前方，以满足施工需求，同时安排补伤人员在管段悬空位置及时修补，确保下沟到位的管段无漏点。沉管过程中及时测量，确保全部达到设计埋深要求，见图4。

图4　挖掘机沉管下沟

2.9 管沟回填

经监理确认无漏点后，立即进行回填，由于在开挖第 2 层时边挖淤泥边回流，所以当管段降低到规定深度时，淤泥已经将管段一部分回填，把这两层挖掘机掉个方向，把开挖出来的土推回管沟内，禁止用大块、硬块直接回填，以免碰伤管道防腐层。

3 结束语

CPP305 机组在中缅油气管道工程（国内段）第十一标段关岭段 QBD047～QBD048 桩采用沉管法进行沼泽地段的施工，成功解决了沼泽地段地下水位高、淤泥渗透差等困难，虽然与定向钻孔穿越施工相比劳动强度高，施工进度受外界因素影响较大，但是在质量和经济成本上都取得了满意的结果。沉管下沟使用面比较广，但是，考虑到成本和工期的限制，最好在大口径管道、地质情况复杂、地下水位高且短距离、小范围淤泥或沼泽地工程上应用，随着我国大口径管道施工越来越多，这种沉管下沟施工方法必将得到更加广泛的应用。

喀斯特地貌陡坡滑管法施工及防腐层的保护

中国石油天然气管道局第三工程分公司　孙佐柱

【摘　要】　本文介绍在坚持"科技创新"原则的前提下，以科学技术的发展和技术的创新观念来进行工程项目全过程施工管理，运用科学的、创新的思想探索现代施工的新工法，从合理配置工程装备，到施工工期、工程质量、环境保护、工程效益、施工安全、现场文明施工管理作了重点阐明，在操作中真正体现管理科学、技术领先、方法新颖、效益最佳、信誉长久，全面提升企业在管道施工领域的品位，以实现管道局倡导的"创新思维、实现超越、争雄国内、走向世界"的企业宗旨。

【关键词】　石方陡坡；滑管；防腐层铠甲

引言

中缅国内段管道工程都匀段 QBM046～QBM047 号桩是一处比较典型的喀斯特地貌陡坡施工，陡坡管线长 110m，原始角度超过 60°。陡坡表面受到流水的冲蚀、潜蚀以及坍陷等机械侵蚀，经过爆破后管沟沟底坑洼不平，暗坑比比皆是。

1　施工方案

由于管径较大（$\phi 1016 \times 17.5mm$），如果采用传统的施工方法就必须对作业带进行降坡处理，要达到设备行走的安全角度必须将角度降为 20° 以下，如果这样施工整个石方山体就需要全部爆破，降坡的工程量很大施工周期较长。山体全部爆破后对环境的破坏程度是不可估量的，并且施工完成后地貌恢复工作困难较大，这样会使施工成本大大增加，同时工期也得不到有效的保证。

综上所述，传统的施工方案存在着诸多弊端，尤其是环境保护工作不能达到要求，经过反复的论证和多次的实地测量，决定使用滑管法来完成该陡坡段的施工任务。

2　技术要求

在使用滑管法施工时首先要解决施工预制场地的问题。在陡坡段附近平整场地，开始对陡坡管进行预制，对焊口进行检测、防腐。接下来需要解决的关键问题就是滑管法施工时如何对防腐层进行保护。因为滑管区段均为石方地段，如果不对防腐层进行特别的保护，下滑后的管道防腐层是无法修补的，必须做到一次性成功，保护防腐层。管道下滑时，防腐层要和石方管沟沟底、沟壁全方位的接触磨损。保护防腐层的措施必须满足管道下滑时管道和石方管沟产生摩擦对防腐层的损伤，而且是永久性的。经过多方的论证，决定对防腐层进行"加铠"的方法来完成，所谓加铠就是给管道防腐层的外面包一层铠甲，这层铠甲使用厚度为6mm的钢板制成。如何把钢板围到钢管上又是面临的一道难题，为解决这一难题，我们采用3.5×1.5m的钢板在车间卷成自然圆弧状，然后用挖掘机和钢丝绳将钢板勒紧在钢管防腐层上进行焊接。在焊缝处加石棉垫板，用石棉板做垫衬可以有效防止因焊缝对防腐层产生的损伤，在钢板和防腐层中间再加垫一层厚度为8mm的胶皮，这层胶皮主要起到两种保护作用：第一，胶皮在下滑时对钢管有缓冲的作用；其次，管沟坡度较大无法做细土垫层，在外部钢板腐蚀后有胶皮接触沟底，不会对外防腐层造成损伤，见图1。

图1 现场施工图（一）

滑管前在钢管前段30m和后面20m的位置用22mm壁厚的管子做成卡具，使用100t U型环、1寸（约3.33cm）钢丝绳，作为下滑时的钢管牵引，在离下滑点60m的地方挖一个深15m的坑，下埋一个5m×2m×2m的沙箱作为锚固点。安放卷扬机作为管道下滑时的牵引，下滑时防止钢管失去控制直射山下对钢管造成损坏，以及其他不可预见的安全隐患。除了将卷扬机固定到沙箱之外，又将卷扬机用钢丝绳固定在已焊接完成的主体管线上，防止滑管时预制管在临界点的冲击力将卷扬机拽出，见图2。

图2 现场施工图（二）

滑管时我们首先用准备好的钢丝绳把钢管前面的卡具、锚固点、卷扬机等进行连接，现场准备了1台CAT572R吊管机、2台CAT320挖掘机、1台现代360挖掘机，用吊管机和挖掘机将钢管吊至临界点，当钢管到达临界点时将卷扬机的钢丝绳收紧，所有设备后撤至钢管后半部分，缓慢前移钢管，在钢管向前移动时，同步将卷扬机的钢丝绳放下，当钢管超过临界点时管头已经开始下扎，在钢管开始下扎的同时设备停止前进，同时拉紧卷扬机的钢丝绳，将所有设备撤离吊管现场。此时启动卷扬机管道凭借自身的重力顺管沟方向下滑，下滑速度是靠卷扬机来控制的，由于卷扬机的控制，管道下滑速度匀速平稳。到达指定位置的钢管及外防腐层完好无损，见图3。

图3 现场施工图（三）

3 经济效益和社会效应

采用滑管和对防腐层的加铠甲法进行石方陡坡施工只需要外购1台卷扬机、260m 1寸钢丝绳、厚度6mm的钢板220m²，在滑管结束后的地貌恢复只需对管沟部分进行回填恢复，可以大大缩短工期，更重要的是对自然环境的破坏能降至最低，对环境的保护是无价的，相比传统施工方法无论是从成本还是工期以及对环境的保护方面都是值得推广的。

4 结束语

该工法经过实践充分证明，采用滑管法和对防腐层的加铠甲法，在石方陡坡段施工时可以大幅度加快施工进度，同时也能满足环境保护的要求，该方法同样适合其他地段陡坡的施工，值得推广和应用。

喀斯特地貌下长输管道运布管施工技术探讨

中国石油天然气管道局第三工程分公司　李红江　汪赛克　刘颖斌

【摘　要】　贵州和云南东部是世界上最大的喀斯特区之一，地形起伏较大，道路崎岖，沟壑纵横。在此地貌下的管道施工，沿途地形复杂，特别是对于运布管工序，存在着很大困难，需采取特殊措施才能保证安全高效施工。CPP305机组在中缅天然气管道工程陡坡地段的施工中，有针对性的采用了溜管布管、漂管布管等方法，有效地解决了陡坡地段、河流段施工的运布管难题，既简单又经济可行，降低了施工难度，缩短了工期。

【关键词】　长输管道；喀斯特地貌；管道铺设；施工技术

引言

CPP305机组承担建设的中缅油气管道工程（国内段）第十一标段，位于安顺市丁旗镇，沿线地形主要为连绵不断的山区，线路大部分为石方段，地势山高谷深、坡度大、地形破碎。该地区雨量充沛、部分地段与河流频繁交叉前行。在开工以来我们遇到了诸如坡度大、距离长山梁和跨越河岸等特殊施工段，这些特殊地形给管道布管工序带来难以想象的困难，成为制约管道工程施工过程和工程总体进度的瓶颈，我机组通过一线施工作业实践经验的积累，寻求探索了若干行之有效的施工方法。下面以十一标段中QBF025桩以及QBG020G桩为例，对我机组积累的喀斯特地貌下，长输管道所常见的难点地段施工中布管方案作一介绍。

1　布管方钢管运输与布管要点

1.1　管场的设置

山区地段地势起伏不平，不能一次进入施工现场。我机组根据现场情况，在省道附近分别设置了三个二百根数量级的堆管场，可以用于直接拉到作业带的二级堆管场，具体位置和数量根据现场情况确定。成品管要同向分层码垛堆放，堆放高度不要超过3层，且要保证管子不失稳变形、不损坏防腐层，不同防腐等级、壁厚的成品管要分开堆放，堆放在同一层且相邻的成品管要保持有一定的间隙，以方便吊装，堆放时为防止管子滑动，保证管垛的稳定，最下层要用楔子楔住。贵州喀斯特地貌以山区、河谷地段为主，管子堆放要根据地形地势选择平坦、地势较高的位置，管垛支撑端部要加高，避免滚管、滑管和山水冲刷。

1.2　管子的倒运

根据堆管场到作业带的道路坡度、转弯半径、路面情况特点，贵州段管材二、三次倒运一般选用自制的炮车，即在两个车轮间安装固定钢管的托架，将钢管大致中心位置固定在托架上，利用拖拉机或其他牵引设备拉管的简易车辆。双轮管梁炮车在目前山区段管道施工中用得最多最广，根据管材的重量和施工便道的情况，在中缅管线工程中，一般车轮使用850mm外径（每个车轮均为双胎），可以减少山地人工炮车装卸管的难度，增加了操作安全性，见图1。

图1　管子的倒运

1.3　布管要点

布管时管道呈锯齿形摆放。沟上布管时，管与管首尾相接处宜错开一个管径，以方便管内清扫、坡口处理及起吊，管道边缘与管沟边缘还要保持一定的安全距离。沟下布管时，管子首尾相接处要留有间距，吊管机布管吊运时宜单根管吊运。山区石方段地段布管时应在管子两端距管口1.2～1.8m处设置稳固的支撑，可用软土堆或装填软土的编织袋或草袋，支撑的高度以不接触地面硬物为准。严禁使用冻土块、硬土块、碎石土、石块做支撑。为满足管道组对焊接要求，每个管子下面应设置至少1个管墩，管底与地面的距离为0.5～0.7m。管墩可用土筑并压实或用装填软土的编织袋或草袋垒筑。所有管墩应稳固、安全。坡地布管，线路坡度大于5°时，要在下坡管端设置支挡物，防止串管。线路坡度大于15°时，待组装时从堆管平台处随取随用。

针对不同的地形，要制定适宜的、可靠的、安全的布管技术方案措施，斜坡、陡坡段布管必须采取措施防止滚管和滑管，且布管要为后续的组对焊接等其他工序提供有利条件。

2　布管方式的选用

2.1　山区管线常见布管运输方式

针对山区特点如何进行布管运输是山区管线组织施工的关键，我机组在长期山区施工经验中，总结确认了以下几个方式：地势较平的山梁、沟谷地段和纵向坡度小于15°地段用吊管机布管。吊管机是安装施工时短距离倒运的最好工具，应用于管材倒运也比较方便。但当坡度较大时，吊管机的使用功能得不到更好的发挥，只能用来短距离倒运钢管，而挖掘机有较强的自救能力，对防腐管能够做到很好的保护，采取适当的捆绑和防护措施后，用挖掘机在坡地拉运管。同时根据实际地形，开辟"之"字形便道减缓坡度，"之"字形便道对布管速度及防腐层的保护有着重要作用，坡地的作业带修筑必须要平整，有起伏的地段应垫土袋子，尽量降低起伏，对起伏很大的石方段，必须清理凸石，见图2、图3。

图2 普通吊管机运营　　　　　　　　　图3 挖掘机运管

2.2　几种特殊地形下的布管方法

（1）漂管法（图4）

位于丁旗镇的CPP305-3作业面，在QBF025桩施工时，需跨越河岸运布管作业。该河面约30m、岸坡较缓、水深但流速较小。经过技术人员测算，河流水深足够让管道所受浮力大于管道自身质量，分析后决定采用浮运法运管并结合其他布管法布管。具体操作如下：将钢管两端用育板、防水材料封闭后，将管道利用起重设备放置河中，河对岸用挖掘机在钢丝绳及吊管带的牵引下，使管道从水面漂浮过河，到达对岸，同时结合其他适宜布管法装运管道至施工作业点。我机组在此桩段作业后期，需大量使用漂管法运布管时，经研究确定使用捆绑空汽油桶作为辅助漂管的工具，即将钢管放置其上，牢固的捆绑一起，使用挖掘机牵引至河对岸。这样就可以使管材在河水漂流过程中，很好地减少了水流阻力，方便钢管准确地到达对岸预估位置，提高了效率，保证了工程进度。

该方法适用于水流速度较小、运布管量少的地段作业。施工漂管时应注意，同时使用两台挖掘机，采用"前拖后送"的方式，拖管时挖掘机拖与送尽量同步，听从一名起重工统一号令，保证管线在牵引过程中不受水流的影响。实际操作中，经测试，每小时至少可把六根钢管布置到作业带，这样既节省了在每道焊口处围堰排水的时间和施工费用，也大大缩短了工期。

漂管法适用条件：

① 长距离纵向漂管施工适用于水深大于管子漂浮深度且河床土质较为硬实区域，满足宽履带挖沟机行走。

② 漂管线路事先需要扫线，清除障碍，避免漂管过程中搁浅。

③ 指挥漂管作业的起重工，要经过培训上岗；漂管是否顺利，漂管后的管线中心线是否准确在很大程度上取决于起重工现场指挥和协调。

④ 漂管时负责牵引的挖沟机在保证牵引力的情况下，尽量要少，牵引挖沟机要控制行驶速度，管段一旦启动，速度要慢，接近终点时，牵引挖沟机停止行驶，管段靠惯性可达到终点。

⑤ 漂管时，管段两端用临时封头封堵，并缠以密封胶带，防止河水渗入管内。

图 4　漂管法

（2）溜管法（图 5）

以中缅管道工程第十标段管线在 QBG020G 桩至 QBG021G 桩之间管线为例，管道沿纵坡翻越山体时，一侧较陡，坡度大于 35°，而另一侧相对较缓，针对这种山体石方段，我机组决定采用溜管法，具体操作如下：将管道从较缓一侧运到坡顶后，从坡顶将管道顺放到较陡一侧的管沟内。采用此方法应将管沟内的硬质物清除干净并垫上细土，同时将钢管用草袋子包裹好，以保护防腐层不受损伤。如果斜坡管道敷设的长度较大，用柔性物（草袋、毛毡）将管道包裹，外表面用竹片保护，铁丝捆扎牢固，管端焊制封头、用吊车或吊管机（加长吊杆）直接将第一节钢管吊放到沟内，牵引设备向山体（冲沟）方向移动，缓缓向下溜管，一直到达第一根管道预定位置停止。第一根管道的尾端到达斜坡顶点时，停止溜管，用设备吊装第二节钢管，在斜坡顶部进行连头作业。第一、二根钢管组焊后，使焊道进行冷却，然后，在吊管机的配合下，牵引设备向山坡（冲沟）方向移动，使管道缓缓向下移动，达到预定的位置。如果斜坡管道较长，还需要焊接管道，可重复以上方法直至达到要求长度。在预制钢管冲沟时，我机组使用一台挖掘机在坡地中间，用挖掘机斗背，跟进维持钢管稳定在设计的冲沟轨道上，保证了预制钢管准确打入预定位置的土墙之中。

图 5　溜管法下沟

（3）双吊管带运管法（图 6）

此方法较为简单实用，即在使用挖掘机翻越山坡运布管时，为防止钢管在机械设备上下坡段时管材的摆动、窜动所采用的方法。顾名思义，即是在运一根钢管时，同时捆绑两根吊管带，管带与管体形成三角形依托，有着很好地稳定牢靠性。特别需要注意的是，双吊管带运管所使用的管带较短，以刚好被挖掘机斗背托起为准，管体依托在挖掘机的斗背，可以更好地降低运管时防腐层损伤。

双吊管带运管法使用特点有以下几点：布管使用的设备及人员少，至少可以节约一名布管人员，这也是双吊管带布管的最大优点；提高了施工速度，与吊管机布管相比速度快、安全平衡；安全系数高，在石方陡坡地段施工，双吊管带布管运管时，由于管子离地面较低，可以极大地降低运管爬坡时钢管的摆动、窜动，增加了沟底管子滑落的可预见性，可以达到很好的平衡效果。

图 6　双吊管带运管

3 结束语

以上施工方法和措施在中缅天然气管道工程的十一标段山地施工中得到广泛应用，并取得了良好效果，不但加快了工程进度，也有效地保护了管道防腐层。通过以后工程的进一步实践和应用，喀斯特地形下布管的施工方法必将得到进一步的完善和发展，从而形成一套特殊地形下的管道施工技术方案，对以后其他类似工程具有很好的参考作用。

参考文献

[1] 杨筱衡，张国忠. 输油管道设计与管理 [M]. 青岛：中国石油大学出版社，1999.
[2] 四川石油管理局. 天然气工程手册 [M]. 北京：石油工业出版社，1984：45-47.
[3] 张英奎，张永兴. 大口径管道在水网地区的施工方法 [J]. 油气储运，2003.
[4] 陶世桢等. 沙漠与山区管道建设 [M]. 北京：石油工业出版社，1992：132-149.

浅谈水工保护在中缅管道建设中的应用

中国石油天然气管道局第三工程分公司　赵学军

【摘　要】　水工保护在管道施工中起着保护管道的重要作用，尤其贵州的水文、气候条件。本文介绍了长输管道中水工保护在贵州喀斯特地貌施工过程中的设计形式及技术方法。

【关键词】　水工保护；喀斯特地貌；地灾

引言

水工保护不仅肩负着保护管道安全的重任，随着管道建设业主、设计单位、施工单位及运营单位对水工保护重视程度的不断增加，已经成为交工验收、竣工验收及项目移交运营单位的重要检查项目之一。尤其对施工单位而言，验收时看到的只有战场、阀室及地面水工保护构筑物，好的水工构筑物，不仅体现公司施工实力、管理水平，更是一个施工企业公司形象、品牌的代言和宣传。中缅管道水工保护投标价约占合同总价的 1/4，也是施工单位盈利创收的主要部分。本文浅谈了中缅管道中的施工措施和经验思考，以供后来工程借鉴。

1　水工保护概念

进入 21 世纪以来，人类的经济活动迅速发展，同时对能源的需求量越来越大，但能源利用后产生的生态污染也越来越严重，于是人们对新型洁净能源产生很高期望，石油、天然气工业的发展也成为现代经济发展的重要支柱之一。因此长距离管道建设工程越来越多，管道经过的地域及地质条件也越来越复杂，如有高山、丘陵、沙漠、沼泽、河流、矿区等不良工程地质地段。其中，水害问题对管道的威胁越来越严重了。解决水本身及因为水而产生的山体滑坡等灾害对管道安全的影响，是需要采取各类保护措施的。这些措施，简称水工保护。

2　贵州地形地貌及气候水文

中缅管道贵州段，是典型喀斯特地貌。贵州省是我国南方喀斯特强烈发育的高原山区，属亚热带季风气候。年平均降雨量为 850～1600mm，多在 1000～1300mm 之间，属于湿润地区。贵州省是多以峰丛洼地、峰林盆地等地貌类型为主的中、小喀斯特流域，因发育有大量的地下水系和特殊的储水结构，施工管线段沿线地形包括了陡崖、两山夹一谷、丘陵、梯田和水稻田、河流等各种复杂地形。

2.1　降雨特点及危害

本区在四川盆地以南，江南丘陵、两广丘陵以西。在地形上是胎生的准平原，喀斯特地貌发育，峰林谷地、峰丛洼地丘陵溶原构成独特的地貌特征。区内较大河流深切，山岭纵横，高原地貌具有山地特征。本区处南北冷暖气流角逐地带，冷空气南下时，受山脉丘陵阻滞，前锋在本区经常处于半静止状态，阴雨天气特别多，全年降雨日数达170d以上，是全国雨日最多的地区。夏季多阵发性降雨和雷暴雨，年暴雨日数2～6d，24h平均雨量40～140mm，最大24h降雨量100～300mm之间。

2.2　因水引起的灾害分析

云贵高原地形崎岖，水害来自两个方面：（1）中小河流山洪。由于云贵高原地形起伏大，城市农田主要分布在河谷川地，洪灾较严重。（2）坡面洪灾。山崩、泥石流、滑坡到处都可以发生，造成的经济损失比江河洪灾严重。

3　典型水工保护措施

管道线路工程水毁最严重的地方主要集中在河流、冲沟河谷地段、陡坎陡坡地段、横坡敷设段、水稻田及梯田段，故应从建设单位、设计单位、监理单位、运营单位以及施工单位对这些地段给予足够的重视。

水害十分可怕，为保护管道，需在工程建设中就地取材、因地制宜，采用合理的水工保护方案。

3.1　河流、冲沟穿越管线穿越河流主要有穿越和跨越

所谓穿越就是将管线从河底穿过，中小型河流多采用大开挖穿越。就管线的水工安全来看，这种穿越工程有两方面问题：一是当河流河床持续冲刷下降时，原来埋设在河床下面的管道有可能裸露悬空，水流冲刷导致管线断裂，水工保护防止河床的持续冲刷；二是河床的侵蚀后退使管道爬伸段裸露破坏，则需要保护河岸。当管线垂直穿越河道、冲沟时，可采用浆砌石防冲墙与浆砌石护岸的组合措施来保护管道，见图1。当管线顺河道、

图1　新寨河浆砌石防冲墙加护岸

冲沟敷设时，需采用稳管措施，浆砌石稳管截水墙或压载块保护管道，防止管道通气后由于浮力而漂管。

3.2　陡崖、陡坡地形

（1）云顶大坡（图3）位于贵阳市花溪区和龙里县交界处的高坡乡云顶村附近。云顶大坡陡坡段坡长1.078km，连续坡降约400m，上部最陡处100m长度上坡降89m，坡度约45°，地表坡度约60°，施工难度极大。处理方案：此处施工难度较大，采取单一的水工保护方案不能达到防护的效果，需采取一组相互关联的组合措施。陡坡坡脚采用浆砌石护坡。因整个坡体较长，在坡面承载力较强的位置，设置三道钢筋混凝土截水墙，把整个坡体的防护措施分成四段，增加了防下滑力矩。管沟内采用二八水泥土夯填。二八水泥土的抗雨水冲击力强、抗渗性好、质量轻，适用于坡度较陡、坡长较长的大型护坡面部位。

（2）都匀陡崖（图2）的治理：在陡崖底部设置浆砌石挡土墙，用以支撑护坡护面保护措施的重量。在陡崖中间设置三七土截水墙。管沟采用二八水泥土满沟夯填。保证管道埋深的同时，确保雨水不渗透入管道管沟内。

图2　都匀陡崖　　　　　　　　　　　　　　　　　图3　花溪云顶大坡

3.3　管道横坡敷设段的水工保护措施

中缅管道所经地形特殊，横坡敷设较典型。因油气常输管道工程量大、建设周期长、扰动地表面积大，在横坡段管沟开挖后，虚土堆放困难，需增加临时防护工程措施，且易受降雨侵蚀，易诱发泥石流、塌方等地质灾害，易造成水土流失。后期地貌恢复困难，此种地形多采用浅挖深埋，在管道临空一侧加浆砌石挡土墙进行防护。

3.4　地址灾害的治理

中缅管道是国内第一条长距离喀斯特地貌管道，属地质灾害频发段。贵州省地质地理条件特殊，地质环境脆弱，按照国家地质灾害防治规划划分，全省均为地质灾害易发区，是全国地质灾害的重灾区之一，具有"全、重、多"的特点。地质灾害发生的主要诱发因素有大气降水自然因素和人类工程活动影响。

在管道建设中，因管沟开挖后长期放置，遇强烈降雨，极易诱发山体滑坡、泥石流等地质灾害。QBD28～QBD30，由于施工过程中，管沟开挖，山体是顺层岩石，管沟成型后，在降雨过后，造成山体活泼，滑落岩体易砸伤管道。处理方案：管道上侧采取锚杆锚索加固。水工措施，在管道底部采用混凝土浇筑处理地基，管道顺山体敷设，管道临空侧采用浆砌石挡土墙保护管道，管道上正常回填。平坝县 QBI024-QBI025 号桩，设计给定降坡 11m，降坡后大量虚土堆放在管沟临空侧，管道焊接完成后，为能及时回填，在降雨后出现山体滑坡，管道距离山体塌方边缘仅 1m。地灾发生后，水工保护专家到现场制定方案，保证了管道的安全。

3.5 水稻田与梯田的水工保护

贵州"天无三日晴，地无三里平"。土地资源以山地、丘陵为主，平坝地较少。山地占全省土地面积的 61.7%，丘陵面积站全省土地面积的 7.5%。这种地物地貌特点，使得可用于农业开发的土地资源不多，特别是近年来铁路、高铁、高速公路及石油管道等工程项目的建设，使得人均耕地面积不足 0.05 公顷，远低于全国平均水平。土地资源十分珍贵，很多农田耕植土较薄，在管道施工过程中，表层耕植土很难剥离，施工过后地貌恢复困难。原有田地坎遭到破坏，在后期地貌恢复中，多采用水工措施。在施工图纸中给定堡坎高度大于等于 0.8m，部分干砌石地坎破坏前虽然高度低于 0.8m，但破坏后也要求变为浆砌石堡坎，否则，地貌恢复工作受阻，无法施工。在施工管理过程中，应要求各施工单位根据地貌恢复需要安排施工，争取水工保护施工和地貌恢复由同一单位同时进行，减少施工难度，充分利用人力和设备资源，保证施工进度。应提高对百姓梯田农田的恢复工作，恢复后无法耕种将影响到百姓的根本利益，由于农田的恢复工作而造成阻工的现象尤为严重，已影响到了管道施工单位的进度和效益。

4 结论和建议

（1）避免管道出现危险情况，才是保证管道安全的根本方法。设计线路不合理时，除特殊情况外，应变更线路尽可能走山脊、山梁，避开易遭受水害的地方。

（2）当设计线路选择在顺层岩石、山体不稳定地区通过时，应建议或要求设计单位进行改线，以保证工程安全和工程进度。当无其他线路选择时，应迅速通过。

（3）水工保护是辅助措施，只有保证管道的合理埋深才是保证管道运行安全的最有效办法。

（4）对各种各样的水工保护措施，应根据地形地貌、地质条件制定有针对性的措施。

（5）风险识别。应根据可能发生水害概率和发生水害后的危害程度，识别水害风险级别，然后确定水工保护防治重点和专项治理方案。对于危险级别高的地段，请专家或经验丰富的设计，到施工现场，针对局部水工保护的重点和难点地段进行现场设计。其他一般地段设计现场代表确定方案，采用通用图图集。

（6）六方会签单签字制度，签字方过多，应简化程序。因现场设计人力资源不足，不能确保设计现场代表能及时处理现场出现的问题，不能细化到具体的每处施工现场，EPC合同总量控制使得线路部分水工保护会签单签字进度受阻。因无施工依据，施工单位不能施工，导致现场施工错过了最佳施工时间，影响了施工进度。应简化审批程序，推进工程进展。

（7）专家指导制度应大力推广。中缅管道 EPC 项目部聘请水工保护专家做专题讲座，并到现场踏勘、制定水工保护防护方案，指导生产，普遍提高了项目管理者对水工保护的认识和重视程度。制定有针对性一对一的方案，并有专人负责现场施工管理工作，细化质量进度控制，才能保证水工保护的施工。

（8）投标时，应根据施工项目所处地理位置、地质条件、气候及水文资料，确定投标中水工保护措施价格，避免投标漏项，影响结算及公司经济效益。

参考文献

［1］ 邓玉涛，徐春明，于明友. 浅谈长输管道工程中的水工保护［J］. 油气田地面工程，2008，05.
［2］ 胡松，梁虹，刘善霞. 喀斯特流域洪水研究［J］. 水科学与工程技术，2009，01.

隧道内三管敷设施工技术研究与应用

中国石油天然气管道第二工程有限公司　杨　宁

【摘　要】　中缅油气管道工程天然气、原油、成品油三管同隧敷设，管道二公司根据现场实际情况，研究制定了"双向轻便炮车运管，隧道内组焊结合成品油管道发送"的三管同隧管道安装施工方案，并通过对现场试验段施工经验的总结优化，确保了 3.8m 的有限作业空间内三管同隧管道施工安全、顺利进行，为以后国内类似工程的施工提供了借鉴经验。

【关键词】　中缅油气管道；三管同隧；双向轻便炮车；管道发送

引言

　　中缅油气管道工程是继中哈原油管道、中亚天然气管道和中俄原油管道之后的第四大能源进口通道，缓解了中国对马六甲海峡的依赖程度，降低海上进口原油的风险，对保障能源安全有重大意义。

　　中国石油天然气管道第二工程公司在云南楚雄承建的中缅油气管道工程，管道沿线穿越隧道 12 条（长约 15km），其中三管共用隧道 6 条（长约 7km），单条隧道最长 2.25km。其中：天然气 $\phi1016mm$、原油 $\phi813mm$、成品油 $\phi406.4mm$、$\phi323.9mm$，如何保证有限作业空间内"三管同隧"敷设段管道施工能够安全、顺利进行是本工程的重点和难点，且国内没有成熟的经验可供借鉴。针对以上问题，管道二公司根据现场实际情况，研究制定了"双向轻便炮车运管，隧道内组焊结合成品油管道发送"的三管同隧管道安装施工方案，有效解决施工难题的同时，开创了国内隧道内三管敷设施工的先例，并为以后类似隧道内多管敷设施工提供了范例。

1　三管同隧敷设施工技术

1.1　工艺流程

　　工艺流程图见图 1。

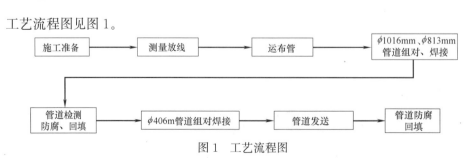

图 1　工艺流程图

1.2 施工准备

（1）认真审查施工图纸和相关设计文件。针对隧道内施工特点，做好各项准备工作，完成隧道洞口场地的征地和平整工作，取得线路的通过手续文件。

（2）完成三管同隧敷设施工方案的技术交底工作。

（3）做好充足的技术措施物资保障。特别是核实需要保障顺序施工的天然气和原油管材的到位情况，以及安装成品油管道所需的托管轮组准备情况，隧道安装断面见图2。

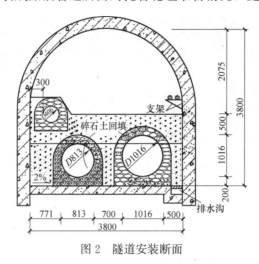

图 2　隧道安装断面

（4）落实隧道内运管用"双向轻便跑车"和龙门架等技术设施是否准备齐全。

1.3 测量放线

隧道内无法使用RTK设备进行定位，因此管道安装前，按照设计成果将隧道进出口管道的走向定位，人工撒灰线定位出隧道内的管道安装位置，以保证管道位置满足设计要求。

1.4 运布管

(1)"双向轻便炮车"的设计制作。

以普通农用车为基础，保持农用车的底板、大梁及驱动系统不变，（炮车功率约70kW，以保证炮车具有足够的载重和爬坡能力）焊接槽钢构件加固车身，在车辆转向系统上增加一个反方向连杆以实现双向驾驶功能，确保车辆在不调头的情况下正常驶进或驶出隧道。

炮车为双驾驶座（左右各一个驾驶位），前进时与正常车辆驾驶方式相反（使用右侧驾驶位），通过反向驱动系统实现运管目的。进入隧道内卸下防腐管后，使用左侧驾驶位将炮车驶出隧道，有效避免了车辆在隧道内无法调头的问题。

（2）$\phi 1016mm$天然气管道和$\phi 813mm$原油管道运管。

隧道内$\phi 1016mm$和$\phi 813mm$管道同步施工，炮车每趟运送一根管，依次将$\phi 1016mm$和$\phi 813mm$管道运至隧道内。

在隧道洞口的作业平台上，利用吊车将管材吊放在特制的隧道专用运管车上，绑扎固定，见图3，运管车将隧道外管材逐根运到隧道内，见图4，通过龙门架及电葫芦将管道从运管车上吊起，布放在枕木搭设好的管墩上，每根管设两处管墩。

运管车运管时，为了保证其平稳受控，在隧道内行驶时要控制运行速度（一般5km/h），运管前方设专人导引运管车前进方向，隧道内要保证照明满足通视要求。

空载运管车驶出隧道，在隧道出口重新装管，按照施工顺序将直径1016mm和813mm防腐管逐根交替运入。（注：正常布管根据隧道坡度，从低点向高点顺序布管）

图3 钢管吊放并固定在炮车上　　　　　图4 隧道内炮车运管

（3）隧道内布管

根据隧道断面尺寸，提前预制隧道内布管专用龙门架，在其上部安装起吊能力为5t的电葫芦，龙门架上配备轴流风机2台进行通风，通过专用龙门架快速完成炮车卸管工作。

1.5 ϕ1016mm、ϕ813mm 管道组对焊接

根据石垭口隧道的实际情况，采用从隧道中间向两端施工的方法安装管道，先从中间向隧道进口同步顺序安装ϕ1016mm和ϕ813mm管道直至将管道引出隧道进口，然后再从中间留头点向隧道出口同步顺序安装ϕ1016mm和ϕ813mm管道直至将管道引出隧道出口。

（1）通过龙门架和电葫芦配合进行钢管的吊装和组对，见图5、图6，采用外对口器进行管道精对口。预热采用环形加热器，ϕ1016mm和ϕ813mm管道预热温度均为100～200℃。

图5 隧道内管道组对　　　　　　　图6 隧道内卸管

（2）在隧道内利用龙门架配合起吊设备组对管口，组对过程中应注意控制 φ1016mm 和 φ813mm 两条管道的净间距不小于 0.7m，若不满足要求应及时调整，避免焊接后无法调整管间距。

（3）管道焊接采用手工焊打底＋半自动焊填充、盖面工艺。焊接设备采用体积小、重量轻的电王（HW800DS），放置在自制便携式可移动焊机支架上，随着施工作业面的变化，人工推动便携式可移动焊机支架使焊机在管道上方自由移动。因隧道内两管材质不一致，采用的焊接工艺规程不同，为避免出现混乱，指定专人负责焊材的保管与发放。

（4）便携式可移动焊机支架主体采用钢板＋槽钢＋钢滚轮制作（见图7～图9），在制作移动支架时应充分考虑以下几点：

① 支架整体的强度。移动支架设计上考虑可同时放置两台电王和送丝机，外加焊条焊丝、把线等，应充分考虑最大载荷，通过现场实测，选用 6mm 厚钢板和 8 号槽钢焊接形成整体以保证支架的强度。

② φ1016mm 和 φ813mm 两条管道之间落差问题。由于支架整体需要保持水平，以便放置焊机、送丝机等机具材料，支架在设计制作时采用"水平滚轮"和"60°扇形滚轮"组合布置形式，即可移动焊机支架的水平滚轮置于 φ1016mm 管道上面，扇形滚轮置于 φ813mm 管道上面，以保证支架整体的水平度及稳定性。

图7　隧道内焊机支架　　　　　　图8　φ813mm 管道上方焊机支架滚轮

图9　φ1016mm 管道上方焊机支架滚轮

(5) 完成一道焊口的根焊和热焊后，操作电葫芦，使管道就位于预先设置好的临时枕木支墩上，枕木规格为 750mm×250mm×250mm，两块枕木支墩相叠，支撑高度不小于 400mm（支墩上方应垫胶皮，以保护防腐层）。组对车移动到下一道焊口处进行组对，同时移动焊接设备到下一个焊接作业面施工，直至焊接完成。

(6) 隧道内两条管线的组对焊接要交替进行，完成一道直径 $\phi1016$mm 的管道焊口后，立即进行相邻的直径 $\phi813$mm 管道组焊。

(7) 同一道焊口的焊接由两名电焊工完成，焊接时对称施焊，保证焊口质量。

1.6　无损检测

隧道内所有焊口除进行正常的 100% 射线检测外，还需进行 100% 超声波探伤检验，以确保焊口质量。考虑到隧道内安装降效，每天可完成 10 道 $\phi1016$mm 的管道和 10 道 $\phi813$mm 的管道，综合下来每天可完成 20 道口。因此每安装 3d，留出 1d 时间进行无损检测。对于出现缺陷的焊口，立即组织资源进行返修处理，确保焊口质量符合规范要求。

1.7　防腐补口

(1) 管道防腐补口采用常温型热收缩带，使用干膜施工工艺，底漆按要求调配均匀并涂刷于补口位置，待底漆实干后，应测量底漆厚度，确保底漆干膜厚度≥200μm。

(2) 底漆检测合格后，方可进行热收缩带的安装（同一般线路段安装方法）。

1.8　隧道内管道回填

(1) 先将两条安装好的管道用 200mm 厚的袋装细土包裹，然后可采用隧道开挖时产生的弃渣回填至 $\phi1016$mm 管道管顶以上 300mm。焊接过程中使用的枕木管墩必须提前撤除，在管道下方铺垫土袋支撑。待 $\phi406$mm 成品油管道安装完成后，再继续按设计要求回填 $\phi1016$mm 管道管顶以上 500mm。

(2) 管道回填过程中应特别注意核查、控制天然气和原油两条管道之间的净间距不小于 0.7m。

1.9　$\phi406$mm 成品油管道组对焊接

成品油管道的组对焊接在隧道洞口外进行，严格按照下发的工艺要求进行组对、焊接作业，每焊接完成一根就向隧道内发送一根，直至完成隧道内管道的焊接作业为止。

1.10　$\phi406$mm 成品油管道发送

(1) 提前预制成品油管道发送专用托管轮组，托管轮组由"槽钢＋钢板＋滚轮组"组成，滚轮组与槽钢支架、槽钢支架与底板之间采用满焊连接，确保整体质量（图 10～图 12）。成品油管道发送时每隔 40m 设置一个托管轮组，1.6km 长的隧道内共设置 40 组，借助 1 台吊管机完成焊接管段的发送工作。

(2) 发送时每两组托管轮组之间增设一组袋装土支撑，支撑高度 300mm，以防止发送过程中管端搭头触地。

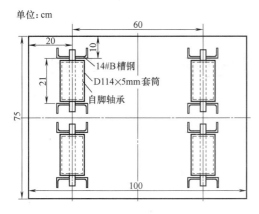

图 10　成品油发送托管轮组俯视图

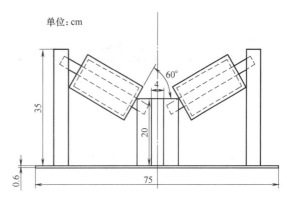

图 11　成品油发送托管轮组侧视图

1.11　ϕ406mm 成品油管道防腐回填

（1）管道防腐在隧道内进行，严格按设计和施工规范执行。

（2）回填时先使用袋装细土包裹 200mm 厚，然后使用隧道开挖产生的弃渣进行回填至设计要求断面和高度。

图 12　成品油管道发送托管轮组现场实拍图

RTK 测量技术在长输管道施工中的应用

中国石油天然气管道局第一工程分公司　许　明　张　镇　李永春

【摘　要】 管道一公司在中缅管道工程中共承担 484.2km 的施工任务，管道采取三线并行，其中天然气管道工程管径 φ1016mm、全长 197.2km、云南成品油管道工程管径 φ406mm、全长 280.077km 和中缅原油管道工程Ⅱ期 φ610mm 管道 6.84km，主要为 7 条隧道。三线同沟、并行段管沟开挖回填 73.21km。该段线路自云南省昆明市为起点，至云南与贵州交界处，管道沿线为滇东高原，"八山一水一分田"，81％都是起伏山区，且多为断岩绝壁；地质呈"三高四活跃"特点，断裂带密布，地震活动频繁。管道沿线山高路险地形起伏大、地质条件复杂，途经多处地震断裂带、沟谷河流，穿越工业厂区、矿区、风景区等。无论是地形还是地质条件，对于施工前期的测量放线及后期的地貌恢复都是一个前所未有的挑战，我们在施工中从测量放线、线路优化、征地测量到最后的地貌恢复都充分发挥 RTK 测量技术的优势，不但节省了大量人力、物力，提高了工作效率，而且避免和减少了线路的偏差，下面我们总结出了 RTK 测量技术在中缅管道施工中的一些具体应用方法。

【关键词】 RTK 测量；长输管道；控制点；征地丈量；地貌恢复

1　RTK 的原理

参考站和流动站直接采集的都为 WGS84 坐标，参考站一般以一个 WGS84 坐标作为起始值来发射，实时地计算点位误差并由电台发射出去，流动站同步接收 WGS84 坐标并通过电台来接收参考站的数据，条件满足后就可达到固定解，流动站就可实时得到高精度的相对于参考站的 WGS84 三维坐标，这样就保证了参考站与流动站之间的测量精度。如果要符合到已有的已知点上，需要把原坐标系统和现有坐标系统之间的转换参数求出。

2　RTK 在长输管道施工中的应用

（1）在前期测量放线时优化线路的应用。中缅管道沿线地形、地质复杂，在前期的测量放线中业主都要求我们尽可能地对线路进行优化，而管道线路上，地形起伏较大，障碍众多，这时 RTK 测量技术就凸显了它的优势。我们事先可以将图纸坐标点输入到手簿里，通过线放样的模式来验证线路中是否存在比较大的障碍，如果发现线路设计不合理，立即可以通过点测量来调整线路，尤其是在山区段通过手簿现场就可以得出降坡与填方的工程量，可以比较直观的反应忧化线路的施工难度及工作量的大小。

（2）在征地测量中的应用。长输管道施工的征地方式为临时征地，随着管道建设的发展征地难度也越来越大，特别时如果我们提前放完线，各地都存在抢栽抢建现象，给我们的征地工作造成很多不必要的麻烦，我们采用 RTK 测量技术可以有效地避免这一现象。我们前期测量放线中可以只对线路的合理性进行验证，因为 RTK 的效率比较高可以在土地丈量时边放线边测量，而且通过 RTK 的手簿在放线中直接可以得出土地面积，还有皮尺丈量方法所得到的数据准确性出入较大，投入人员较多，RTK 征地测量的精度相对较高，投入人员少，这样可节省不少人力、财力。

（3）在地貌恢复方面的应用。由于长输管道施工的作业带比较宽，我们在施工中会破坏地貌，特别在丘陵、梯田及不规则的农田施工时地貌恢复工作会比较困难，地界、田埂、堡坎恢复的准确性很难保证，这就给还地时带来很多麻烦。而采用 RTK 测量技术可以大大提高地貌恢复的准确性，我们在土地丈量时把一些比较难把握的地界、田埂、堡坎事先通过点测量模式记录一些控制点，地貌恢复时再依据这些点放样就可以保证地貌恢复的准确。

3   如何保证 RTK 测量的精度

RTK 直接测量的坐标是属于 WGS84 坐标系，我们通常用的是国家标准坐标系统，比如 1954 年北京坐标系和西安 80 坐标系，我们只有通过校核和转换才能得到与图纸上属于同一个坐标系的测量参数，在实际工作中，转换参数是确保测量精度的关键，所以一定要正确求取，最好留一些点进行检查，以实时把握参数的精度。具体求参数时主要是对已知点的要求比较多，有以下几个方面：

（1）控制点的数量应足够。一般来讲，平面控制应至少三个，高程控制应根据地形地貌条件，数量要求会更多（比如 6 个或以上）以确保拟合精度要求。

（2）控制点的控制范围和分布的合理性。控制范围应以能够覆盖整个工区为原则，一般情况下，相邻控制点之间的距离在 3～5km，所谓分布的合理性主要是指控制点分布的均匀性，当然控制点是越多越好。

（3）已知点少时，点位决定精度。如果只有两个点情况下，两已知点距离不应太近，一般情况下作用范围不应超过两点距离的 1.5 倍；另外两已知点也不应在象限方向上，即不应在东西或南北方向，应存在一定的偏角。

（4）控制点精度应统一。用于求参数的控制点应是经过统一平差的点。

（5）控制点选择的原则：

1）选定三个或三个以上具有精确地方坐标的点作为控制点，要求这三个点均匀分布，并能很好控制测区。假设测区内有 C01～C07 共 7 个控制点（图 1），理想的参与坐标转换的控制点为 C01-C05-C03-C02-C04，如图 2、图 3：

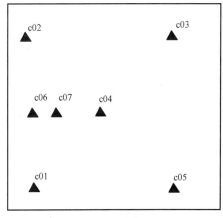

图 1   控制点布置图

271

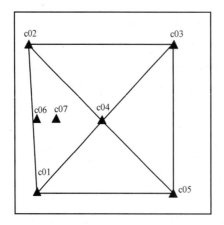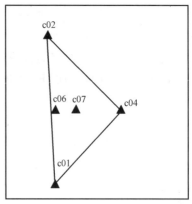

图 2　较为理想的控制点，黑框为测区

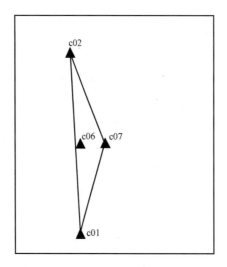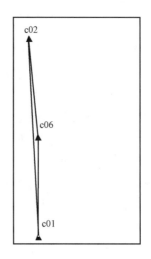

图 3　较差的控制点，黑框为测区

2）基准站可以架设在控制点上，也可以架设在测区中央有一定高度视野开阔的未知点上，比如山顶。相比之下，后一种方案更值得推荐。这是因为基准站架的越高，电台信号的传输距离越远，信号质量也越好；视野开阔保证能接收到更多且更好的卫星信号；同时基准站架在测区中央能更好地覆盖整个测区，减少基站架设次数。

4　结束语

RTK 测量方法会越来越简单，但是要更好的应用 RTK 技术，还是要技术人员亲身体会其原理及性能，对各种情况做到心中有数，这样才能有效地保证 RTK 测量精度，提高作业效率。

参考文献

［1］ 刘基余，李征航等. 全球定位系统原理及其应用［M］. 北京：测绘出版社，1995.

［2］ 徐绍铨等. GPS测量原理及其应用［M］. 武汉：武汉测绘科技大学出版社，1998.

［3］ 李朝阳，陈龙珠等. 基于GPS-RTK技术定测铁路线路新线的应用探讨［J］. 测绘通报，2005，（1）.

［4］ 张洪强 朱占荣等. GPS-RTK测点精度的影响因素及对策［J］. 山西煤炭，2008.

大落差公路斜顶管施工技术研究与应用

中国石油天然气管道第二工程有限公司　陈忠营　杨　宁　杨美菲

【摘　要】 中缅油气管道工程位于山区段，公路两侧落差超过 8m，其中 G56 楚大高速公路顶管两侧最大自然高差达到 20m，给施工造成极大安全隐患。为了保证顶管施工安全、集约用地、加快施工进度，管道二公司根据现场实际情况，研究制定了"山区大落差斜顶"的施工方案，并通过对现场试验段施工经验的总结优化，有效降低了施工安全风险，减少了对生态环境的破坏，安全环保效益显著，施工工效更高、更安全，为以后国内类似工程的施工提供了借鉴经验。

【关键词】 中缅油气管道；大落差；斜顶管

引言

中缅油气管道工程是继中哈原油管道、中亚天然气管道和中俄原油管道之后的第四大能源进口通道，缓解了中国对马六甲海峡的依赖程度，降低海上进口原油的风险，对保障能源安全有重大意义。

沿线共设计顶管穿越公路 13 条（三条管线套管长 1512m），其中三管同穿公路 11 条（套管长 1432m），单条管线套管最长 66m。套管规格分两种：DRCP1500×2000Ⅲ适用于 ϕ1016mm 和 ϕ813mm 管道穿越；DRCP1200×2000Ⅲ适用于 ϕ406mm 和 ϕ323mm 管道穿越。公路两侧高差大，有 7 条顶管穿越的公路两侧落差超过 8m，其中 G56 楚大高速公路顶管两侧最大自然高差达到 20m。

设计全部采用水平顶进方式施工，套管顶部距离路面垂直距离不小于 2m，接收坑最大开挖深度达到 22m，给施工安全造成极大隐患。经过与现场设计代表和 EPC 项目部沟通协商，同意现场采用斜顶方式穿越公路，斜顶角度控制在 5°，由低点向高点方向顶进。

针对现场实际存在问题，管道二公司通过多方调研论证，针对性地提出并编制了大落差公路斜顶管施工技术方案，目前管道二公司中缅项目部使用斜顶管施工工艺完成了全部 7 条大落差公路的斜顶管施工，顶进速度 4.5m/d，套管顶进水平、垂直及中心线偏差均满足施工规范要求，顶进角度与最初确定的斜顶管角度一致，大大降低了施工安全风险，为以后复杂山区大落差公路斜顶管设计及施工提供了宝贵的经验借鉴（见表 1）。

中缅天然气管道工程顶管套管工程量明细表　　　表 1

序号	公称名称	桩号区间	管径	套管长度 (m)	水平顶进高差 (m)	斜顶高差 (m)	斜顶角度 (°)
1	G56 楚大高速穿越	QAL055-QAL056	ϕ1016/813/323mm	64	20	14.4	5

序号	公称名称	桩号区间	管径	套管长度(m)	水平顶进高差(m)	斜顶高差(m)	斜顶角度(°)
2	S219省道穿越	QAM008-QAM009	φ1016/813/406mm	30	8	5.4	5
3	S214省道穿越	QAM017+11-QAM017+12	φ1016/813/406mm	40	12	8.5	5
4	S322省道穿越	QAM050+16—QAM050+17	φ1016/813/406mm	40	10	6.5	5
5	G320国道穿越	QAM050+19—QAM050+20	φ1016/813/406mm	56	8	3.1	5
6	G56安楚高速穿越	QAM050+31—QAM050+32	φ1016/813/406mm	66	12	6.5	5
7	G108国道穿越	QA0025-QA0026	φ1016mm	28	15	12.6	5

1 斜顶管施工技术

1.1 工艺流程（图1）

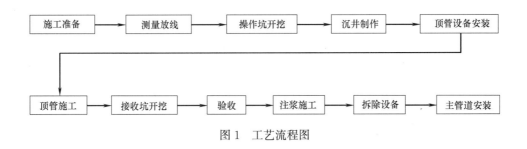

图1 工艺流程图

1.2 施工准备

（1）认真审查施工图纸和相关设计文件。针对公路两边现场实际地形情况，做好各项准备工作，完成顶管场地的征地工作。

（2）针对公路两侧实际高差情况，合理选择操作坑和接收坑位置，确定斜顶进角度，制定详细的施工方案和安全保障措施。

（3）做好充足的技术措施物资保障。特别是沉井制作所需的钢板和工字钢，同时确保顶管用套管供应到位。

（4）落实顶管余土外运的设备及倒运地点。

1.3 测量放线

施工前使用GPS-RTK（Real-timekinematic 实时动态测量）设备进行测量放线，按照施工图纸和施工方案放出操作坑位置，并撒好灰线，以准确控制基坑开挖位置。

1.4 操作坑开挖

（1）利用挖掘机和人工配合的方法进行基坑开挖，按照1：0.25的比例进行放坡，基坑尺寸一般控制在 4m×6m 范围内，基坑底标高根据设计图纸要求的套管底标高进行测算。

（2）基坑开挖完毕（图2）后根据地质情况进行边坡和底板的处理。先在底板下层铺设20cm厚的碎石，再浇20cm厚的C30混凝土底板。

图2　基坑开挖完毕

（3）浇筑混凝土底板时，应结合套管斜顶角度将底板做成倾斜底板，角度与套管倾斜角度一致（本工程选取5°倾角），以便于安装顶管设备，同时将预埋件浇筑于混凝土底板中。

1.5　钢板沉井制作

考虑到公路两侧高差大，操作坑深度一般4～6m，为确保顶管作业安全，现场增加钢板井防护。本工程顶管处多为表层土质＋下层风化岩结构，基坑成型情况较好，现场选用16mm厚钢板和12号轻型槽钢组合制作钢板沉井（图3）。

图3　沉井安装就位

1.6　顶管设备安装

（1）轨道安装

待混凝土底板凝固（强度达到70％）之后，在混凝土底板上安装轨道，校正轨道中心线与坡度。若混凝土底板倾斜角度与设计倾角不一致时，通过在轨道下方加设垫铁调整轨道的后仰角度，使之与套管倾角一致，最后将轨道焊接固定在混凝土底板的预埋件上。

（2）后背墙安装

后背墙采用16mm厚钢板和工字钢组合形式（尺寸4m×3m），利用激光经纬仪校正靠背轴线与中心线，确保后背墙平面与顶进方向保持垂直，后背墙倾角与套管倾角一致，以满足倾斜顶管的自然条件。后背墙与钢板井之间加塞方木以保证足够的顶力，中间缝隙用C30混凝土浇筑灌满，并且振捣密实，见图4。

（3）主顶油缸安装

采用C16槽钢现场组焊制作油缸支架后，焊接到混凝土底板预埋件上，利用25t吊车将2台液压油缸吊装到油缸支架上（每个油缸推力300t），校正油缸的倾斜角度，确保油缸倾角与套管、底板以及后背墙的倾角一致，见图5。

图4 钢板沉井及顶管设备安装完毕

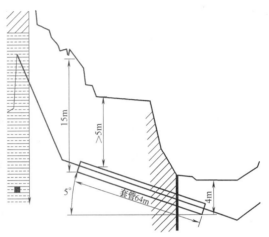

图5 G56楚大高速斜顶管断面

1.7 顶管施工

（1）机头选型

根据本工程地质条件及使用套管规格（DRCP1500×2000 Ⅲ级管），该套管外径为1800mm，选用RC1500型土压顶管掘进机。

（2）套管顶进

采用25t汽车吊将套管吊入操作坑内，利用顶管掘进机顶进套管，通过人工掏土、小车倒运的方法将套管内开挖的土方倒运出工作坑，直到套管顶进至接收坑。斜顶管施工中增加测量的次数及纠偏次数，以确保套管顶进角度及顶进质量。

① 测量次数：第一节套管顶进过程时，每顶进20cm利用激光经纬仪测量一次中心和高程；在正常顶进中，每顶进50cm，测量一次中心和高程。

② 中心测量：在工作井内提前测设中心桩、悬挂中心线，施工中利用中心尺测量头一节管前端的轴线中心偏差。

③ 高程测量：使用水准仪和高程尺，测首节管前端内底高程，以控制顶进高程；同时，测首节管后端内底高程，以控制坡度。工作井内设置两个水准点作为闭合之用，经常校对水准点，提高精度。

（3）纠偏

① 顶管推进时顶进油缸单次行程最大可达2m，为保证顶管质量，施工过程中每顶进0.5m，进行一次复测校核。

② 纠偏测量控制点设置在井外的固定建构筑物上，在井内设定基准点，以便顶管过程中进行校对，正常顶进时每顶进 0.5m 校对一次。

③ 顶管轴线偏差不允许大起大落，顶进纠偏必须勤测量、多微调，纠偏角度应保持在 $20'\sim30'$ 且不得大于 $0.8°$，并设置偏差警戒线，以适当的曲率半径逐步的返回到轴线上来，做到精心施工。

④ 机头开始顶进 $5\sim10$m 的范围内，允许偏差为：轴线位置 3mm，高程 $0\sim3$mm，当超过允许偏差时，采取措施纠正。纠正偏差应缓慢进行，使管节逐渐复位，不得猛纠硬调。

1.8 接收坑开挖

套管顶进施工的同时进行接收坑的开挖，接收坑尺寸一般控制在 4m×4m 范围，根据接收坑深度确定分层开挖数量（一般 3m/层），按照 1∶0.25 放坡，开挖过程中设置专门的安全监督员，统一指挥协调，确保开挖过程的安全可控，见图 6。

图 6 G56 楚大高速斜顶管接收坑开挖

1.9 验收

在全部套管完成顶进后进行顶管作业的验收，重点对以下几个方面进行检查、验收：

（1）上下偏差：顶进长度在 30m 以内的套管，偏差不应大于 100mm；顶进长度在 $30\sim42$m 以内的套管，偏差不应大于 150mm；顶进长度在 42m 以上的套管，偏差不应大于 200mm。

（2）水平偏差不应大于套管长度的 2%。

（3）顶管中心线允许偏差不得超过顶进长度的 1.5%。

1.10 注浆施工

（1）套管全部顶进完成后进行注浆保护，确保土层中各点压力平衡，防止路面塌陷。

（2）在每节套管上等分预埋 3 个注浆孔，每孔单独安装一个单向控制阀，防止壁外泥浆回流，堵塞注浆孔，造成压浆不均匀。

（3）水泥浆按照水泥∶粉煤灰∶水=1∶2∶8 的比例搅拌均匀后，通过注浆泵注入套管注浆孔内。

（4）采用与注浆孔配套的丝堵封堵注浆孔，防止浆液流失。

（5）注浆完毕，应立即用清水冲洗注浆管，必须采取适当措施处理废水，搞好清洁工作。

1.11　拆除设备

套管斜顶穿越完毕且验收合格后，拆除顶管设备及配套设施，清除管内碎土，将后背墙和基础垫层破碎并拉运到事先协商好的弃渣地集中处理。

1.12　主管道安装

（1）穿越主管预制

在操作坑一侧根据套管长度提前预制穿越主管段，穿越主管的长度必须要保证能够伸出套管两侧各 1m 以上，以保证有足够的空间进行连头。

（2）发送沟开挖

发送沟在开挖时应充分考虑套管倾角，顺着套管倾角将管沟开挖出足够长度（大于穿越主管长度），开挖后应对管沟标高、沟底倾角进行测量，确保发送沟与套管倾角一致，保证顺利将主管道推送至套管内。

（3）穿越就位

按照设计要求将绝缘支架固定到主管道上，然后利用 2 台吊管机（70t）相互配合，缓慢将穿越主管逐条（按照 $\phi1016/\phi813/\phi406/\phi323$mm 的顺序）送入套管内。

注意：发送过程中应注意控制管道轴线与套管轴线保持一致，加强防腐层的保护，避免造成防腐层的损伤。

对长输管道跨越工程施工的几点建议

中国石油天然气管道局第三工程分公司　张云彩　马志敏　齐晋章

【摘　要】 本文结合中缅天然气管道工程国内段罗细河桁架跨越工程管道安装的工程实例，对工程中安装存在的问题进行分析，提出相关的设计及施工建议。

【关键词】 长输管道；跨越；滚轮支座；补偿器

引言

中缅天然气管道工程国内段途径云贵高原，该地段地形复杂，气候多变，管道施工难度大，罗细河跨越工程点位于贵州省普安县和盘县交界，由于跨越点为发电站水库，常年水深为 7～8m，需采用跨越方式进行管道敷设。

该跨越采用钢桁架跨越形式（图 1），桁架梁采用梯形截面空间桁架，上弦平面的宽度为 3.5m，下弦平面的宽度为 5.5m，截面高度为 4.5m。跨越共有四跨，两侧边跨长度为55.25m，中间两跨为 56m，共计 222.5m。桁架采用 Q345q-C 级钢管焊接而成，天然气管道布置于桁架下弦平面中部上，天然管道管径为 1016mm，壁厚为 22.9mm，材质为 X80；跨越西岸、东岸均有固定墩，东岸设有补偿器，桥面采用滚轮支座进行管道支撑。

图 1　罗细河跨越工程

本文就罗细河桁架跨越工程中管道安装的设计及施工提出几点建议。

1　管道安装形式及施工方法

1.1　管道安装形式

管道通过滚动支座安装在桥面上，滚动支座间距 8m，安装形式见图 2。管道安装过程中，用做管道支撑输送支座。管道由 10mm 厚橡胶板、10mm 厚钢板进行保护，由钢板支撑在滚轮支座上方。支座底板支撑在钢桁架下弦横梁之上。

跨越管道在东岸设置补偿器，采用单侧补偿。补偿形式为管道下桥到埋地段敷设采用两个热煨弯管，通过水平的弯管实现温度补偿，弯管角度均为 90°。补偿器安装完成后，要使管道平铺于地面上，即地面倾斜程度与管道相同（图 3）。

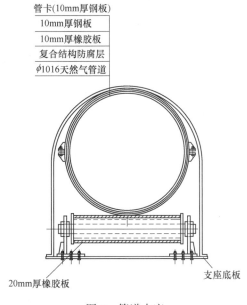

图 2　管道支座

图 3　补偿器的安装

1.2　施工方法

根据交通运输和场地条件，现场西岸有正在修建的二级县道，1 号桥墩在路基坡脚下，作业空间狭窄。在跨越西岸 1 号桥墩处设置长 15m、宽 10m 的组装平台，进行管道组装焊接；在跨越东岸安装一台 16t 的卷扬机（图 4），在卷扬机后方设置地埋式沙箱，沙箱尺寸为 6m×2m×2m，由沙箱锚固住卷扬机。

图 4　卷扬机的安装

图 5　管道拖拽头

在每个滚轮支座处，采用 H 型钢焊接简易龙门架（图 5），防止在管道输送过程中，由于摩擦力使管道滚动，滚至支座下；在第一个管道头，自制一个拖拽大小头（图 5），方便管道在滚轮支座上的拖行，管道焊接完成一根，由卷扬机拖拽，滚轮支座滚动，管道向东岸拖行一节，然后再进行下一根管道的组对焊接，直至整个管道焊接组装完成。

待管道焊接完成后，根据管卡的位置，将橡胶板及管卡安装到位，所有管卡中心与滚轮支座距离统一均为 1m，然后由卷扬机拖拽 1m，使管卡中心正好在滚轮支座正上方。按照设计尺寸，切除拖拽头，进行补偿器安装。

2 管道安装的几个问题

（1）滚轮支座采用的是 Q235C 圆钢，直径为 80mm，直接支撑在 20mm 厚的钢板支座上。在管道拖拽过程带动滚轮支座转动，由于支座为钢材与钢材接触，拖住拉力较大；管道安装越长，拖拽拉力越大；由于管道与滚轮支座的摩擦，造成滚轮支座外的胶皮损坏（图 6）。由于每一个滚轮支座支撑在两根横梁上，对滚轮支座与管卡接触点的胶皮的修复较为困难。

图 6　滚轮支座胶皮的损坏

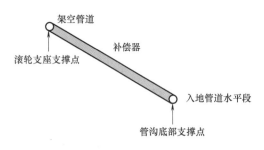

图 7　补偿器管段立面受力分析图

（2）安装管卡时，由于橡胶板和管卡总厚度为 20mm，在拖拽管道时，需要通过拉力，将桥面架空 20 根管道拖拽向上 20mm，拉力也增大；拉力过大，要保证卷扬机正好卷动 1m 较为困难，在安装过程中，无法保证管卡正好在滚轮支座正上方，安装形成偏差，管道安装完成后，由于管道本身的温度收缩变化，管卡偏移位置会增大。

（3）由于滚轮支座表面是平面，在拖拽管道时，由于摩擦力使管道有滚动现象，容易发生管道滚到支座下。

（4）东岸单侧补偿器由两个 90°弯头和 3m 短接组成，加上架空管段悬挑伸出 8m，共计重量为 20t；补偿器安装完成后，因垂直的重力分别由桥面滚轮支座、30°管沟底部、入地管道水平段管沟底部支撑，由于安装过程时间长，贵州多雨天气，沟底面沉降，造成补偿器管段一部分由滚轮支座支撑，另一部分由管沟底部支撑，使得钢桁架横梁受荷较大，产生变形（图 8）。

282

图 8　钢桁架横梁变形

3　对以上问题的几点建议

针对上述提出的难点，制定相关措施，对发生的问题，提出以下几点建议，供后续工程设计及施工参考：

（1）建议采用轴承式支撑，减小载荷摩擦力，或采用摩擦较小，容易滚动式的材质，减小安装的难度。

（2）将滚轮支座与管道管卡接触面由直线形改成圆弧状，滚动轴采用圆钢，圆弧采用树脂材料，使管道通过自然的重力，自然落在支座圆弧中心，省去管卡安装步骤。

（3）针对架空管道伸出两岸桥墩时，在安装补偿器过程中，注意安装顺序，建议根据现场的地形，精准下料，从下部弯头向桥面安装，在下部弯头及直管段的管底、管侧面码好土工袋或管道简易支撑使之固定，依靠管沟底部及侧部。然后在进行上部弯头安装时，注意将架空段管道提高 4～8mm，留有补偿器沉降余量，固定墩施工过程中，保留管道支撑，避免补偿器的重量都集中在边跨的滚轮支座上。

（4）悬挑管段安装完成后，对管段进行实时监测，直到沉降稳定为止。

4　结束语

通过上述管道安装过程比较，改进后的管道安装可以节省管卡及抱箍增加的管道滚轮支座制作工艺及施工安装成本；对补偿器的安装，选择合理的安装顺序及支撑措施，保证架空段管道及补偿器均匀支撑在支座上，保证桥体受力均匀。

汽车吊在北盘江跨越桥梁安装中的应用

中国石油天然气管道局第三工程分公司　马志敏　齐晋章

【摘　要】　本文结合中缅油气管道工程北盘江跨越工程，对汽车吊在类似工程中的应用进行了简要的分析，介绍了汽车吊在吊装主塔、钢桁架中的应用，计算了在施工阶段时斜拉索的索力，并且从工期和费用等方面了对汽车吊和缆索吊进行分析对比。

【关键词】　北盘江跨越；汽车吊；手动葫芦；索力

引言

本工程为中缅油气管道工程北盘江跨越工程，位于贵州省晴隆县与关岭县交界处，南岸为晴隆县，北岸为关岭县。本跨越工程结构采用双索面辐射型斜拉索跨越，双塔三跨，主跨130m，两侧边跨均为50m，总跨长度230m。

本跨越桥面采用空间钢桁架结构，宽3m，高2.4m，主跨每10m（吊点间距）为一个标准节段单元，边跨8m（吊点间距）为一个标准节段单元，钢桁架采用Q345无缝钢管焊接而成，钢桁架上下弦平面均满铺笆子板，作为人行检修通道，通道两侧设扶手、栏杆，高度1.2m。

北盘江上游10km处为北盘江光照发电站，发电站不放水时，跨越点水位为1.2m，河道主要靠南侧，发电站放水时，跨越点水位为4.5m，跨越点处河道中点水位为2.5m。钢桁架距离水位约30m。

北盘江跨越总体布置图如图1所示。

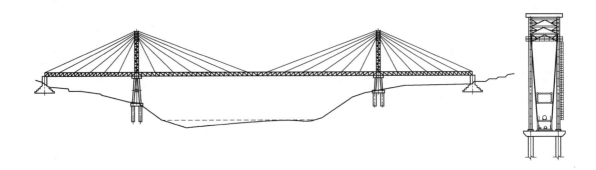

图1　北盘江跨越总体布置图

1 施工顺序及主要施工过程

1.1 施工顺序

步骤 1：施工桥梁下部结构，进行 1 号～2 号、3 号～4 号桥墩间临时支墩施工。

步骤 2：拼装节段刚桁架；边跨钢桁梁部分灌注边跨配重混凝土；进行 1 号～2 号、3 号～4 号桥墩间刚桁架拼装；待 1、2 号塔柱施工完毕后，灌注桥塔主肢钢管内混凝土。

步骤 3：在北盘江北岸，小盘江村侧修建下河施工便道，以便 300t 汽车吊机和平板车下河施工；采用 80t 汽车吊安装边跨斜拉索 S1～S6，所有斜拉索暂不张拉；利用 80t 汽车吊机在 3 号墩侧吊装 2 个中跨节段；张拉 3 号墩处 S5、S6 斜拉索。

步骤 4：将待装钢桁梁节段，利用平板车通过下河便道运输至河中待架钢桁梁处，采用 300t 汽车吊机吊装；中跨钢桁梁由两端向跨中同步架设，并同步张拉边跨斜拉索；施工过程中注意监控索力，并通过边跨斜拉索张拉力控制塔柱位移。

步骤 5：重复步骤四，直至将中跨钢桁梁架设完毕；安装桥面附属设施。

步骤 6：根据计算成桥索力对成桥索力进行调整；全桥施工完毕后，择时拆除临时支墩等施工结构。

1.2 主要施工过程

（1）主塔吊装

塔架散件节段单元运至现场后，利用汽车吊机在拼装平台上组拼、焊接成节段，利用 80t 汽车吊分两次进行塔架拼装。塔架拼装完成后进行混凝土灌注。

（2）施工阶段的斜拉索索力

本桥采用热挤聚乙烯平行斜拉索，双索扇形索面。斜拉索采用 $\phi 7mm$ 平行钢丝，PE 防腐，钢丝标准强度 $f_{pk}=1670MPa$。拉索共选用 $\phi 7\times 37$ 规格，同心同向扭绞 2°～4°，共 24 对斜拉索，48 根。塔端钢丝束锚具连接采用热铸锚具，梁端锚具采用冷铸锚头，拉索锚具均具体型号与索型号配套。

拉索索面为空间辐射型，自下至上向桥外侧倾斜，塔内拉索虚交点间竖向间距为 1.0m，最上端索距塔顶面 0.5m；梁上拉索锚点水平间距主跨设置为 10m，边跨设置为 8m。斜拉索倾角范围为 25.0°～65.8°，斜拉索为单侧可调，调节端设置于梁连接侧。

建立斜拉桥 midascivil 有限元模型，斜拉索成桥状态设计索力计算结果见图 2。斜拉

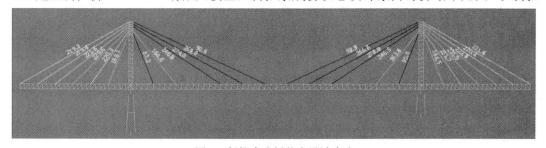

图 2　斜拉索成桥状态设计索力

索成桥状态设计索力及 2 号、3 号塔施工阶段张拉索力见表 1。

斜拉索成桥状态设计索力及 2 号、3 号塔施工阶段张拉索力　　　　表 1

索号	成桥状态索力(kN)	2 号塔施工阶段 张拉索力(kN)	3 号塔施工阶段 张拉索力(kN)
S1	145.47	113.2	115.2
S2	210.14	143.7	145.6
S3	246.86	140.7	140.7
S4	242.84	146.0	146.5
S5	203.74	145.0	145.0
S6	101.14	77.5	77.6
S7	42.90	78.8	82.6
S8	165.88	104.3	94.5
S9	212.69	128.8	125.9
S10	245.75	107.9	107.9
S11	236.44	103.0	103.0
S12	164.08	50.7	50.7

注：成桥状态是指管道安装完成后的恒载作用下合理受力状态，不考虑风、检修、试压等活荷载，表中索力为成桥状态索力调整参考。

2　钢桁架的吊装及手动葫芦施工工艺

2.1　钢桁架的吊装

吊装单元的确定：

钢桁架构件间采用满焊连接方式，钢桁架弦杆单元间连接、腹杆拼装单元与弦杆单元连接均采用满焊的连接方式，根据钢桁架分节段情况，跨越主跨部分按设计划分为 13 个吊装单元。

2.2　架设顺序及方法

先架设边跨，再架设主跨，主跨由两岸塔架向跨中对称进行悬臂拼装，及时挂设、张拉主跨、边跨相对应的斜拉索，最后跨中合龙。

其中主跨钢桁架架设步骤为：

（1）主跨钢桁架均利用平板车运至安装位置。安装时，利用 300t 汽车吊将主跨钢桁架节段吊到安装位置并与已安装钢桁架进行临时固结，测量调整定位后，完成焊接连接，及时挂设主、边跨对称斜拉索，按设计和规范对称、同步张拉锁定。采用同样的方法依次完成主跨其他节段钢桁架和斜拉索的安装，最后进行跨中合龙。

（2）钢桁架采用焊接连接结构，吊装到位后，先进行工具螺栓及临时设施进行节段临时对位，对位顺序为：主弦→腹杆→平联，精确调整定位后按设计及规范要求进行焊接。

钢桁架架设注意事项：

（1）架设过程中应对钢桁架、斜拉索以及主塔应力及变位进行全面监控，并认真分析、研究监控资料，及时进行应力和线形调整。

（2）斜拉索安装位置必须正确。

（3）斜拉索应对称同步挂设、张拉，如不能做到同步，应分级张拉达到设计要求。

（4）钢桁架架设过程中严格执行全过程监控量测，确保钢桁架中线、高程偏差满足设计要求。

（5）拼装过程中如发现中线偏移和纵向位置有误差，应及时调整斜拉索索力或采用其他辅助设施进行调整。索力调整只允许在设计规定范围内进行，调整时应按设计要求逐步张拉、调整。

（6）因边跨和主跨钢桁架段长度不一，主跨钢桁架架设前应将边跨钢桁架与边跨临时墩进行临时锁定，架设过程中应对锁定情况进行检查，确保塔架受力匀称。

2.3 手动葫芦安装

本工程中的手动葫芦应安装在每个钢桁架吊装单元的吊点上，两个吊点各安装一个，待汽车吊将桁架单元吊装到距已焊接好的桁架上空一定距离时停止，由施工人员用手动葫芦调整待焊接钢桁架，保证主弦、腹杆与前一段桁架对齐，必须用人力操作手动葫芦，严禁用人力以外的其他动力操作。

3 汽车吊安装和缆索吊安装工艺优越性的比较

钢桁架均采用节段预制，吊装到位后进行上下弦杆焊接，这里主要是对比吊装到位焊接的比较。

3.1 工期的比较

（1）采用汽车吊时，塔架分为两段，在现场组对焊接成型，租用 80t 汽车吊，分别进行 2 号、3 号桥墩塔架安装，共计 20d，两岸边跨安装共计为 30d，同时下河便道在安装边跨同时进行施工，主跨两侧分别采用 80t 汽车吊先安装两节，后采用 300t 汽车吊再进行主跨桁架安装，边挂斜拉锁边进行桁架安装，共计 20d，总工期为 70d。

（2）采用缆索吊安装时，需要进行塔吊的安装，临时支墩及边跨安装均按照上述安装，两岸塔吊的安装工期为 30d，塔架安装为 15d，缆索及吊机的安装工期为 20d，主跨及斜拉锁安装需要 45d，缆索、吊机、塔吊拆除 15d，共计工期为 110d。

从以上两个施工进度可以明显看出，采用汽车吊安装时，最后的竣工时期为 2013 年 3 月 21 日，而采用缆索吊安装时，最后的竣工日期为 2013 年 4 月 30 日，两种不同的吊装方式，竣工的日期提前了 40d，从此可以看出，汽车吊在本项工程中的优越性，可以大大减少工期，使资源得到更加合理的分配。

3.2 费用的比较

由于不使用承载索、起重索、牵引索、万能杆件拼装固定塔架、缆风绳、吊挂和捆绑钢丝绳、混凝土地锚钢支架等一系列材料，节省了这些材料的租赁（购买）、运输费用，以及安装、拆卸的人工费。汽车吊安装方案增加了河床内下河便道施工，通过对不同吨位汽车吊的使用，既缩短了工期，又节约了安装机械的台班费，取得了良好的经济效益，通过实际对比，节省成本达 150 万元。

4 结束语

通过对北盘江现场河流流水、河床情况进过方案的对比，根据上游水库放水情况，合理安排施工节点，采用汽车吊通过下河便道，在河床底进行架设斜拉桥，相对缆索吊机，不仅设备简易，施工操作方便，而且受力明确，能有效地缩减工期，节省了资金，使得资源应用更趋合理。本项施工方案的成功实践，证明汽车吊在斜拉索桥安装施工中，技术上是可行的，并且具有良好的经济效益和工程实用价值。

参考文献

[1] 陈炜. 浦上大桥三塔单索斜拉桥设计研究 [J]. 桥梁建设，2006，(S1)：4-7.

[2] 林元培. 斜拉桥 [M]. 北京：人民交通出版社，1995.

[3] 崔冰，孟凡超，冯良平，董萌. 南京长江第三大桥钢塔柱设计与加工 [M]. 中国铁道科学，2005，26 (3).

[4] 戴永宁. 南京长江第三大桥钢索塔技术 [M]. 北京：人民交通出，2005.

[5] 泰州长江公路大桥中塔施工监控成果报告 [M]. 武汉：中交二航局技术中心，2010.

[6] 张辉，周仁忠，李宗哲，重庆朝天门长江大桥的施工监测与控制 [J]. 中国港湾建设，2010 (4)：1-7.

浅谈新型施工机具在斜井隧道
管道穿越施工中的应用

中国石油天然气管道局第三工程分公司　楚建伟　田永山　王文鹏

【摘　要】 传统的斜井隧道施工采用卷扬机牵引轨道小车的方式进行施工，而中缅天然气管道工程不同于以往斜井隧道工程的特点，决定了其必须研究一种新型的施工机具，采用一种更新的方法，才能更好地提高施工的效率，保证斜井隧道穿越施工的按期完工。由此，新型的施工机具被设计、制作并开始在实际施工中进行应用。新型机具在斜井隧道管道穿越施工中，发挥了极大的作用，并取得了不错的成绩。

【关键词】 新型施工机具；管道；斜井隧道穿越；龙门吊

引言

在中缅天然气管道工程（国内段）的施工建设中，共涉及隧道穿越 65 座，其中天然气、原油、成品油三管共用隧道 19 座，天然气、原油两管共用隧道 37 座，天然气管道单管隧道 9 座。中国石油天然气管道局第三工程分公司承担了贵州段隧道的穿越施工，特别是位于贵州省盘县断江镇丘田村境内的八丘田隧道尤为困难。该隧道水平长度 1008.5m，实长 1056.17m，纵向坡度采用 "V" 字坡，进出口坡比分别为 46.63%（约 25°）和 10.51%（约 6°）。洞身断面采用直墙半圆拱形（Ⅵ级围岩段采用曲墙），净断面尺寸为 3.8m×3.8m。隧道内安装 2 条管道，原油管道管径为 ϕ610mm，设计压力为 12MPa；天然气管道管径为 ϕ1016mm，设计压力为 10MPa。

由于该隧道进出口远离公路，位于山岭腹地，施工需修筑伴行路及施工便道，交通的不便对隧道的运管布管速度造成了较大的影响，同时由于共用隧道双管材质不一致，采用的焊接工艺规程不同，更是增添了隧道施工的难度。作为一条难度颇高的斜井隧道，选择合适的施工机具以及施工方法完成斜井隧道是保证工程按期完工的关键所在。

1　施工机具的选择

在我国往年的管道焊接施工中，也曾遇到不少关于斜井隧道的穿越施工。传统的斜井隧道施工采用在斜井隧道内部地面铺设轨道的方式，而施工机具则是选择了可在轨道上行走的小车，经由隧道外侧的卷扬机对搭载管材的小车进行牵引，隧道内的管道组对使用了可在轨道上行走的简易龙门吊以及外对口器，通过以上机具互相配合来完成施工。这种施工方法的关键在于隧道内地面轨道的铺设以及轨道小车的制作。它的优点是隧道施工中运管稳定，可有效形成流水化作业。但是缺点也是显而易见的，轨道的铺设以及后期的拆除难度大、占用了大量的工期，且不适宜于双管共用的隧道。

中缅项目所涉及的斜井隧道包含单管敷设和双管敷设两种，以双管敷设隧道八丘田隧道为例，该隧道距离长，地理位置险要，如果铺设轨道成本较高，且不利于隧道内展开施工，那么就应该选择一种新的施工机具来代替轨道行走小车。管道三公司施工机组从项目工期、成本的考虑，摒弃了传统的斜井隧道施工方法，计划使用新的机具代替原来的轨道小车以及四脚架。管材在隧道内的运输如果不使用轨道的话，显而易见，使用轮胎行走就成了唯一的选择，那么以难度较大的双管隧道著称的八丘田隧道，可不可以同时将双管运入隧道内呢？能否将传统的运管、吊管、组对功能集中在一套机具上呢？项目人员集思广益，充分发挥创新精神，最终设计并制作出了斜井隧道内的新型施工机具（图1）。由于新型施工机具的设计灵感源于码头卸货用轮胎式龙门架，机组便将其命名为斜井用小型轮胎式龙门吊（以下简称龙门吊）。

图 1　斜井用小型轮胎式龙门吊

如图 1 所示，该龙门吊通过多组工字钢相连，保证了结构的稳定性；龙门吊上设 5t 和 3t 手动葫芦各 2 个（部分隧道在条件允许情况下也可考虑电动葫芦），分别用来吊装双管，管道的上表面与弧板贴合后使用吊管带、手动葫芦来进行固定捆绑，以防止管道在行进过程中产生横向位移，龙门吊左右两侧共设置 4 组行走边轮，保证龙门吊在隧道内行走的稳定；龙门吊后轮侧设置悬挂式掩木各 1 组，可在紧急情况下自动快速停车制动。

出于安全考虑，该龙门吊使用型号为 25b 的工字钢，轮胎选用 ϕ750mm 双胎。隧道内行走仍需要卷扬机进行牵引，设计选用的卷扬机为 160kN 的建筑用卷扬机，地锚为 20t，卷扬机使用的钢丝绳选用 6×37，ϕ24mm 的钢芯钢丝绳。除了龙门吊主体部分外，为保证龙门吊在隧道中平稳运行，在卷扬机与龙门架之间还增加了一组可滚动行走的连接钢板，钢板前侧分别连接龙门吊的左右支柱，后侧则与卷扬机钢丝绳连接，同时为了减少龙门吊吊装运输管材过程中产生的纵向位移，在连接钢板中央增加一组手动葫芦，与提前穿好的人字形钢丝绳连接，在人字形钢丝绳的两脚分别安装了锚爪，勾在吊装过程中双管的下方管口，在施工中可以通过拉紧钢丝绳，减少管道在隧道内运输过程中产生的纵向位移。

经过以上措施，完成了新的施工机具的设计制作，整套斜井隧道的施工机具至此已经完成，详见图 2。

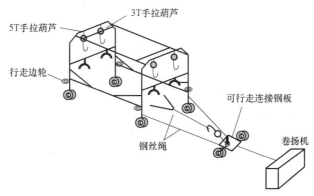

图 2　新型施工机具全套设施简图

2　施工机具的实际应用

新型机具制作完成后，项目施工机组通过对龙门吊进行多次空载进出斜井隧道试验，确认其工作正常后，随即将其应用到了斜井隧道的施工现场，最先具备施工条件的是中缅天然气管道位于贵州省盘县境内八丘田隧道，该隧道长约 1008.5m，隧道坡度 25°，施工难度很大。

2.1　斜井隧道施工的前期准备工作

（1）斜井隧道施工前第一步应首先检查隧道是否符合设计要求和安全要求，对隧道内进行验收，关键点在于检查隧道地面是否平整，二衬是否符合要求，杂物是否清理干净，有无明显的渗水点，这对于保证龙门吊在隧道内的正常行走尤为重要。

（2）修整堆管场地，在隧道进口外侧开辟了专门的堆管场地，在隧道正式施工前通过吊车以及炮车将管材从下方管场倒运至隧道进口侧。保证斜井隧道施工管材的供应。对于临时堆管场，采用细土垫墩，表层铺设 3 层沙袋进行维护的方式修筑。

（3）施工机具设备及施工手段用料配备应齐全，龙门吊管材的装卸需要 25t 吊车或大型挖掘机来配合完成，考虑到隧道管场位置以及吊车挪车不便的特点，施工中实际选用了大型挖掘机来完成隧道外管道的吊装，管道焊接选用熊谷焊机，机组自制的应用于双管隧道的焊接行走板（搭载焊机用）至少 2 台，建筑用卷扬机 160kN 1 台，各类吊具（包括钢丝绳、捯链、尼龙吊带等）。

（4）斜井隧道施工的安全尤为重要，应建立健全施工组织机构。技术人员明确分工，并编制专项施工方案。施工人员、设备进入现场施工前，对机组所有人员进行技术质量以及安全的交底，使所有人员对隧道施工任务明确，对技术要求、质量标准、HSE 措施都完全掌握。技术员配合 HSE 监督员对龙门吊的安全性能进行评估。

（5）斜井隧道应着重保证隧道内的通风。斜井隧道内自然风较大，根据隧道内的自然风风向，应在隧道内斜井转角点设置专门的挡板，减少隧道内向上气流，保证管道焊接的正常进行，同时应考虑到特殊情况，在斜井隧道内设置一台大功率轴流风机，根据隧道风向的变化，焊接粉尘的位置来进行补充新鲜空气、排除烟尘、辅助通风等工作。轴流风机送风方向需调整至与隧道内自然风向一致。

（6）斜井隧道内用电线路的安装也十分重要，电源计划使用隧道开挖时使用的当地外接电源。在隧道内洞壁一侧上安装电缆线桩，架设高度为 2.5m，用以铺设施工电缆以及照明线路用电，电缆由钢筋冷弯而成，上套小型胶皮管对电缆线进行保护，线桩距离为每隔 5m 一组，根据电缆情况可适当进行加密。隧道内每隔 20m 设置一处防爆照明灯；施工电缆在隧道内每隔 100m 设置一组主配电箱，每组主配电箱单独接地，由于隧道内为双管焊接，隧道焊接时焊机放置在自制的焊接行走板上，焊接行走板放置在双管上方，每组行走板配备 1 台草地灯，用于组对焊接时的局部照明，行走板自带刹车绳，封车带，并配备专门的小型配电箱，通过 100m 长的焊机电缆线与主配电箱相连，以供电焊机等设备接电。

（7）卷扬机应安装在洞口中心的轴线上，与隧道进口的距离保持在 20m 以上，同时应加固卷扬机地锚。完成卷扬机的固定后应及时开挖隧道进口的发射沟，在发射沟斜坡上固定两组枕木，其上铺设轮胎胶皮，用于将吊装后的管道上顺利放置在发射沟斜坡上。除此之外，为减少卷扬机钢丝绳与隧道地面的摩擦，自隧道洞口起每隔 20m 安装一组导向轮，位置为隧道正中央。

（8）隧道内的焊接行走板由于坡度较大而采取了相应的措施，不同于一般隧道的施工方法，在斜井施工中，机组计划使用 2 组焊接行走板，利用钢丝绳将 2 组焊接行走板连为一体，最前方的行走板中央位置焊接一组勾环，通过带锚爪的手拉葫芦勾在小管径管线的管口上，由于 2 组行走板搭载 8 台焊机后较沉，下滑力大，摩擦力小，在焊机行走板中央主要受力部位分别加焊了 3 组横撑，提高了安全系数。同时准备了 4 条 1t 的封车绳，用于行走板作业时的临时捆绑固定（图 3）。

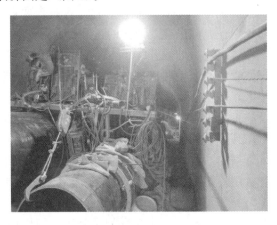

图 3　焊接行走板通过手拉葫芦固定在管口附近

2.2　斜井隧道施工的过程

在完成以上的准备工作后，斜井隧道的管道施工就可以正式展开，焊接顺序为自斜井隧道底部向上进行施工。

（1）管道的吊装以及固定

首先使用卷扬机牵引龙门吊远离洞口发射沟，距离保证能够双管放入即可；然后使用挖掘机将需焊接的管材吊装至发射沟斜坡所预先设置好的枕木处。

管道吊装到位后，使用挖掘机设备牵引龙门吊前进至双管正中央，卷扬机缓慢放钢丝绳，保证钢丝绳受力均匀。

龙门吊到位后使用挖掘机继续将管材吊起。使管材与龙门吊内弧板紧紧贴和，对于双管分别采用5t和3t的吊管带对管材进行捆绑，使用龙门吊横梁上方的手动葫芦使其紧固牢固，考虑到安全的情况，对管材的每处捆绑位置均使用双捆绑。使用人字形钢丝绳将双管管口与龙门吊后方连接钢板连接，并保证钢丝绳受力均匀。至此，管道吊装以及固定完毕（图4）。

图4 管道通过吊带、电动葫芦固定在龙门吊上

（2）隧道内管道的运管、布管及卸管

图4 管道通过吊带、电动葫芦固定在龙门吊上运管前先检查管子与龙门吊、龙门吊与卷扬机的连接情况，无异常后开动卷扬机，将管子由洞口匀速送入隧道内。考虑到安全，卷扬机放绳的速度应保持匀速，基本控制在每分钟伸出7m左右。在运管过程中，要缓慢放绳，防止由于惯性造成负载后龙门吊下滑过快，钢丝绳受惯性力增大，造成脱绳事故（图5）。

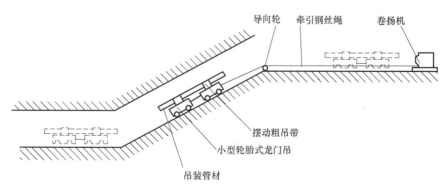

图5 斜井隧道内运管示意图

在运管过程过程中，应有起重人员紧跟龙门吊进入隧道，重点检查龙门吊在隧道内的行走是否顺畅，同时保证卷扬机钢丝绳在隧道的正中央。由于卷扬机放绳的问题，钢丝绳在隧道内不可避免会出现少量的偏移，相关人员应及时检查，对出现偏移的部分使用撬棍等机具及时进行校正，保证机具的正常行走。

（3）管道的组对

管子到位后对管材进行松绑，并通过使用龙门吊上的4组手动葫芦来调整管道的高度，基本操作为放低前端管口，抬高后端管口，起重人员应在管口外侧配合管工调整管道的左右方向。在即将组对的管口下方放置一个10t带胶垫的千斤顶辅助完成管道的组对。隧道内坡度大，均使用外对口器进行组对，通过外对口、龙门吊手动葫芦以及千斤顶的配合，可顺利完成管道的组对。

（4）管道的焊接

隧道内管道焊接前应先使用环形加热器进行加热，根据管口预留位置，优先焊接管径较大的管线（天然气管线），在焊接过程中，焊接行走板通过锚爪以及手动葫芦与小管径（原油管线）管口相连，并使用2组1t的封车带将2台焊接行走板捆绑紧固，以防止发生溜车。待管径较大侧管线热焊完成后，已捆绑完毕的行走板松开与另一侧管线管口相连的锚爪，将其与龙门吊相连，之后再继续进行该侧管线的组对以及焊接（图6）。

图6　斜井隧道内根焊焊接

（5）管道的布管

双管组对焊接均完成热焊焊接后，吊起已经焊接好的双管，使用龙门吊上搭载的沙袋完成管道的垫墩，这之后方可拆除管材的手动葫芦，同时松开焊接行走板的捆绑。再次开动卷扬机，牵引龙门吊按照原路返回，由于焊接行走板与龙门吊相连，龙门吊的行走也带动了连成一体的行走板整体前移，当行走板前移至最后完成的焊口附近后，使用封车带对焊接行走板重新进行捆绑固定，并将连接的锚爪挂到小管径侧的管口，这样就完成了第1组行走板的顺利前进，第2组行走板的人员则继续未完成的管道的双管焊接。待龙门吊与焊接行走板连接解除后，继续开动卷扬机牵引龙门吊至隧道洞口发射沟边缘，以进行下一次的装管。

（6）其他施工事宜

由于隧道内管材运管速度缓慢，为了提高施工效率，每日结束施工前应尽量将隔日施工的管道提前送至隧道内，每日应对隧道内的用电，吊具、钢丝绳以及龙门吊机具进行检查，排除安全隐患。

2.3 斜井隧道施工的后期收尾工作

在斜井隧道内管道焊口完成检测拍片以及防腐补口、补伤后，隧道内还需要进行后期收尾工作，除去常规的现场整理、机具材料归库等工作外，最重要的是隧道内管道双管间距的调整，管道间距的调整可采用 20t 千斤顶 1 个，10t 千斤顶 2 个，枕木若干块，以管径较大侧管道管壁作为着力点，向小管径侧管道方向顶进（图 7）。该方法效率较高，可迅速高效完成隧的调整。

图 7　管道间距的调整

3　结束语

新型施工机具在斜井隧道施工中的应用取得了极大的成功。八丘田斜井隧道斜井段施工历时总计 6d，这种施工方式有效缩短了工期，不仅节省了铺设、拆除轨道的人力和物力，并且节约了租赁设备的大额费用等多项开支，经济效益和社会效益十分显著。新型施工机具在斜井隧道穿越施工上的成功应用，为后续斜井隧道施工提供了宝贵的经验。

参考文献

[1]　张砺. 斜向段隧道内管道安装施工技术 [J]. 油气田地面工程，2007 年，第 26 卷第 6 期：42-43.
[2]　中国石油天然气集团公司. 油气长输管道工程施工及验收规范 [S]. 北京：中国计划出版社，2006.
[3]　中国石油天然气集团公司. 油气输送管道穿越工程施工规范 [S]. 北京：中国计划出版社，2008.

大落差山区长输管道水压试验施工方法的优化

中国石油天然气管道局第三工程分公司　陈　磊　王敬坤

【摘　要】 随着我国长输油气管道的高速发展，长输油气管道口径也在不断增大，对于大口径、大落差长输油气管道水压试验的施工技术和施工难度也在日益增加，长输管道水压试验是工程投产前最重要的一道质量保证工序，以中缅油气管道的第三合同项典型地段为例，重点分析长输管道在纵向大落差下与一般高差条件下的静水水压力试验的区别及所要解决的技术问题，为试压段较短而且大落差条件下长输管道水压试验及吹扫提供技术支持。

【关键词】 长输管道；水压试验；大落差管道

中缅油气管道管线沿线山势高耸绵延、河谷深邃纵横、地形地貌变化频繁，管线所经地段高差变化非常大，线路最低点高程为 601.1m，最高点高程为 2230m，全程最大高差为 1628.9m，本文以桩号 QBC029～QBD045 典型山区为例，总长度 35.08km。

本文重点解决的难题为试压段落的合理划分问题、管道注水泵接力最佳配置的问题、管道内预留清管器的安装位置问题、大落差静水压力对管道试压排水影响的问题。

1　试压分段、上水接力点确定整体施工方案

由于本标段位于云贵地区典型山区，水源地极其稀缺，按照设计要求，采用洁净水试压，上水前进行清管、测径工作。水压试验段根据水源点的位置确定上水点和上水区间，同一上水区间内采取统一上水、分段试压的方法进行试压工作。

施工程序为：管道具备施工条件-分段清管测径-焊接试压、上水装置-整体注水-分段管道强度试验 4h-分段管道严密性试验 24h-排水-深度除水。

2　根据管道材质及壁厚计算确定管道压力数据

中缅管道天然气管径规格 ϕ1016mm，材质 X80 钢，试压时按照二级地区壁厚 15.3mm 计算，设计压力为 10.0MPa。强度试验压力具体参数值根据段落划分高差计算，试压段内最低点的管道环向应力不超过 0.95 倍的管材屈服强度，最高点处管道压力不低于设计强度试验压力。

根据下列公式计算强度试压允许最大高差：

$$\Delta H = (0.95\delta_s - P)/(\rho \times g)$$

式中：ΔH 为最高点与最低点允许高差值（m）；δ_s 为钢管最小屈服强度 555（MPa）；

P 为管道强度试验压力（MPa）；ρ 为水的密度（kg/m³）；g 为重力加速度（m/s²）。经计算该段强度试压允许最大高差见表1：

试压允许最大高差表　　　　　　　　　　　　　　　表1

序号	地区等级	设计压力（MPa）	试验压力（MPa）	管道壁厚（mm）	推荐最大允许高差（m）
1	一级地区	10	11	12.8	268
2	二级地区	10	12.5	15.3	395
3	三级地区	10	14	18.4	593

桩号 QBC029～QBD045 总长度 35.08km，共享唯一一处水源地，水源地位于桩号 QBD000（北盘江），此点位于全段最低点，需要往两侧分别单独接力上水，考虑到水泵扬程为 608m，流量为 100m³/h，QBC029～QBD000 段整体高差 985.86m，QBD000～QBD045 段整体高差 872.70m，QBC029～QBD000 段高差较大及水泵扬程和上水量成反比的因素，选取 QBC029～QBD000 段 QBC050、QBC062 两个接力点以保证上水量、选取靠 QBD000～QBD045 段中间位置设置 QBD023 一个接力上水点（即 QBC050、QBC062、QBD023 三点为上水接力点），划分为 12 试压段，高程图如图1所示。

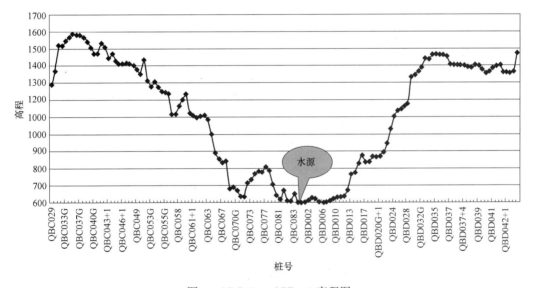

图1　QBC029～QBD045 高程图

详细试压分段如表2。

详细试压分段表　　　　　　　　　　　　　　　表2

序号	起点	终点	长度（km）	管材规格	地区等级	起点高程	起点强度试验	起点严密试验	终点高程	终点强度试验	终点严密试验	最高点高程	最高点强度试验	最高点严密试验	最低点高程	最低点强度试验	最低点严密试验	备注
1	QBC029	QBC050	6.38	φ1016×15.3	二级	1304	15.41	12.91	1339	15.06	12.56	1601	12.5	10.0	1304	15.41	12.31	
2	QBC050	QBC059	2.41	φ1016×15.3	二级	1339	12.58	10.08	1198	13.97	11.47	1348	12.5	10.0	1107	14.85	12.35	

序号	起点	终点	长度(km)	管材规格	地区等级	起点			终点			最高点			最低点			备注
						起点高程	强度试验	严密试验	终点高程	强度试验	严密试验	高程	强度试验	严密试验	高程	强度试验	严密试验	
3	QBC059	QBC062	1.35	φ1016×12.8	一级	1198	11.37	10.37	1096	12.37	11.37	1236	11.0	10.0	10.36	12.37	11.37	
4	QBC062	QBC067	1.96	φ1016×12.8	一级	1096	11.04	10.04	833	13.62	12.62	1100	11.0	10.0	833	13.62	12.62	
5	QBC067	QBC077	3.30	φ1016×12.8	一级	832	11.26	10.26	775	11.82	10.82	858	11.0	10.0	600	13.53	12.53	
6	QBC077	QBD000	3.10	φ1016×15.3	二级	775	12.83	10.33	614	14.41	11.91	809	12.5	10.0	604	14.50	12.00	
7	QBC000	QBD009	1.07	φ1016×15.3	二级	614	12.64	10.14	621	12.57	10.07	628	12.5	10.0	599	12.79	10.29	
8	QBC009	QBD016	2.43	φ1016×12.8	一级	621	13.53	12.53	835	11.40	10.40	875	11.0	10.0	621	13.53	12.53	
9	QBD016	QBD022	2.00	φ1016×12.8	一级	841	12.68	11.68	1009	11.00	10.00	1009	11.0	10.0	830	12.79	11.79	
10	QBD022	QBD027	0.84	φ1016×12.8	一级	1012	12.63	11.63	1175	11.00	10.00	1175	11.0	10.0	1012	12.63	11.63	
11	QBD027	QBD030	0.87	φ1016×12.8	一级	1177	12.74	11.74	1350	11.00	10.00	1350	11.0	10.0	1177	12.74	11.74	
12	QBD030	QBD045	9.35	φ1016×12.8	一级	1353	12.37	11.37	1490	11.00	10.00	1490	11.0	10.0	1351	12.40	11.40	

3 试压准备

3.1 预制试压头

试压头由椭圆封头、短节、阀门及接管等组成。示意图如图2所示。

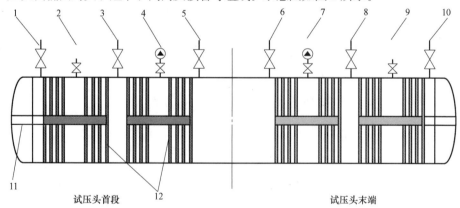

图2 试压头组成示意图

1：DN80 高压闸阀（供试压后扫水）；2：DN15 高压针型阀（接压力天平及压力自动记录仪）；3：DN150 高压闸阀（试压上水）；4：DN15 高压针型阀（接压力表）；5：DN150 高压闸阀（试压上水）；6：DN150 高压闸阀（排气、排水阀）；7：DN15 高压针型阀（接压力表）；8：DN150 高压闸阀（排气、排水阀）；9：DN15 高压针型阀；10：DN150 高压闸阀（排气、排水阀）；11：线位；12：试压头内机械清管器椭圆封头材质应与主管线材质相当，厚度满足试验压力要求，短节规格与试压段管线相同。

试压头使用前应单独进行强度试验，强度试验压力为线路设计压力的 1.5 倍，稳压 4h，无泄漏、无爆裂为合格。

3.2　试压注水泵的选择

根据实际高程及水源地情况，注水泵采取 5 台扬程 608m，流量为 100m³/h 注水泵同时向两侧注水以保证工作效率，根据分段高程配合蓄水池逐级接力上水，见图 3。

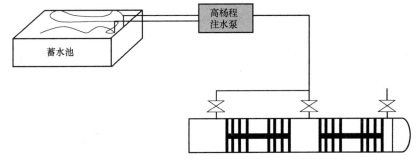

图 3　注水示意图

3.3　逐级接力注水

根据管道焊接测量成果，以保证水泵进水量平衡和分段高差为前提综合考虑，本工程水源地（QBD000 北盘江）配置 2 台扬程 608m，流量为 100m³/h 高压注水泵，分别往两侧注水，QBC029～QBD000 段 QBC050、QBC062 桩分别设置接力上水点，各配备 1 台扬程 608m，流量为 100m³/h 高压注水泵继续往 QBC029 桩接力注水，QBD000～QBD045 段 QBD023 桩设置接力上水点，配备 1 台扬程 608m，流量为 100m³/h 高压注水泵继续往 QBD045 桩方向接力注水，其他试压段首尾相接处连接过桥管线过水用，这样就能同时保证水源充足和试压注水要求。

详细示意图如图 4 所示。

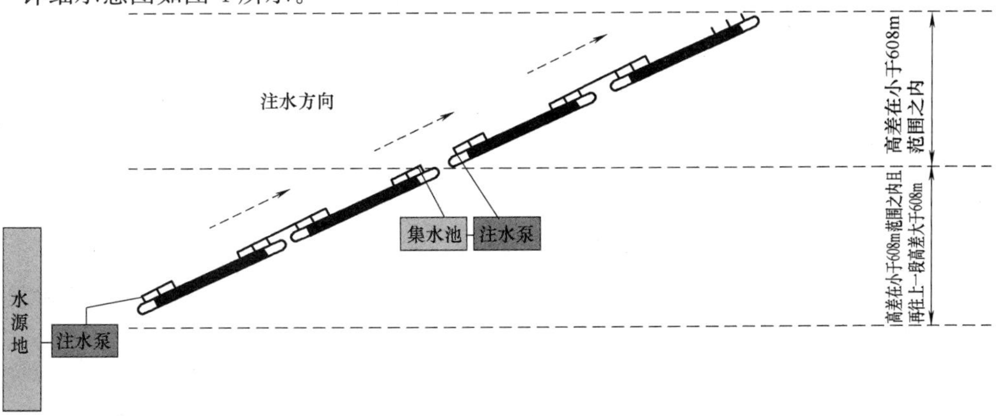

图 4　高扬程注水泵接力跨越注水示意图

3.4　相关试压施工的注意事项及措施

（1）试压段注水及清管器的预留位置

接力点集水池开挖尺寸为长 50m×宽 30m×深 2m，集水池内铺设塑料布防渗漏，也保证了试压水质的清洁。

考虑到整体高差较大，静水压力相对较高，所有过桥管线必须使用足够壁厚的无缝钢管连接，注水泵注水点及每段接力点靠试压头进水阀门较近的位置必须设置止回阀，防止发生管线内静压对上水施工产生的影响。

管线注水时要保证管线内的压力稳定，将管内的空气逐段进行排净，进水量尽可能与末端排气量一致，最简单的办法就是实现上水端压力不低于落差静水压力，本例不涉及高点往低点注水，如高点往低点注水需在末端备足够的压力来控制注水清管器的运行速度。

注水时，保证注水清管器的密封性，单段水注满后要利用水的压力将注水清管器完全推入末端试压头内方能往下一段通过过桥管线继续注水。鉴于本例试压分段都相对较短，上水和排水只装置一枚双向直板清管器就能满足施工需求，上水时当作注水清管器，利用水泵压力将清管器推动至末端试压头内，排水时反向将注水清管器推回，这样能防止接力点及两相邻试压段过桥点因清管器堵塞出水阀门造成水源不足及试压段因不能及时将水排出导致憋压。

清管器运行位置示意图见图 5。

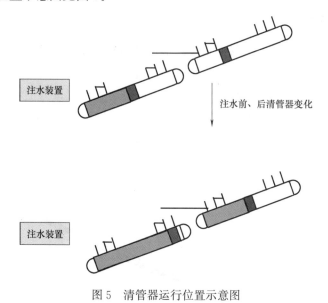

图 5　清管器运行位置示意图

（2）试验管段升压控制

连接升压设备和各种试压仪表后，用试压泵对管道进行升压，按照试压程序和步骤，将压力升压至强度试验压力。强度试验合格后，开始泄压至严密性试压。试压前压力表、压力温度自动记录仪、流量计和压力天平应经过校验合格，并在有效期内。压力表的量程为 0～25MPa、精度 0.4 级，最小刻度为每格 0.2MPa，压力表在试压管道的首末端各安装一块，并在首端安装压力、温度自动记录仪和压力天平一套，压力读数以压力天平为准。

泥浆泵已经连接完毕,管线注满水,稳定已经超过24h,试压水进入管道后,水的温度还不稳定,压力也不平衡,需要进行24h的稳定。虽然温度对水压的影响非常小,但为减少误差还是要进行充分的热交换。同时可以使管道内的空气与水有时间分离,得到稳定的气团。

升压时,升压速度不宜过快,试验压力应均匀缓慢上升(每分钟不超过0.2MPa),分阶段升压,并反复检查,当压力升至30%强度压力时,停止升压,稳压15min,对管道进行观察检查,若未发现异常情况或问题方可继续升压。再升压至60%强度压力时,停压15min,对管道进行观察检查,若未发现异常情况或问题方可继续升压。管道继续升压到强度压力的100%,然后停止升压,待管段两端压力平衡后,没有变化后,开始稳压4h。升压过程中,温度和压力自动记录仪连续工作。其试压、稳压时间示意图曲线如图6所示。

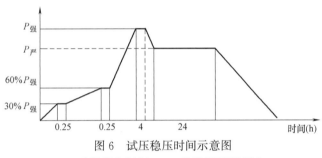

图6 试压稳压时间示意图

$P_强$ 为强度试验压力, $P_严$ 为严密性试验压力

进入严密性试压阶段,严密性试压稳压时间24h,稳压过程中,对全线进行详细检查,检查由监理参加,检查包括:管道有无渗漏和压降情况,以压降不大于1%且不大于0.1MPa为合格。稳压过程中,温度和压力自动记录仪连续工作。

(3)管道泄压

压力试验顺利完成后,以一定速率降压,整个过程特别要谨慎。慢慢拧开排放阀,以每分钟不超过0.1MPa的速度连续降压到40%试验压力后,继续以每分钟不超过0.2MPa的速度连续降压,降压到管线内静水压力时结束。正常情况下,任何管件不得连接到泄压管路上。如果有管件或排水管线连接,应将它们锚固以防移动。

(4)管道扫水

本例根据排水点较多,采取就近排放的原则,排水点开挖长50m×宽30m×深2m操作坑作为沉降池,沉降合格后方能排放至排水点,排水点一般位于试压段的低点,要在排水端建立足够的背压控制清管器排水运行速度,一般根据清管器的运行位置始终保持排水点到清管器运行前方最高点位置的静水压力,通过排水阀门来控制末端排水量,避免产生收球端气阻、水击现象。

(5)深度除水

管线扫水结束后,切割试压头,安装收发球筒,通泡沫清管器进行扫水验收,清管器在发射前和接收后进行称重,连续两个新泡沫清管器增加的重量应小于(1.5DN/1000)kg,即1.5kg为合格。扫水合格后及时封堵,防止其他污物进入管线。

4 结束语

上水时的集水池必须采取措施，防止沙土通过集水池进入管线内，如条件允许尽可能采用砖砌筑水泥砂浆抹面做好防水处理，以充分保证水源清洁度而且能减少水源浪费，总之，在大落差山区水压试验施工时，考虑到山区地形水源稀缺，尽可能采取整体上水、分段试压的原则，综合考虑试压段落的划分及利用有限资源达到同样的目的，这样既提高了施工效率也提高了经济效益，同时整个施工过程最值得注意的是管线内的静水压力在试压、排水时不能忽略，必须对管道最低点的压力进行核实，排水做好足够的背压，确保管道试压安全。

山区输油管道试压分段新方法应用

中国石油天然气管道工程有限公司　周立飞　陈　龙

【摘　要】　通过分析山区地段输油管道常规试压存在的问题，结合中缅原油管道山区情况，提出按动态设计内压力进行分段的方法，从而减少试压分段数量，解决常规试压分段方法导致的分段多、周期长、费用高及施工困难等一系列问题。详细介绍试压段落划分新方法，并结合设计规范和工程实践分析方法的合理性，对降低山区输油管道试压难度有一定指导意义。

【关键词】　输油管道；山区；试压；分段方法

试压是输油管道投产前的一道关键工序，随着管道建设的快速发展，山区复杂地形条件下输油管道试压越来越多，特别是在大落差地段采用水介质试压时，常规试压段落划分方法计算的允许高差小，导致试压分段过多、上水点条件差、倒水困难、试压周期长、费用高，试压可操作性较差，同时不参与试压的焊缝多，也给管道投运留下很多隐患。

1　常规试压分段方法存在问题

输油管道在试压段落划分时，一般是根据《输油管道工程设计规范》GB 50253—2014、《油气输送管道穿越工程设计规范》GB 50423—2013、《油气输送管道跨越工程施工规范》GB 50460 及相应的施工验收规范执行。具体要求主要包含以下四点：

（1）输油管道必须进行强度试压和严密性试验；

（2）对于穿跨越大中型河流、国家铁路、一二级公路和高速公路的管段应单独试压，合格后再同相邻管段连接，且壁厚不同的管段应分别试压；

（3）在试验压力上，要求强度试验压力不得小于设计内压力的 1.25 倍，大中型穿跨越及人口稠密区段强度试验压力不得小于设计内压力的 1.5 倍；

（4）当采用强度试验压力时，管线任一点的试验压力与静水压力之和所产生的环向应力不应大于钢管的最低屈服强度 90%。

在实际实施中，特别是类似中缅管道工程（国内段）的地形条件，沿线山区地段占总长度的 80%，系统落差超过 1000m 处有 10 段之多，最大落差达到 1500m，如果按常规方法进行试压段落划分，即使强度试压分段最低点按环向应力不大于 0.95 最低屈服强度进行控制，试压分段允许高差也仅在 102～202m 间。中缅原油管道全线长度 1631km，按此方法全线试压共划分为 575 段（表 1），最短试压段落长度 0.21km，最长 26.25km，平均每段为 2.84km。

试压分段分类统计		表 1
分段原因	分段数（段）	所占比例（%）
地形起伏大，受试压允许高差限制	496	86.3%
设计压力变化点分段	50	8.7%
河流穿跨越、隧道穿越点分段	28	4.9%
最长不宜超过 35km 要求分段	1	0.2%
合计	575	

从统计表可以看出，全线试压分段中，主要是因地形起伏大高差限制进行分段，对于如此多的试压分段，在工程实施中不可避免地会带来以下问题：

（1）试压分段多，试压周期长，工程费用高；

（2）试压上水、排水、相邻管段间倒水难度大；

（3）未参与试压的焊缝（试压段之间的连接焊缝）多，安全隐患大。

2 试压段落划分新方法

针对山区地形条件下常规试压方法分段过多问题，在保证各种工况管道安全运营的前提下，将设计内压力由计算管道壁厚的选取压力，改用各点的最大实际运行压力，进行试压段落划分，再结合现场实际情况对理论计算结果进行优化调整，确定最终的试压段落。

2.1 试压分段理念

将管道沿线各点的设计内压力取值为最差工况下各点的最大实际运行压力，在此基础上进行试压段落划分，具体分段理念为：

（1）满足工艺运行安全的前提下尽可能增大试压分段长度，不同壁厚管道可放在同一段试压；

（2）在各里程点不同的设计压力基础上，确定各点的试压数据；

（3）强度试压时管段高点处的压力不小于设计压力的 1.25 倍，低点处所承受的环向应力不大于管材最低屈服强度的 0.9 倍（最大允许为 0.95 倍）；

（4）穿跨越段单独试压合格后，可并入线路段连通线路进行试压；

（5）试压节点划分宜选择在站场、阀室附近、临近水源地或容易上水的地段，避开试压水排放不安全地段；

（6）单段试压最长不超过 35km。

2.2 试压段落划分方法

（1）绘制实际选定管材的壁厚承压线，并折算为可承受的油头压力线；

该壁厚承压线即为用高程表现出来的管线上各点所能承受压力值的上限，计算方法如下：

$$H = P/\rho g + elev$$
$$P = 2\delta[\sigma]/D$$

$$[\sigma] = K\phi\sigma_s$$

式中　H—以高程表示的各点最大承压值，m；P—已选取管材沿线各点能承受的最大压力，Pa；ρ—介质密度，kg/m^3；g—重力加速度，取 9.81N/kg；$elev$—沿线各点的地面高程，m；δ—钢管壁厚，mm；D—钢管外径，mm；K—设计系数，按规范选取；ϕ—焊缝系数，取 1.0；σ_s—钢管的最低屈服强度；

（2）根据 SPS 稳态计算的结果，绘制稳态输油时不同输量台阶的水力坡降线；

（3）将静水压头折算为油品的净压头数据，并绘制油净压头线；

沿线各点油静压头计算方法为：油静压头＝两站之间的最高点高程－当前点高程。

（4）根据油头压力线、水力坡降线和油品净压头线选择合适的设计压头数据；

设计压头在油头承压线与水力坡降线、油静压头线之间选取，设计压头线应低于并尽量逼近油头承压线，高于水力坡降线和油静压头线，即 $DH_{ol}+elev$。其中：

$$DH_{ol} = 2\delta * 0.72 * \sigma_s/\Phi/9.81/\rho_o + elev$$

式中　DH_{ol}—油压头，m；δ—管材壁厚，m；σ_s—钢管最低屈服强度，Pa；Φ—管径，m；ρ_o—输送介质密度 kg/m^3；$elev$—计算点的地面高程，m。

设计压头线确定及其与壁厚承压线、水力坡降线和油静压头线的关系示意见图 1。其中水力坡降线应取不同操作工况下的包络线。

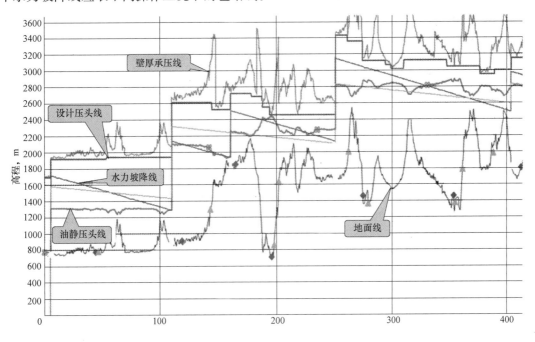

图 1　设计压头线确定示意图

（5）根据设计压头数据，结合规范要求的强度试压系数计算出试压压头；

（6）判断各点的试压压头所产生的环向应力是否小于管材最低屈服强度的 0.9 倍（特殊地段设计允许时可按 0.95 倍），若小于则初步判定试压压头合适，否则就调整该试压分段；

（7）结合试压分段理念细化试压分段，得出最终试压段落划分。

3　试压分段新方法分析

根据 ASME B31.4 规范第 437.1.4 及 437.4.1 条对水压试验规定为："管道的各个部分，如其操作环向应力大于 20％SMYS，则各个部分的任何一点均应承受住压力不小于该点设计内压 1.25 倍水压验证试验，保压时间不少于 4h。"按《输油管道工程设计规范》（GB 50253—2014）一般线路管道设计系数取值 0.72 计算，管道操作环向应力一般在 60％SMYS，因此可按试压段内管线任何一点均承受压力不小于该点设计内压 1.25 倍水压进行试验，因此本试压方法与 ASME B31.4 规范要求是不矛盾的。同时，该试压分段方法满足了清管、投运及设计输量工况下相应内压力的试验要求，完全达到了试压的目的。

另外，该方法有效减少了试压分段数量，极大地方便了施工，明显缩短工期，降低工程费用。按此方法划分，中缅原油管道（国内段）试压段落由常规分段方法的 575 段减少到 201 段。

因此认为该试压分段方法是合理且实用的新方法。

4　结束语

本试压分段方法对长距离敷设在山区地段的输油管道试压段落划分具有明显的优势，特别是在确定设计压头线时，如果设计压头线能低于并尽量逼近油头承压线，则管道试压越能检测出管材的强度极限。

参考文献

［1］ 液态烃和其他液体管线输送系统. ASME B 31. 4-2009.
［2］ 吴军时，雷虎，王春严等. 油气管道清管、试压及干燥技术规定 CDP-G-OGP-OP-027-2012-1.
［3］ 叶德峰，韩学承，严大凡等. 输油管道工程设计规范. 北京：中国计划出版社，2003.
［4］ 魏国昌，陈兵剑，郑玉刚等. 油气长输管道工程施工及验收规范. 北京：中国计划出版社，2003.